Bernd Leitenberger

Die ISS

Geschichte und Technik der Internationalen Raumstation

Bernd Leitenberger

Die ISS

Geschichte und Technik der Internationalen Raumstation

Bibliografische Information der Deutschen Nationalbibliothek
Die Deutsche Nationalbibliothek verzeichnet diese Publikation in der Deutschen
Nationalbibliografie; detaillierte bibliografische Daten sind im Internet über
http://dnb.d-nb.de abrufbar.

Edition Raumfahrt kompakt
© 2010, 2015: Bernd Leitenberger
http://www.raumfahrtbuecher.de
2 .te Auflage 2015

Herstellung und Verlag:
BoD – Books on Demand, Norderstedt
ISBN 978-3-7386-3389-4

Inhaltsverzeichnis

Vorwort..8
Die Internationale Raumstation ISS...9
   Von Skylab zu Mir..10
   Die Geschichte der Station...20
      Freedom..21
      Über Alpha zur ISS..25
      Die Namenssuche..28
      Die Beteiligung Europas und Japans...29
      Der Aufbau der ISS von 1998-2003...33
      Der Verlust der Columbia und die Folgen...36
      Die ISS nach der Wiederaufnahme des Flugbetriebs..............................43
      Das Ende von Constellation und die Wiedergeburt der ISS...................45
      Die Zukunft der Station...47
      Kosten...49
      Das Setzen auf die Shuttle-Karte...53
      Liste der Assembly-Missionen...57
   Die einzelnen Module der Raumstation..61
      Die Integrated Truss Structure (ITS)...66
   Russische Module...74
      Sarja...76
      Swesda..79
      Pirs und Poisk..85
      Rasswet..87
      Nauka...89
   Verbindungsknoten..92
      Node 1 (Unity)...93
      Node 2 (Harmony)..95
      Node 3 (Tranquility)...96
   Labormodule..98
      Destiny...100
      Columbus...103
      Kibō..106
      Pressurized Module..107
      Experiment Logistics Module – Pressurized Section............................108

- Exposed Facility 109
- Verschiedene Teile 113
  - Pressurized Mating Adapters (PMA) 113
  - Joint Airlock Module (JAM) „Quest" 114
  - Canadarm2 und Dextre 116
  - European Robotic Arm 119
  - Strela 1+2 121
  - External Stowage Platforms 122
  - ExPRESS Logistics Carrier 124
  - Cupola 126
  - Permanent Multi-Purpose Module 128
  - Alpha Magnetspektrometer (AMS) 129
  - Bigelow Expandable Activity Module (BEAM) 132
- Gestrichene Module 135
  - Habitation Module 135
  - Centrifuge Accommodation Module (CAM) 136
  - Russische Forschungsmodule / Universal Docking Module 137
  - Science Power Platform 138
  - Crew Return Vehicle (CRV) 138
- Die Forschung 141
  - NASA 142
  - ESA 144
  - JAXA 147
  - Die Rolle der Forschung auf der ISS 149
  - Vorteile der ISS 156
  - Die Betrachtung im wissenschaftlichen Kontext 157
  - Die Zukunft der Forschung auf der ISS 159
  - „You got no Bucks without Buck's Roger" 161
- Kontrollzentren 165
  - Die ISS und Flüge zu Mars und Mond 166
- Keeping it Up-To-Date 167
  - Die Rolle der ISS für die bemannte Raumfahrt 169
  - Die ISS in Zahlen 171
- Die Versorgungssysteme der ISS 172
  - Die Verträge rund um die ISS 174
  - Nachschubsysteme für die ISS 176

- Der Progress Raumtransporter ... 180
  - Ankopplung ... 181
  - Progress M1 ... 185
  - Progress M+M ... 185
  - Einsatz ... 187
- Die Sojus-Kapsel ... 189
  - Sojus TM ... 194
  - Sojus TMA ... 195
  - Sojus TMA-M ... 196
  - Der zukünftige Einsatz ... 198
- Das Space Shuttle ... 200
  - Die MPLM ... 202
  - Spacehab-Module ... 204
  - Paletten ... 205
- Das ATV ... 209
- Das HTV ... 214
- Neue US-Systeme ... 220
  - CCDev ... 222
  - CRS-2 ... 224
  - Das Cygnus-Raumschiff ... 226
  - Das Dragon-Raumschiff ... 229
- Das Shuttle und die ISS ... 238

Nachwort ... 241
Abkürzungsverzeichnis ... 245
Links ... 250
Literatur zur ISS und ihrer Vorgeschichte ... 252

Vorwort

Es gibt viele Bücher über die ISS. Bei fast allen stehen die Missionen, die Astronauten im Vordergrund. Dieses Buch beschränkt sich auf zwei Schwerpunkte. Das eine ist die wechselvolle Geschichte der ISS. Das Zweite ist ein technischer Steckbrief der Station, konzentriert auf die wesentlichen Angaben über die Module.

Natürlich wäre es möglich, über die Raumstation erheblich mehr zu schreiben oder diese noch durch die Geschichte der Raumstationen selbst zu ergänzen. Dem Charakter des Buches, das in der Edition „Raumfahrt kompakt" erscheint, habe ich mich auf die wesentlichsten Fakten und eine Kurzzusammenfassung der Geschichte entschieden. Es soll den Leser über die wichtigsten Fakten kompakt informieren. Weiterführende Informationen finden sie in den Webseiten, die bei den Links aufgeführt sind.

Es gibt in der Weltraumfahrt sehr viele Abkürzungen. Ich habe diese bei der ersten Benutzung erklärt und verweise beim erneuten Auftreten im Text auf das Abkürzungsverzeichnis auf S. 245.

Die erste Auflage erschien 2010, vor den beiden letzten Shuttle Missionen, als deren Nutzlasten schon feststanden. Seitdem hat sich an der Station wenig geändert. Ich habe mich zu einer Neuauflage entschlossen, weil neue Druckkonditionen es erlaubten, das Buch zu erweitern, ohne den Preis anzuheben.

Neu in der zweiten Auflage ist ein Kapitel über die Versorgungssysteme der Station. Ich habe dieses aus meinem Buch über das ATV entnommen. Erweitert wurde das Kapitel über die Forschung auf der ISS. Die Geschichte wurde aktualisiert um die wesentlichsten Ereignisse von 2010 bis 2015 und ein Ausblick auf die weiteren Jahre gegeben. Eine Einführung über die Geschichte der Raumstation ergänzt den historischen Teil des Buchs. Am zentralen Teil über die Module habe ich wenig geändert und nur um die wenigen Neuigkeiten in den letzten Jahren, die es in den letzten Jahren gab, ergänzt.

Ganz besonderen Dank schulde ich Ralph Kanig und Kevin Glinka für das Korrekturlesen des Manuskripts.

Die Internationale Raumstation ISS

Als die ISS im Jahre 2011 fertiggestellt wurde, gingen mehr als ein Vierteljahrhundert der Planung, Verhandlungen und Montage zu Ende. In den letzten Jahren gab es viele Diskussionen und Pläne über die Zukunft der ISS.

Das erste Kapitel behandelt die Geschichte der ISS, beginnend mit der Proklamation durch Reagan 1984 bis zur Fertigstellung 2011. Es folgt eine kurze Beschreibung der einzelnen Module und Bauteile der ISS. Den Abschluss bildet eine Diskussion und Übersicht über die Forschung an Bord der Raumstation. Ergänzt wird das Buch durch eine kurze Beschreibung der Versorgungssysteme.

Obwohl die Station sich „international" nennt, besteht sie aus einem russischen und einem westlichen Teil. NASA und Roskosmos bestanden jeweils auf die Nutzung ihrer Standards und Systeme. Diese Unterschiede finden sich auch im Betrieb und der Versorgung. Nicht zuletzt gab es auch Spannungen zwischen den Partnern während der Entwicklung und des Aufbaus der ISS.

Abbildung 1: Die ISS nach der Fertigstellung © der Grafik: NASA

Von Skylab zu Mir

Die ISS ist nicht die erste Raumstation. Sie ist die zehnte, wobei von den anderen neun nur eine von den USA betrieben wurde. An dieser Stelle daher eine kleine Geschichte der Raumstationen.

Skylab war zwar nicht die erste Raumstation, aber da danach keine weitere US-Station kam, bietet es sich an sie zuerst zu erwähnen. Skylab entstand aus dem Apolloprogramm. Das NASA-Management ging davon aus, dass man bald nach Beendigung von Apollo ein neues bemanntes Programm beschließen würde. Entweder würde es zum Mars gehen oder man würde einen wiederverwendbaren Raumgleiter bauen. Bisher war es so, dass sich die Programme überlappten: Gemini wurde beschlossen, als die ersten Mercury Flüge anstanden. Ein Jahr später folgte Apollo. Das bedeutete, dass die vielen Techniker und Ingenieure von einem Projekt zum anderen wechseln konnten, wenn der Höhepunkt der Entwicklung erreicht war und man weniger Personen brauchte. Das war bei Apollo das Jahr 1967. Doch ein Nachfolgeprojekt war 1967 nicht in Sicht. So beschloss man bei der NASA auf das Apollo Application Programm AAP. Das Programm sollte untersuchen, wie man aus der Apollo-Hardware mehr machen konnte. Damit waren die Mitarbeiter weiter gebunden und man konnte die Pause bis zu einem neuen Programm überbrücken. Von den Vorschlägen konnte sich nur einer durchsetzen, das war der einer Raumstation.

Skylab wurde aus einer Saturn S-IB Stufe entwickelt. Der Wasserstofftank wurde zur Wohnung der Besatzung umgebaut. Der Sauerstofftank diente als Abfallbehälter. An die umgebaute Stufe, den Orbital Workshop schloss sich die Luftschleuse an, die von einem Ring mit Vorratsbehältern für Sauerstoff, Wasser und Stickstoff umgeben war. Über die Luftschleuse mussten die Astronauten aussteigen, um im Sonnenteleskop, das dort angebracht war, die Filme zu wechseln oder Wartungsarbeiten durchzuführen. Den Abschluss bildete ein Kopplungsadapter für zwei Raumschiffe – eine Besatzung und ein Rettungsraumschiff. Erstmals machte man sich bei Skylab Gedanken über die Rettung der Besatzung. Dies war wegen der Startvorbereitungen aber nur möglich, wenn es ein Problem an dem Apollo-Raumschiff gab oder die Station noch für einige Zeit bewohnbar war. Skylab war für drei Besatzungswechsel ausgelegt. Die erste sollte 28 Tage im All bleiben, die beiden nächsten jeweils 56 Tage. Die Vorräte erlaubten es, die dritte Besatzung sogar 84 Tage lang forschen zu lassen. Die Forschungsmöglichkeiten an Bord von Skylab waren für die damalige Zeit sehr gut. Das ermöglichte die hohe Nutzlast der Saturn V Trägerrakete. Es waren 54 Experimente fest installiert dazu kamen weitere die mit den Missionen an Bord gebracht wurden, sowie Untersuchungen an den Astronauten selbst, die keine besonderen Vorrichtungen erforderten. Zusammen waren es 82 Experimente, mit denen

270 Untersuchungen durchgeführt werden konnten. Skylab brachte eine große Ausbeute an Ergebnissen. Am meisten profitierte die Sonnenforschung, die auch der Forschungsschwerpunkt war. Eine relativ kleine Rolle spielten die Materialwissenschaften, doch ihre Ergebnisse waren so positiv, dass sie die Hoffnung auf eine spätere Fertigung im Weltraum nährten und dazu führten, dass Materialwissenschaft neben der Humanforschung heute die zweitwichtigste Disziplin an Bord der ISS ist. Andere Forschungen rechtfertigten nicht den Aufwand, so waren die Ergebnisse der astronomischen Forschung nicht überzeugend und die Aufnahmen der Erde waren nicht besser als die der Landsat-Satelliten, die jedoch die Erde kontinuierlich zu geringeren Kosten überwachen konnten.

An Bord von Skylab arbeiteten die drei Astronauten im Schnitt 130 Stunden pro Woche an Experimenten. Die Expeditionen 40+41 stellten an Bord der ISS den derzeitigen Rekord mit 80 Stunden wissenschaftlicher Arbeit pro Woche – allerdings für sechs anstatt drei Astronauten. Das Skylab dreimal produktiver als die ISS war liegt an einigen Faktoren: Die Station hatte eine limitierte Lebensdauer. Eine Versorgung war nicht vorgesehen, waren die Vorräte an Bord verbraucht so war die Mission beendet. Damit gab es kaum Reparaturen, Housekeepingarbeiten und keine Versorgungsraumschiffe, die be- und entladen werden mussten. Vor allem machten die Astronauten viel weniger Übungen, um dem Problem des Muskelabbaus und Knochen-

2.Abbildung: Skylab. Deutlich sichtbar ist der Sonnenschirm über der Station.

schwundes zu begegnen. Erst die Skylabmissionen lenkten die Aufmerksamkeit auf dieses Problem, das bei den vorherigen, maximal 14 Tage dauernden Missionen nicht auftrat.

Skylab ist heute aus zwei Gründen in Erinnerung geblieben, die nichts mit der Forschung zu tun haben. Zum einen, weil die Station beim Start beschädigt wurde. Aerodynamische Kräfte führten zur Entfaltung eines Solarzellenflügels und des Verlusts des Mikrometeoritenschutzschildes, der zugleich Thermalisolation war. Damit waren die Temperaturen an Bord der Station so hoch, dass sie nicht bewohnbar war. Die NASA erarbeitete innerhalb von 9 Tagen eine provisorische Lösung, bei der eine Abdeckung wie ein Regenschirm durch eine Experimentluftschluse aufgespannt wurde. Damit sanken die Temperaturen auf erträgliche Werte. In einem Außeneinsatz musste die erste Besatzung auch noch ein zweites eingeklemmtes Solarpanel entfalten. Auch dies gelang. Die zweite Besatzung montierte dann ein noch größeres Schutzsegel bei einem Außeneinsatz. Die NASA bewies, wie bei Apollo 13, eine enorme Flexibilität und Geschwindigkeit das Problem zu lösen: Da die Station nur begrenzte Treibstoffvorräte hatte (Lageänderungen sollte das angekoppelte Servicemodul von Apollo durchführen) musste man die erste Besatzung innerhalb von zwei Wochen zur Station schicken, sonst wäre der Vorrat an Kaltgas zur Lageänderung verbraucht gewesen.

1979 geriet die Station erneut in die Schlagzeilen, als sie in die Erdatmosphäre eintauchte und über dem Indischen Ozean verglühte. Einige Trümmer gingen über Australien nieder. Da noch nie ein 90 t schweres Objekt in die Erdatmosphäre eintrat, rauschte es damals kräftig im Blätterwald, wo das Risiko von einem Skylab-Bruchstück getroffen zu werden stark übertrieben wurde. Ursprünglich sollte die Station von einem Space Shuttle in eine sichere Höhe angehoben werden, doch das Programm lag mehrere Jahre hinter den Planungen zurück und der Jungfernflug des Shuttles fand erst zwei Jahre nach dem Verglühen von Skylab statt.

Die USA konzentrierten sich in der Folge auf Kurzzeitmissionen mit dem Spacelab und später Spacehab. Das Spacelab wurde von der ESA entwickelt und den USA gegen einen „halben" Space-Shuttle-Flug geschenkt (eine gemeinsame Mission bei der einer von zwei Nutzlastspezialisten von der ESA kam). Das Spacelab verinnerlichte die Konzeption des STS (Space Transportion System) – es sollte viele Flüge geben, die relativ preiswert sein sollten. Dadurch sollte das Labor sehr oft zum Einsatz kommen und das Spacelab hatte zahlreiche Konfigurationen um unterschiedliche Fragestellungen zu untersuchen. Es bestand aus drei Elementen: einem kurzen Modul, einem langen Modul und Paletten. Es konnte eines der Module mit Paletten kombiniert werden oder nur Paletten eingesetzt werden. Die Paletten nahmen die Experimente auf, die direkt dem Raum ausgesetzt waren oder freie Sicht auf die

Erde oder den freien Raum erforderten wie astronomische oder geophysikalische Instrumente. Das Spacelab führte ein Standardrackformat ein, auf dem die heutigen Racks der ISS basieren. Damit konnte man Experimente leicht austauschen und es gab eine standardisierte Bauform an der sich Entwickler orientieren können. Das erinnert ein an das Standard-Hifi-Rack: Ob sie in dieses einen CD-Player, Plattenspieler, Kassettendeck, Tuner, Receiver oder Equalizer einbauen, ist ihnen überlassen, aber alle Geräte passen dank Standardabmessungen und Anschlüsse in dasselbe Rack.

Jedoch flog das Shuttle nie so oft wie geplant und auch nicht zu den geplanten Kosten, die bei 14,5 Millionen Dollar im Wert von 1971 nach den Planungen lagen. Es wurde daher weitaus weniger oft eingesetzt als geplant. Die ESA leistete sich nur wenige Missionen und Deutschland war der einzige ESA Staat, der zwei nationale Missionen durchführte. Die NASA rüstete die Columbia um damit diese Langzeitmissionen durchführen konnte. Doch selbst wenn dann Missionen von bis zu 21 Tagen möglich waren, so war dies doch kurz gegenüber den schon erfolgten Skylabmissionen. 22 Spacelab Missionen wurden bis 1998 eingesetzt. Die Paletten wurden noch bei drei weiteren Missionen eingesetzt, die Letzte 2008 bei STS-123. Danach nutzte die NASA das leichtere Spacehab als Labor. Es wurde von 1993 bis 2007 eingesetzt, jedoch meistens als Transportbehälter für die Mir und ISS. 22 Flüge des Spacehabs gab es davon waren neun Versorgungsflüge zur ISS und acht zur Mir. Beide Labore waren nur für Kurzzeitmissionen ausgelegt, da das Space Shuttle nur Flüge von wenigen Tagen bis zu drei Wochen mit Zusatzausrüstung zuließ.

Russland begann noch vor den USA mit dem Start einer eigenen Weltraumstation, genannt Saljut. Unter diesem Namen wurden zwei Typen gestartet, eine zivile Variante genannt DOS (ДОС, Долговременная орбитальная станция, Dolgovremennaja orbitalnaja stancija für „Langzeit-Orbital-Station") und eine militärische Station, genannt Almaz. Almaz war die ältere Entwicklung. Die Astronauten sollten in Almaz hochauflösende Aufnahmen der Erde anfertigen. In dieser Disziplin war Russland den USA unterlegen. Ihre Zenit Aufklärungssatelliten waren aus den Wostokkpaseln entwickelt worden. Deren Fenster limitierten die Größe des Teleskops und es war nicht möglich wie beim US-System belichteten Film in Rückkehrkapseln zur Erde zu senden, sodass Russland sehr viele Missionen startete, um die USA und ihre Verbündeten zu überwachen. Die USA hatten ein ähnliches Projekt namens MOL, stellten diese Pläne für eine bemannte Raumstation wegen der ausufernden Kosten aber 1969 ein.

Saljut 1 war eine zivile Station (DOS). Sie bestand aus zwei Zylindern dem Wohnraum für die Besatzung, in der auch die Experimente waren und einem Servicemodul einer Sojus zur

Steuerung am Heck und einem Kopplungsadapter am Bug. Diese beiden Sektionen enthielten auch die Solarzellen. Das Druckmodul stammte von der Almaz. Saljut 1 wurde sehr schnell aus der Almaz entwickelt und das schon fertige Druckmodul mit der existierenden Serviceeinheit der Sojus „verheiratet". Es ging darum zum einen Skylab zuvorzukommen, zum anderen aber auch vom gescheiterten eigenen Mondprogramm abzulenken, indem man behauptete, man hätte nie eines gehabt und stattdessen eine Raumstation entwickelt.

Saljut 1 startete am 19.4.1971 als erste Raumstation. Die erste Besatzung von Sojus 10 konnte am 22.4.1971 nicht ankoppeln, da man keine mechanische und elektrische Verbindung bekam. Daraufhin modifizierte man für Sojus 11 den Kopplungsadapter und diese Besatzung koppelte am 7.6.1971 an Saljut 1 an. Während der 23 Tage an Bord gab es einige Probleme so einen Brandgeruch an Bord, Vibrationen der Station und Verlust an elektrischer Leistung. Die Bitte der Besatzung früher heimkehren zu können, wurden abgelehnt. Als sie am 29.6.1971 abkoppelte, schloss sich ein Ventil nicht und die Luft aus der Kapsel entwich und die Besatzung erstickte – aus Platzgründen hatten die Besatzungsmitglieder nicht den vollständigen Raumanzug an, mit dem sie auch das Raumschiff verlassen konnten, sondern nur einen leichten Overall ohne Helm. Fortan führte Russland alle folgenden Flüge nur noch mit zwei Astronauten durch, da die nun zur Sicherheit bei Start und Landung angelegten Schutzanzüge so sperrig waren, dass der dritte Sitz nicht belegt werden konnte, erst die Sojus T lies wieder drei Astronauten zu. Ein weiterer Besuch der Saljut 1 erfolgte daher nicht. Sie verglühte am 11.10.1971.

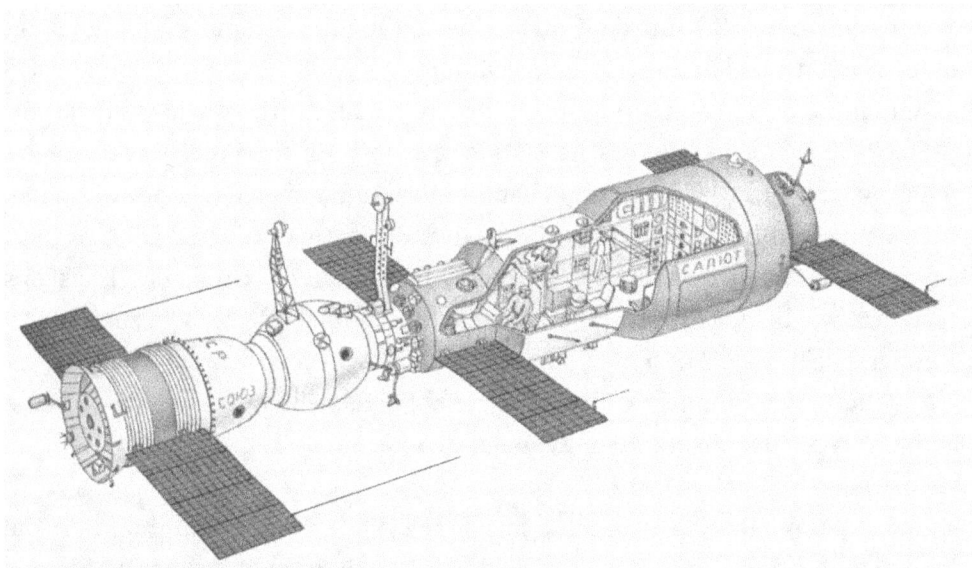

3.Abbildung: Saljut 1 mit angekoppelter Sojus

Die beiden nächsten zivilen Stationen Saljut 2A und Kosmos 557 wurden nicht von Besatzungen besucht. Saljut 2A ging bei einem Fehlstart am 29.7.1972 verloren. Die dritte Station wurde am 22.5.1973 gestartet, war jedoch nach Erreichen des Orbits nicht kontrollierbar und verglühte nach 11 Tagen. Sie erhielt die Tarnbezeichnung „Kosmos 557".

Zwischenzeitlich wurde am 3.4.1973 die erste Almaz Station gestartet. Almaz unterschied sich vor allem in der Steuersektion und dem Kopplungsadapter von DOS. Almaz Adapter war für das zu entwickelnde Raumschiff TKS ausgelegt. Die Druckhülle war identisch zur zivilen DOS. Die erste Almaz bekam die Bezeichnung Saljut 2. Die dritte Stufe, der Proton die ebenfalls in die Umlaufbahn gelangte explodierte nach drei Tagen und ein Bruchstück beschädigte eine Treibstoffleitung, die nach 13 Tagen zur Explosion und dem Druckverlust an Bord führten. Die Station wurde aufgegeben ohne das Sie von einer Besatzung besucht worden wäre.

Saljut 3, die zweite Almaz startete am 25.4.1974. Die Besatzung von Sojus 14 hielt sich 15 Tage an Bord auf. Sojus 15 konnte nicht ankoppeln. Inzwischen hatte man die Almaz auf die Sojus umgerüstet, da das TKS-Raumschiff weiter hinter dem Zeitplan zurücklag. Die Besatzung konnte ihr Beobachtungsprogramm durchführen und auch die erstmals an Bord befindliche Kanone wurde erfolgreich erprobt. In Russland meinte man, sich vor feindlichen Raumschiffen schützen zu müssen. Später arbeitete die Station unbemannt weiter und eine Rückkehrkapsel mit Film wurde kurz vor dem Verglühen abgesetzt. Zentrales Instrument war ein Teleskop, das auf ein Ziel ausgerichtet werden konnte und diesem folgte, auch wenn sich die Station weiter bewegte – in diesem Falle wurde die ganze Station gedreht.

Saljut 4, die zweite nutzbare zivile Station wurde am 26.12.1975 gestartet. Drei größere Solarpaneele um den Druckkörper lieferten bei dieser Station mehr Strom. Zwei Besatzungen (Sojus 17 und 18 hielten sich 29 und 63 Tage an Bord auf – setzten also neue russische Rekorde. Danach wurde ein unbemanntes Sojus Raumschiff gestartet. Mit Sojus 20 erprobte man, wie lange man eine Raumstation nutzen konnte.

Saljut 5 war die letzte militärische Station, da man nun auch in der Sowjetunion das Kosten-/Nutzenverhältnis für nicht gegeben ansah. Von den drei Besatzungen verbrachten zwei (Sojus 21 und 24) 48 bzw. 17 Tage an Bord. Sojus 23 hatte erneut Probleme, anzukoppeln.

Bisher waren alle Raumstationen, sowohl Saljut 1-5 wie auch Skylab mit einem Vorrat an Verbrauchsgütern gestartet worden. Das sind die Gase für die Atmosphäre, das Wasser und die Lebensmittel. Bei den in niedriger Bahnhöhe die Erde umkreisenden Saljuts war auch der

Treibstoff eine begrenzte Ressource. Ohne dauernde Bahnanhebungen wären die Stationen innerhalb von wenigen Wochen verglüht. Skylab wurde immerhin 171 Tage lang genutzt, die sowjetischen Stationen 16 bis 92 Tage. Diese kurze Nutzungsdauer war ineffektiv. Russland entwickelte aus der Sojus den unbemannten Raumtransporter Progress, der Gase, Wasser, Nahrungsmittel und Treibstoff zur Station bringen konnte. Damit waren viel längere Missionen möglich und in den folgenden Jahren setzten Kosmonauten neue Langzeitrekorde, nachdem bisher die Besatzung von Skylab 4 diesen seit 1974 hielt.

Saljut 6 hatte zwei Kopplungsadapter – einen am Bug und einen am Heck. Damit war neben einer Sojus auch die Ankopplung eines Progress-Versorgers möglich. Diese Station war von 1977 bis 1981 in Betrieb also über vier Jahre. 16 Besatzungen, davon fünf Langzeitcrews hielten sich bis zu 107 Tage an Bord der Station auf. Dies ermöglichten 12 Progresstransporter. Nach der letzten Mission koppelte ein Prototyp des nun endlich einsatzfähigen TKS-Raumschiffs zum Test an. Propagandistisch nutzte Russland die Kurzzeitmissionen, um Kosmonauten aus sozialistischen Bruderländer zur Station zu bringen: Die NASA hatte angekündigt, Astronauten anderer Länder zu transportieren. Damit kam man diesem Vorhaben zuvor.

Saljut 7 war baugleich zu Saljut 6. Sie wurde als Back-up gebaut, und nachdem Saljut 6 in die Jahre gekommen war, gestartet, da Mir als Nachfolge noch nicht fertiggestellt war. Nach einem Jahr wurde die Station durch ein TKS-Raumschiff erweitert, der in der Rückkehrkapsel 350 kg Material zur Erde brachte. 1985 folgte ein zweites TKS-Raumschiff ohne Rückkehrkapsel, dafür mit Erdbeobachtungsinstrumenten. Saljut 7 wurde während ihrer drei Betriebsjahre von 10 Besatzungen, davon fünf Langzeitbesatzungen bewohnt. Russland setzte nun den neuen Sojustyp T

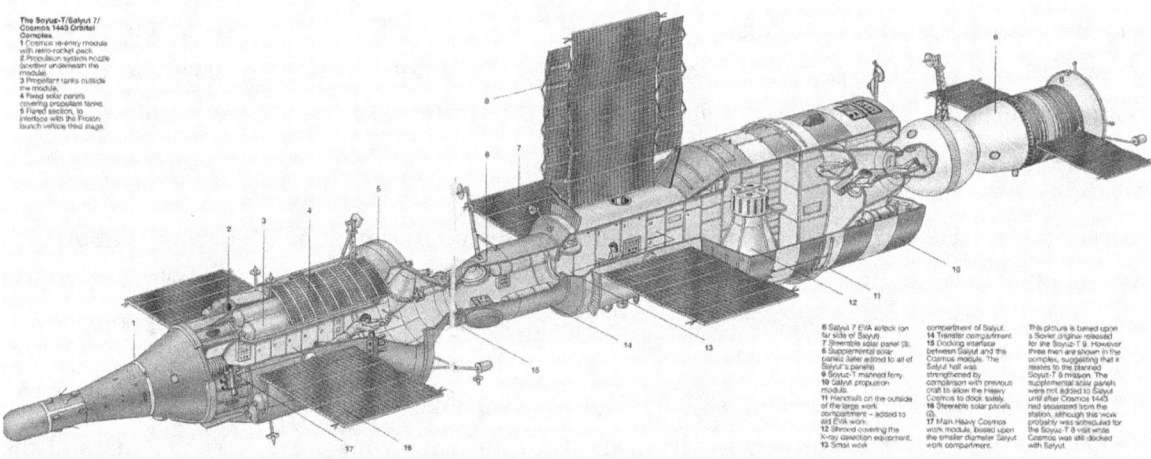

4.Abbildung: Saljut 7 mit TKS-Raumschiff (Kosmos 1443) und Sojus

ein, der durch eine umgebaute Kabine wieder drei Personen als Besatzung zuließ. Der Rekord für den Aufenthalt im All stieg nun auf 236 Tage an. An Bord von Saljut 7 löste die Besatzung auch erstmals zahlreiche technische Probleme. Obwohl es weniger Besatzungen gab, verbrachten diese noch mehr Zeit auf der Station als in den 5 Jahren die Saljut 6 aktiv war.

Das TKS-Raumschiff wurde zwar niemals bemannt eingesetzt, doch sein Druckmodul wurde Basis für den FGB, den Funktionellen Cargo Block, dem zentralen Element der Mir.

Der offensichtliche Unterschied der Mir von den Saljut ist, dass jedes Modul bis zu sechs (anstatt zwei) Kopplungsadapter hat. Damit konnte man zahlreiche weitere Module, die auf Basis des TKS-Raumschiffs entstanden, ankoppeln. Jedes Modul hat einen eigenen Antrieb und kann daher wie eine Sojus an die Mir angekoppelt werden. Mir wurde um sechs Module erweitert. Drei bis 1990, dann zwang der Zusammenbruch der Sowjetunion zu einem Baustopp. Zweitweise fehlte es sogar an Geld, eine Ersatzbesatzung zu starten. Die zweite Phase des Ausbaus von Mir begann 1995 mit dem Shuttle-Mir-Programm. Die NASA bezahlte nicht nur die folgenden drei Module der Mir mit, sondern flog auch die Mir an. Dabei fanden nicht nur Besatzungswechsel statt, sondern die Shuttles lieferten auch Versorgungsgüter für die Station. US-Astronauten brachen nun an Bord der Mir den bis dahin über 20 Jahre alten US-Langzeitrekord von Skylab 4. Es wurde allerdings auch klar, dass die Station überaltert war. Eigentlich hätte

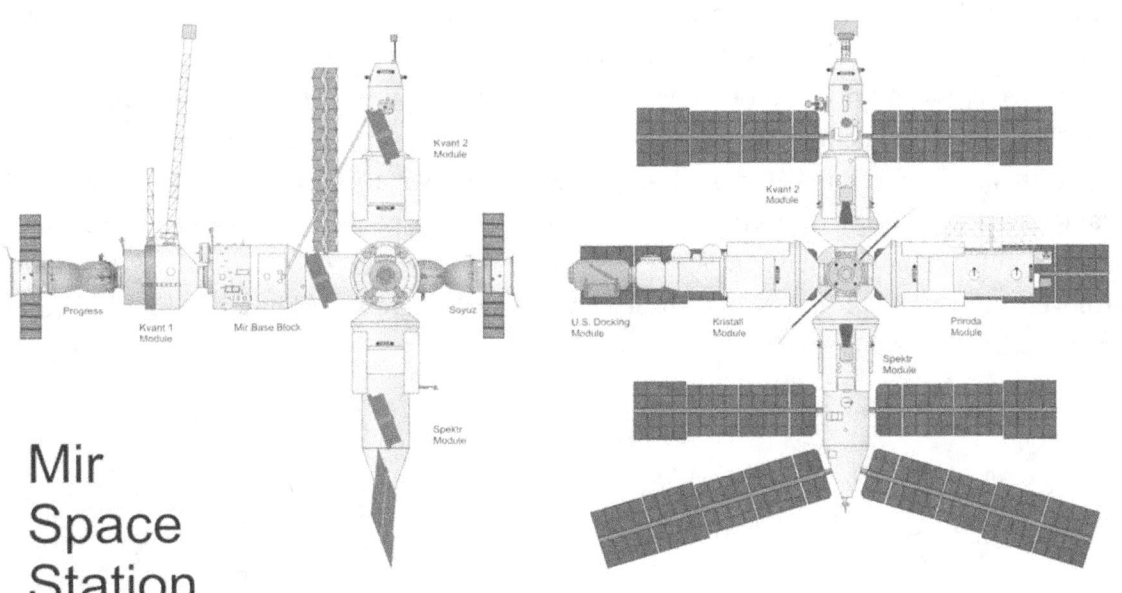

5.Abbildung: Aufbau der Mir

nach fünf Jahren Mir-2 gestartet werden sollen, doch für die Fertigstellung der Nachfolgestation fehlten Russland die Mittel. Die Kosmonauten waren vor allem damit beschäftigt, die Station im Schuss zu halten und Reparaturen durchzuführen. Besonderes Aufsehen erregte die Kollision des Progressfrachters M-34. Um Kosten zu sparen, wollte Russland das ukrainische KURS-System zur automatischen Ankopplung durch eine Fernsteuerung durch die Besatzung ersetzen. Ein erster Test mit Progress M-33 scheiterte und bei M-34 reagierte die Progress nicht oder verspätet auf Steuersignale und kollidierte mit der Mir. Ein Modul wurde beschädigt und musste aufgegeben werden.

Mit dem Bau der ISS sollte Russland die Mir eigentlich aufgeben, zumindest gab es nun keine Unterstützung seitens der NASA mehr. Vergeblich versuchte man die Raumstation für den Weltraumtourismus zu nutzen – es gab nicht genügend Interessenten für eine solche Mission. Schließlich deorbitierte man die Mir und auch Russland konzentrierte sich auf die ISS. Mir wurde 15 Jahre lang betrieben, davon 10 Jahre bemannt. Die Station war lange Zeit das Aushängeschild der russischen Raumfahrt. Valery Polyakov hält seit 1995 den Rekord des längsten Aufenthalts am Stück mit 437 Tagen. Es gibt keine Pläne, eine ISS-Besatzung länger als 360 Tage im All zu belassen. Damit dürfte dieser Rekord noch lange Bestand haben.

Nach der Fertigstellung der ISS startete China am 20.9.20111 ihr Tiangong-1 Raumschiff. Dies ist ein verhältnismäßig kleines zylindrisches Druckmodul mit einem Innenvolumen von nur 32 m³. Die chinesischen Trägerraketen haben eine kleinere Nutzlast als die russsische Proton, so wiegt Tiangong-1 weniger als die Hälfte eines Mir Moduls. Seitdem wurde es von zwei bemannten und einem unbemannten Shenzou Raumschiff besucht. Tiangong-1 ist ein Prototyp, doch China plant mit dem größeren Tiangong-2 und 3 eine permanente Station, die sukzessive ausgebaut wird. Man weis von dem Tiangong-Modul wenig. Es verwendet aber die ASAP-89 Adapter, die auch die russischen Module haben. Die Shenzhou ist eine Kopie der Sojus TM. Damit könnte China sich auch an der ISS beteiligen. Eine Offerte Chinas, an der ISS Module anzubringen, wurde von der NASA abgelehnt, da ein Kongressbeschluss der NASA eine Zusammenarbeit mit China verbietet.

Raumstation	Gestartet	Verglüht	Masse [kg]	Innenvolumen	Besatzungen	Tage bemannt
Saljut 1	19.04.71	26.10.71	19.400 kg	99 m³	1	24
Saljut 2A	29.07.72	29.07.72				
Saljut 2	03.04.73	28.05.73	18.500 kg	99 m³		
Kosmos 557	11.05.73	22.05.73	19.400 kg			
Skylab	14.05.73	11.07.79			3	171
Saljut 3	24.06.74	24.01.75	18.500 kg			
Saljut 4	26.12.74	03.02.77	18.900 kg	90 m³	3	92
Saljut 5	22.06.76	08.08.77	19.000 kg	100 m³	2	67
Saljut 6	29.09.77	29.07.82	19.624 kg	90 m³	16	683
Saljut 7	19.04.82	07.02.91	19.824 kg	90 m³	10	816
Mir	20.02.86	23.03.01	129.700 kg	350 m³	32	4502
ISS (am 1.8.2015)	20.11.98		~ 420.000 kg		44	6329
Tiangong 1	20.09.11		8.400 kg	32 m³	2	24

6.Abbildung: Tiangong 1 vor dem Start

Die Geschichte der Station

Am 25.1.1984 gab Präsident Ronald Reagan der NASA den Auftrag, innerhalb eines Jahrzehntes eine Raumstation zu entwickeln. Natürlich erfolgte dieser Schritt nicht ohne eine vorherige Konsultation der NASA. Schon seit 1982 tagte die Space Task Group der NASA, die darüber beriet, welche Projekte nach der Fertigstellung des Space Shuttles angegangen werden könnten. Eine Raumstation war der folgerichtige nächste Schritt. Die Raumfähren waren ursprünglich entwickelt worden, um eine Raumstation aufzubauen und zu versorgen. Erst durch die Forderungen des US-Militärs wurden die Shuttles auf den Transport von Satelliten ausgelegt.

Nach mehr als einem Jahr Planung standen die Kosten und die wichtigsten Basisdaten fest. Präsident Reagan war leicht von dem Projekt zu überzeugen. Schließlich galt es für ihn als bekennenden Antikommunisten, Russland in allen Bereichen zu schlagen. Die Sowjetunion hatte an Bord von Saljut 6 und 7 Langzeitrekorde für den Aufenthalt im All aufgestellt. Seit die letzten Astronauten am 5.2.1974 die Station Skylab verließen, waren für Amerikaner keine längeren Aufenthalte im All mehr möglich. Die Space Shuttles konnten regulär eine Woche im All bleiben, mit einer zusätzlichen Ausrüstung bis zu drei Wochen. In der Verbindung der Raumstation die dauerhafte Forschung ermöglicht mit der Transportkapazität der Space Shuttles, die es ermöglicht Experimente rasch auszutauschen, würde die neue Raumstation „Freedom" genannt Russlands Raumstationen des Saljutprogramms sowohl in den Forschungsmöglichkeiten, wie auch der Größe deklassieren.

Abbildung 7: Letzte US-Planung von Alpha © der Grafik: NASA

Freedom

Für die künftige Raumstation wurde 1984 ein Kostenrahmen von rund 8 Milliarden Dollar, eine Besatzung von anfänglich sechs bis acht Personen und ein Besatzungswechsel alle drei bis sechs Monate vorgesehen. Sie sollte in einer Höhe von 407 km mit einer Bahnneigung von 28,5 Grad die Erde umkreisen, da auf dieser Inklination die Nutzlastkapazität des Space Shuttles maximal ist. (Es ist der Breitengrad des Startorts). Die Umlaufbahn war erdnah um die Nutzlast der Raumtransporter zu maximieren.

Es schlossen sich nun Entwicklungsaufträge für die ersten zwei Jahre an, bei denen die Industrie aufgefordert wurde, Konzepte vorzulegen. 1985 verabschiedete auch die ESA aufgrund deutscher Initiative den Beschluss, sich bei der Raumstation zu beteiligen und began Vorplanungen, wie dies möglich sein sollte. Die erste Konfiguration war 1985 der „Power Tower". An einem einzigen Träger saßen an einem Ende die zylindrischen Module mit Laboren und Wohnraum für die Besatzung, am anderen Ende befand sich ein Modul ohne Innendruck und Paletten, die dem Weltraum ausgesetzt waren. Ein großer Solarzellenausleger mit 68,3 kW elektrische Leistung war in der Mitte des Trägers vorgesehen. Zwanzig Space Shuttle Flüge wären notwendig, um diese Station zu bauen. Vier Wohn- und Labormodule von jeweils 10,50 m Länge sollten die Besatzung aufnehmen. Bei späteren Planungen wurden die Module mit 13,30 m etwas länger, aber die Anzahl auf je ein Labor und ein Wohnmodul reduziert. 1991 sollte das erste Modul ins All gebracht werden, bis 1995 sollten sich neun Astronauten auf der Station aufhalten können. Das war die Besatzung für den Vollausbau.

Schon im März 1986 wurde dieses Konzept zugunsten des „Dual Keel" Konzeptes aufgegeben. Drei Träger bildeten nun das Gerüst. Zwei waren kürzer und deren Enden waren miteinander verbunden, sodass der Buchstabe „O" entstand. Der Dritte, längere Träger, führte mitten durch das „O", sodass das Gerüst etwa so aussah wie der griechische Buchstabe Phi: Φ. Diese Konfiguration erlaubte bessere Mikrogravitationsbedingungen als der „Power Tower", da die Druckmodule nun in der Mitte angebracht waren. Nachdem Europa und Japan ihre Bereitschaft bekundet hatten, sich an der Raumstation zu beteiligen, wurde die Zahl der US-Module reduziert. Zuerst von zwei auf ein Labormodul und dann von zwei Wohnmodulen auf ein einziges Wohnmodul für bis zu acht Astronauten.

Die Raumstation hatte in dieser Konfiguration eine Länge von 153 m und wäre 110 m breit gewesen. Die Kiele sollten aus 5 m langen Stangen und Röhren im Orbit erstellt werden. Bei dem Space Shuttle Flug STS-61B wurde diese Montage im All erprobt. In 55 Minuten errichteten zwei

Astronauten aus 93 Stangen von 1,40 und 2,00 m Länge einen 14 m hohen Turm. Die Energieversorgung sollte aus einer Mischung von Solarzellen und solarthermischer Energie geschehen. Diese Technik nutzt Spiegel die Sonneneinstrahlung auf einen Brennpunkt fokussieren, in dem ein Arbeitsmedium erhitzt wird. Dieses geht in den gasförmigen Zustand über und treibt eine Turbine an, die dann Strom produziert. Das abgekühlte Medium geht zurück zum Brennpunkt, je nach verwendetem Medium kann es durch die Abkühlung verflüssigt werden. Derartige Konstruktionen gibt es im größeren Maßstab auch auf der Erde in Form von solaren Turmkraftwerken. Die solarthermische Versorgung offerierte höhere Wirkungsgrade und galt bei größeren Flächen als billiger als Solarzellen. Auf der anderen Seite war sie noch niemals im Großmaßstab im Weltraum erprobt. Nun sollte dies gleich für die Energieversorgung einer bemannten Station zum ersten Mal erfolgen. Das erschien zu riskant. Als Kompromiss wählte die NASA beide Systeme, so konnten die Solarzellen zumindest die absolut notwendige Energie für einen sicheren Betrieb gewährleisten, selbst wenn die solarthermische Versorgung gestört sein sollte. Die Solarzellen liefern 75 kW Leistung – genug für die erste Baustufe und die solarthermischen Anlagen weitere 50 kW, die für die zweite Ausbaustufe benötigt werden.

Am 25.9.1986 wurde diese Konfiguration vorgestellt. Sie umfasste nur noch vier Module – ein Wohnmodul und jeweils ein Labormodul der USA, Europa und Japan. Lediglich 10 bis 11 Space Shuttle Flüge wären für die Montage erforderlich.

Die nächste Kostenabschätzung im Februar 1987 ging schon von Kosten von 14,5 Milliarden Dollar im Wert von 1984 aus oder 21 Milliarden über die Gesamtbauzeit. Das führte zu einer Revision des Konzeptes, denn es war dem amerikanischen Kongress zu teuer. Ein weiterer Kritikpunkt war nach dem Verlust des Space Shuttles Challenger die große Anzahl an EVA Operationen. Die Besatzung des Space Shuttles hätte von Hand die Gitterstrukturen errichten müssen. Dafür müsste ein Shuttle bis zu 16 Tage im All bleiben, wodurch weitere Kosten für eine Umrüstung der Orbiter für Langzeitaufenthalte hinzukämen.

So wurde Freedom erneut umkonstruiert, und was dabei herauskam, ähnelte der späteren ISS (bis auf die russischen Module) schon sehr. Es gab jetzt nur noch einen Längsträger anstatt zweier. An diesem befanden sich an den Außenseiten die Solarzellen und in der Mitte die Druckmodule. Diese Konfiguration stand 1987, sollte nun noch 12,2 Milliarden Dollar (Wert 1984) oder 19 Milliarden über die Bauzeit kosten. Das erste Element sollte im Januar 1994 in den Orbit befördert werden. Bis Ende 1996 wäre die Station fertiggestellt. Die USA rechneten mit beträchtlichen Investitionen anderer Partner, so sollte Japan 2 Milliarden, die ESA 4,5 Milliarden und Kanada 1,2 Milliarden Dollar für ihre Beiträge aufwenden. Für die USA wurden, inklusive der nötigen Flüge für den Transport von Elementen, Aufwendungen von 10 Milliarden Dollar errechnet.

Zwanzig Space Shuttle Flüge waren nun geplant – deren Kosten die NASA schon damals (trotz Kenntnis der wahren Kosten) mit nur 100 Millionen Dollar pro Flug ansetzte. Die realen Flugkosten betrugen vor dem Verlust der „Challenger" 153 Millionen Dollar pro Start und stiegen bei Wiederaufnahme der Flüge im Herbst 1988 auf 250 Millionen Dollar pro Flug an. 12 bis 14 Flüge pro Jahr wären für den Aufbau notwendig gewesen. Auch dies war eine Flugrate, die nicht erreichbar war. Mitte der neunziger Jahre starteten die Space Shuttles bis zu achtmal pro Jahr. Seitdem ist die Startrate gesunken.

1988 vergab die NASA, die Entwicklungsaufträge an die Industrie. Die Hauptkontraktoren waren Boeing, McDonnell-Douglas, General Electric und Rocketdyne. Die Verträge hatten eine Laufzeit von zehn Jahren und umfassten eine Gesamtsumme von 6,7 Milliarden Dollar.

So schien die Raumstation, die 1988 von Präsident Reagan „Freedom" getauft wurde, auf dem Weg, als 1989 die ersten Budgetkürzungen kamen. Die NASA bekam für das Finanzjahr 1990 nur 800 anstatt beantragter 2.050 Millionen Dollar für die Station. Als Folge wurde der Baubeginn um ein weiteres Jahr, nun auf 1996, verschoben. 1990 ergab eine unabhängige Untersuchung des Konzeptes, dass Freedom 23% schwerer als geplant war, 34% zu wenig Strom erzeugte, nicht im Budget lag und zu komplex war. Zwischen 2.200 und 3.200 EVA Stunden pro Jahr wären nach Ansicht der Kommission für den Bau notwendig. Die NASA ging von lediglich 500 Stunden aus. Der Kongress verlangte eine neue Revision des Konzepts und kürzte erneut die Mittel um 551 Millionen Dollar. Das erforderte ein erneutes Redesign der Station. Seit 1984 hatte die NASA nun schon 6 Milliarden Dollar für die Planungen und Verträge ausgegeben.

Dieses neue Konzept wurde von der NASA im März 1991 vorgestellt. Die Labor- und Wohnmodule wurden von 13,40 auf 8,20 m gekürzt, die Länge des zentralen Masts von 150 auf 108 m verringert. Die Station sollte nun schon 30 Milliarden kosten, das erste Element sollte im Frühjahr 1996 gestartet werden, die erste Mannschaft Mitte 1997 und im Jahr 2000 sollte die Station fertiggestellt sein. Dieses Konzept bekam keine Rückendeckung. So wollte der Senat 1991 die Station sogar ganz einstellen, es gab für diesen Vorstoß auch keine Mehrheit im Repräsentantenhaus. So wurde bei gekürztem Budget weiter geplant, um die Weltraumstation billiger bauen zu können.

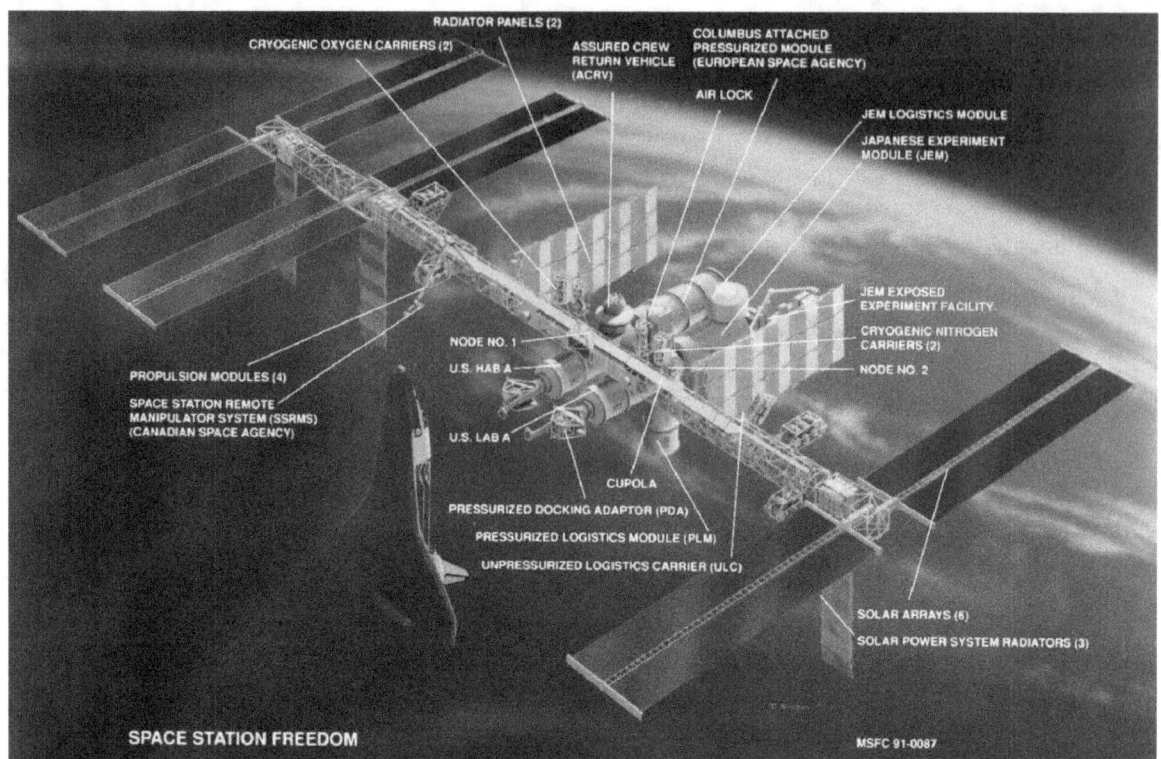

Abbildung 8: Freedom im Jahr 1991. © der Grafik: NASA

Abbildung 9: Erstes Freedom Konzept: Power Tower © der Grafik: NASA

Über Alpha zur ISS

1993 stand Freedom, die inzwischen, weil der markige Titel nicht mehr in die Zeit internationaler Zusammenarbeit im Weltraum passte, in „Alpha" umbenannt wurde, quasi vor dem Aus. Zehn Jahre lang war die Raumstation geplant worden. Die Planung hatte inzwischen 11,2 Milliarden Dollar verschlungen – mehr als die Raumstation ursprünglich fertiggestellt kosten sollte. Nach zehn Jahren sollte sie im All fertiggestellt sein. In der Wirklichkeit war noch kein Stück Hardware gebaut worden. Die Baukosten wurden nun auf 30 Milliarden Dollar geschätzt.

Der neue Präsident Clinton wies die NASA an, die Station ein weiteres – das achte Mal – umzukonstruieren. Nun sollte sie gleich um 9 bis 10,5 Milliarden Dollar billiger werden. Dies würde die NASA wahrscheinlich heute noch tun, wenn nicht auch Russland Probleme gehabt hätte. Russland hatte seit 1986 die „Mir" im Orbit, aber es fehlte an Geld, die Raumstation zu unterhalten. Mir (russisch: Мир für „Frieden" oder „Welt") sollte nach fünf Jahren eigentlich durch die Mir-2 abgelöst werden, doch bereitete schon der Unterhalt der vorhandenen Station Probleme. So fanden sich beide Partner zusammen. Die NASA würde von Russland den FGB (funktsionalno-gruzovoy blok: Russische Bezeichnung für den Antriebsblock der russischen Raumstationen) der Mir-2 kaufen, das Basisteil mit den Kopplungsadaptern, dem Frachtraum und Antriebssystemen. Ein weiteres russisches Modul sollte Russland aus eigener Kasse stellen. Es diente ebenfalls als Antrieb, vor allem aber als Wohnbereich und sollte das Lebenserhaltungssystem für die erste Bauphase beinhalten. Weitere Module Russlands würden in der Spätphase des Stationsaufbaus folgen. 75% der US-Hardware für Alpha könnten so verwendet werden und die Station sollte um 2 Milliarden Dollar günstiger werden. Weitere Einsparungen versprach die Nutzung von Sojus Kapseln als Rettungssystem anstatt der Entwicklung eines eigenen Rettungssystems, das unter der Bezeichnung X-38 gerade in verkleinerter Form erste Tests in der Atmosphäre absolvierte.

Vor allem sollte die Station schneller fertiggestellt sein – im Juni 2002 anstatt im September 2003 und so 1,6 Milliarden Betriebskosten einsparen. In der Summe sollte der US-Anteil der Baukosten von 19,4 auf 17,4 Milliarden Dollar sinken. Aus der, nach Finanzkürzungen entstandenen, Mini-Version für Alpha (für vier Astronauten) und der russischen Mir-2 war die ISS entstanden.

Das Konzept klang gut und es passte in die politische Landschaft einer Annäherung von USA und Russland, dass es den Kongress problemlos passierte. So entstand die amerikanisch-russische Raumstation. Weiterhin bewilligte das Parlament elf Shuttle-Flüge, die US-

Astronauten von und zur Mir brachten und sie mit Fracht versorgten. Geld gab es auch für die Finanzierung des Spektr-Moduls der Mir. Die dabei entstandenen Zusatzkosten dürften bei 400 Millionen Dollar pro Shuttle-Flug weitaus höher als die Einsparungen bei der ISS gewesen sein, doch da schon damals Raumstation und Space Shuttle unterschiedliche Haushaltsposten waren, zählte das nicht. Zusätzlich wurden 466 Millionen Dollar für die Nutzung der Mir an Russland gezahlt. Die Verträge wurden im September 1993 unterzeichnet.

Damit hielt die NASA die Mir am Leben. Als die ISS bezugsfertig war, blieben die Zahlungen aus. Trotzdem glaubte Russland eine Zeit lang durch den Mittransport von Weltraumtouristen die Betriebskosten aufzubringen, doch erwies sich dies als unmöglich, sodass die Mir 2001 aufgegeben und deorbitiert wurde.

Wenn allerdings Russland schon Probleme hatte, eine laufende Raumstation am Leben zu erhalten – wie sollte sie sich dann am Aufbau einer neuen Raumstation in angemessener Weise beteiligten können?

Schon bevor das erste russische Modul fertig war, gab es Probleme in Russland, die ISS-Beteiligung zu finanzieren. Zuerst wurde 1995 aus Kostengründen der Start der Science Power Plattform mit einer Zenit Trägerrakete gestrichen. Die NASA sagte zu, das Modul mit einem Space Shuttle Flug ins All zu bringen. Dann erwog die russische Raumfahrtagentur Roskosmos, anstatt neue Module für die ISS zu entwickeln, einfach mit Spektr und Prioda die beiden neuesten Module der Mir zu verwenden. Später schlug Russland ernsthaft vor, einfach die Mir zur ISS auszubauen, anstatt überhaupt neue Module zu entwickeln. Dieser Vorschlag wurde von der NASA entschieden abgelehnt.

1996 war offensichtlich, dass sich der Bau von Swesda verzögern würde und die NASA arbeitete an einem Plan, ein eigenes Antriebssystem, basierend auf dem Antrieb eines militärischen Satelliten, ins All zu schicken. Aber auch die eigenen Module hingen hinter dem Zeitplan zurück und 600 Millionen Dollar teurer als geplant. Boeing hatte im Januar 1995 den Vertrag für den Kernbereich der Station im Wert von 5,630 Milliarden Dollar erhalten. 1997 ging die NASA von 22,4 Milliarden Dollar bis zur Fertigstellung aus. Rund 70 t Hardware befand sich zu diesem Zeitpunkt in der Fertigung,

Abbildung 10: Plan der ISS 1995: © der Grafik: NASA

Abbildung 11: Das Konzept des Dual Keel von 1986 © der Grafik: NASA

Die Namenssuche

Über den Namen der Station gab es heftige Diskussionen. „Alpha" war anfangs nur einer von mehreren Vorschlägen, Freedom preiswerter zu machen. Eine Zeit lang hieß der Entwurf dann auch „Alpha/R" mit „R" für Russland. Damit waren die Russen jedoch gar nicht einverstanden. Alpha klänge nach der ersten Raumstation und das sei falsch, das wäre bekanntlich Saljut 1 gewesen, zudem würde das angehängte „/R" die Rolle Russlands herabwürdigen.

Russlands Vorschlag war „Atlant". Dieser Name wurde von ESA und NASA abgelehnt. Die ESA verwies darauf, dass man in Europa darunter ein Nachschlagewerk für Karten verstehe und die NASA befürchtete die Verwechslungsgefahr zur Atlas-Trägerrakete – es war auch derselbe Begriff. Atlant ist in Russland die Bezeichnung des griechischen Halbgottes Atlas, der die Erdkugel auf seinen Schultern trug.

Japan schlug als Namen ernsthaft „Camelia" vor und hatte schon die Unterstützung Russlands. Dieser Vorschlag wiederum traf auf entschiedenste Ablehnung bei der deutschen Raumfahrtagentur, weil in Deutschland eine Damenbinde mit demselben Namen sehr bekannt ist.

Der Vorschlag, einen Aufruf an Schüler zu machen, um den Namen zu suchen, so wie dies die NASA bei Raumsonden tut, war bei diesem internationalen Projekt auch keine gute Idee. Es wurde vermutet, dass es dann viel mehr national gesinnte Vorschläge geben würde, als wie bei anderen Raumfahrtprojekten und so dasselbe Dilemma erneut aufkam. Zudem war von vornherein klar, dass von den USA erheblich mehr Vorschläge kommen würden, weil diese Vorgehensweise dort Tradition hat, während dies in den anderen Ländern noch nie gemacht wurde.

So einigten sich die 15 beteiligten Nationen auf den kleinsten Kompromiss und beließen es bei der Abkürzung ISS – „**I**nternational **S**pace **S**tation" – als Abkürzung der längeren Beschreibung. So wie zahlreiche Satelliten auch die Abkürzung ihrer Projektbezeichnung tragen. Es ist allerdings das erste bemannte Projekt, das so bezeichnet wurde. Ansonsten dominieren in den USA Begriffe aus der griechischen Götterwelt und in Russland Begriffe wie „Union", „Osten", „Frieden", also politisch angehauchte Namen.

Die Beteiligung Europas und Japans

Schon 1985 beschloss die ESA eine Beteiligung an Freedom. Dabei war zuerst eine Konfiguration aus drei Bestandteilen vorgesehen: einem frei fliegenden bemannten Labor, einer unbemannten Plattform und ein an Freedom angekoppeltes Labor.

Die genaue Untersuchung des Konzeptes zeigte, dass trotz Einsparungen durch standardisierte Bauteile, die soweit möglich, in allen drei Teilen verwendet wurden, dies nicht zu den geplanten Kosten realisierbar war. Der erste Kostenvorschlag von ERNO lag 50% höher als die in Studien angesetzten Finanzmittel. So wurde die Konfiguration vereinfacht. Das „**A**ttached **L**aboratory" (AL), das bald den Namen „Columbus" erhielt, war damals mit einem Durchmesser von 4,00 m bei einer Länge von 12,80 m geplant worden. Es sollte 14 t beim Start wiegen (ohne Experimente) und 10 t Experimente aufnahmen. Für die Ausrüstung stand ein Volumen von 34 m³ zur Verfügung. 52 m³ Wohnvolumen waren für die Mannschaft vorgesehen, 60 m³ standen für Stauraum, elektrische Systeme und Lebenserhaltungssystem zur Verfügung. 20 Doppel- und 8 Einzelschränke nahmen die Experimente auf. Columbus sollte eine Leistung von 20 kW aus dem Stromsystem der Station beziehen. 1992 setzte die ESA setzte 2516,8 MAU für die Entwicklung und weitere 315,9 MAU für Vorbereitungsflüge zur Mir und ISS an. Ein MAU (Million Accounting Units entsprach damals mit einem Wechselkurs von 1,90 DM/Unit in etwa dem Wert von 1 Million Euro.

Während Columbus von Anfang an mit dem Space Shuttle gestartet werden sollte, war das verkleinerte **F**ree **F**lying **L**aboratory (FFL) für einen Start mit der Ariane 5 vorgesehen. Es war eine verkleinerte Version des AL, dafür aber vollständig eingerichtet. Das AL war zu schwer, um es mit allen Experimenten mit einem Shuttle Flug zu starten. Das FFL versprach bessere Mikrogravitationsbedingungen als das Attached Laboratory. Es würde nicht dauerhaft bemannt sein. Experimente würden autonom oder durch Roboter bzw. Manipulatoren ferngesteuert von der Erde aus durchgeführt werden. Der Raumgleiter Hermes würde es alle paar Monate anfliegen, Astronauten würden Proben bergen, Geräte reparieren oder auswechseln und nach einigen Tagen wieder zu Erde zurückkehren. Das FFL ging auf einen CNES-Vorschlag für eine unbemannte Raumstation namens „Solaris" in den frühen achtziger Jahren zurück.

Die **P**olar **P**lattform (PPF) hatte 13 t Gewicht und sollte in einen polaren Orbit von 600 bis 825 km Höhe gelangen. Sie nahm bis zu 1.700 kg Nutzlast auf. Die Solarzellen sollten 2,5 kW Leistung an die Nutzlast liefern. Ein dauerhafter, bemannter Einsatz war nicht vorgesehen, lediglich der Austausch von Experimenten durch einen Außeneinsatz von Astronauten. Bedingt durch den sonnensynchronen, hohen Orbit war die Hauptaufgabe der PPF die Erdbeobachtung. Ihre Kosten wurden 1992 mit 694 MAU (Vorläufer des Euro) angegeben. Als die PPF eingestellt wurde, konzipierte die ESA den Umweltsatelliten Envisat für die gleiche Aufgabe. Ein Prototyp einer Plattform für wechselnde Experimente, die geborgen werden konnte, wurde unter der Bezeichnung „Eureka" bei einem Space Shuttle Flug ausgesetzt und elf Monate später eingefangen.

Wichtig für die ESA war eine „echte", gleichberechtigte Partnerschaft. Die USA hatten aber ihre eigenen Vorstellungen. Ein Brief des Verteidigungsministers Caspar Weinberger an Außenminister George Schulz führte am 7.4.1987 zu intensiven Diskussionen über die Natur der Station. Weinberger trat für die militärische Forschung an Bord der Raumstation ein. Das stoppte die internationalen Verhandlungen mit Europa und Japan für Monate. Schließlich stellte das Weiße Haus klar, dass die Forschung an Bord der ISS nur friedlichen Zwecken dienen sollte. Dies wurde dann auch in die Rahmenverträge aufgenommen.

Weiteren Ärger gab es wegen der gleichberechtigten Partnerschaft. Der NASA-Entwurf sah vor, dass nicht nur US-Recht auf der Station herrschen sollte, sondern die USA auch alle Patente an allen Erfindungen und patentierbaren Entdeckungen an Bord der Station bekamen, selbst wenn diese in dem japanischen oder europäischen Modul gemacht wurden. Das war für die ESA und die japanische Weltraumorganisation NASDA nicht hinnehmbar. Schließlich musste die NASA kleinbeigeben und Europa und Japan die Rechte an den Experimenten einräumen, die von ihnen stammten.

Bis März 1988 wurden so die Verträge ausgehandelt, deren Rahmenbedingungen sich bis heute kaum geändert haben. Die Nutzung der Labormodule wurde wie folgt aufgeteilt:

- USA: 97% ihres eigenen Labormoduls, jeweils 46% des europäischen und japanischen Moduls
- Europa und Japan: 51% ihrer Module
- Kanada: 3% der Gesamtressourcen

Die Verbrauchsgüter werden nach Abzug der Grundversorgung der Station wie folgt verteilt: 70% USA, je 13% Europa und Japan und 3% Kanada. Es fließen keine Finanzmittel, stattdessen werden Leistungen wie Transportdienste oder Fertigung von Bauteilen verrechnet. Die Nutzungsrechte bedeuten z. B. das von 10 Racks für Experimenten in Columbus die NASA die Hälfte, also 5 bestücken kann. Ebenso betrifft dies die verfügbare Arbeitszeit der Astronauten.

Am 29.9.1988, am gleichen Tag, als mit STS-26 die Space Shuttle Flüge nach dem Verlust der Challenger wieder aufgenommen wurden, unterzeichneten ESA, NASDA und NASA die Verträge über die Zusammenarbeit an der Raumstation.

Wie Freedom wurde das europäische Labor laufend teurer. 1989 sollte es noch 880 Millionen Euro kosten, doch waren sie bis 1994 auf rund 1.400 Millionen Euro geklettert. Lange Zeit stand die Beteiligung Europas an der ISS infrage. Da kam die ESA im Jahre 1994 zu einem radikalen Entschluss: Sie verkleinerte das Labor drastisch, sodass es nur noch zehn Racks für Experimente hatte. Dies erlaubte es, die Struktur der von Italien entwickelten MPLM (Multi Purpose Logistics Module: ein Druckmodul, das zum Transport von Fracht mit dem Space Shuttle dient) zu benutzen und senkte die Kosten auf die Hälfte, rund 700 Millionen Euro.

Beim Ministerratstreffen 1995 in Toulouse wurde die Beteiligung an dem ISS Programm endgültig verabschiedet, dass neben den Entwicklungskosten für Columbus und weiterer Hardware insgesamt Aufwendungen für die Nutzung der ISS von 2000 bis 2012 von zwei bis drei Milliarden Dollar umfasste. Der Hauptanteil entfiel dabei auf die Entwicklung und den Start von damals 9 – 10 geplanten ATV (Automated Transfer Vehicle). Dies war ein Minimalkonsens, da die Schätzungen der ESA für Columbus und ATV von der höheren Summe von 4,6 Milliarden Dollar ausging, zuzüglich jährlicher Unterhaltskosten in Höhe von 400 Millionen Dollar, wenn die ISS fertiggestellt sein sollte. Bewilligt bekam die ESA zuerst nur 2 Milliarden Euro, damals etwa 2,3 Milliarden Dollar. Japan veränderte seinen Entwurf des JEM (**J**apan **E**xperiment **M**odule) kaum. Es wurde so das größte Modul der ISS, da alle anderen Nationen ihre Module verkleinerten, um Kosten zu sparen.

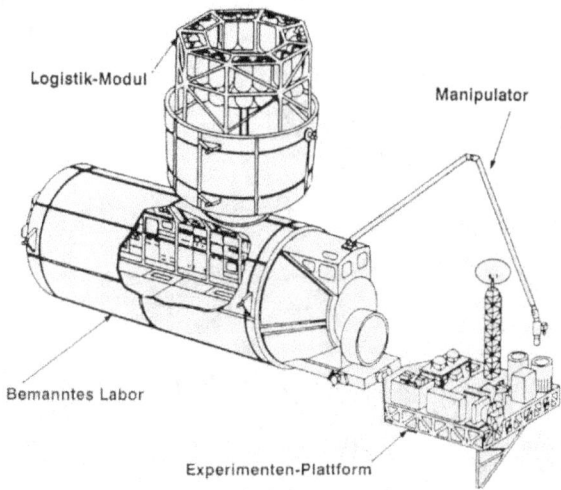

Abbildung 12: Das JEM Modul für Freedom © der Grafik: JAXA

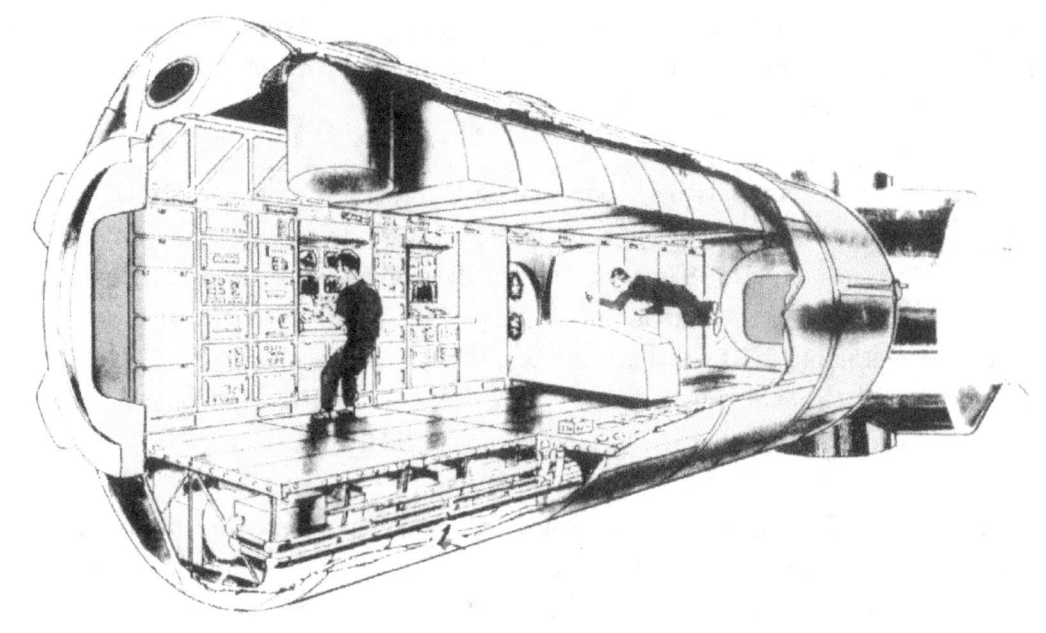
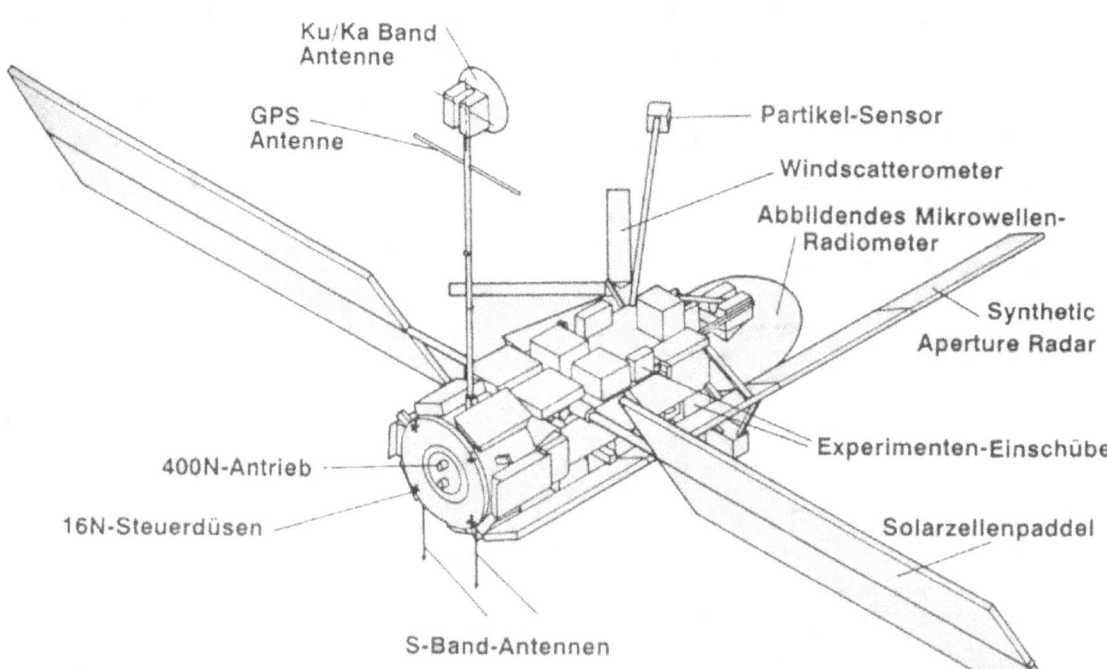

Abbildung 13: Die 1988 Entwürfe von Columbus und der polaren Plattform. © der Grafik: ESA

Der Aufbau der ISS von 1998-2003

Eine der Folgen der Hinzunahme von Russland als Partner war die Änderung der Inklination. Russlands Starts erfolgen von Baikonur aus. Bedingt durch die geografische Lage benötigt eine Trägerrakete viel Energie wenn sie eine niedrigere Inklination (Neigung der Bahnebene zum Äquator) als den Breitengrad des Startortes anstreben will. Eine höhere Inklination ist viel einfacher möglich. Man hat daher die Inklination der ISS auf 51,63 Grad erhöht. Alpha sollte in einer Bahnneigung von 28,5 Grad ihre Kreise ziehen. Damit erfordern Starts von Modulen mit der Proton, aber auch Versorgungsflüge mit der Progress oder Besatzungswechsel mit der Sojus am wenigsten Treibstoff.

Für die Forschungstätigkeit an Bord der ISS hat die Bahnneigung keine Auswirkungen. Zwar hat diese Bahn den Vorteil, einen Großteil der Erdoberfläche beobachten zu können, aber Erdbeobachtung ist heute einfacher und preiswerter mit Satelliten durchzuführen. Sie ist kein Hauptforschungsgebiet auf der ISS. Für den Aufbau der Station mit dem Space Shuttle hatte dies aber weitreichende Folgen – die Nutzlast für diese Bahn liegt um 5.300 kg niedriger als bei der geplanten Bahn von Alpha. Dabei liegt die maximale Nutzlast, da sie Shuttles schwerer als projektiert sind bei nur 18.600 kg. Somit sind erheblich mehr Flüge für den Aufbau nötig, als die etwa 20 Einsätze, die für Alpha vorgesehen waren.

Die Höhe der Station ist variabel. In der Aufbauphase befindet sich die Station in einer Höhe von rund 350 km. Da die Nutzlast des Space Shuttles mit jedem Kilometer Höhe um 45 kg abnimmt, befindet die Station sich während dieser Phase in niedriger Höhe. Allerdings steigt der Luftwiderstand bei niedriger Bahnhöhe rapide an und so wird viel mehr Treibstoff benötigt, um die Station im Orbit zu halten. Nachdem die Station fertiggestellt wurde, hoben vor allem ATV sie an. Sie wird im Mittel um 407 km Höhe ihre Kreise ziehen.

Im letzten Konzept vor Beginn der Bauphase vom Juni 1998 waren insgesamt 45 Flüge zur ISS geplant, davon 33 Space Shuttle Einsätze. Geplanter Termin für die Fertigstellung war damals der Januar 2004. Doch schon bald gab es Probleme. Zuerst verzögerte sich der Start von Swesda vom April 1999 auf den Juli 2000. Ursache war nicht nur das Modul. Auch eine Proton-Rakete versagte zweimal innerhalb eines Jahres, was eine Untersuchung und Überprüfung der Triebwerke notwendig machte. Solange musste Swesda am Boden bleiben. Das machte weitere Flüge der Raumfähre notwendig, da das erste Modul Sarja nur für eine aktive Betriebszeit von sechs Monaten ausgelegt war und die Station an Höhe verlor. Ein Shuttle Flug brachte nicht nur Vorräte, sondern hob auch das Gespann aus Unity und Swesda an. Doch nicht nur Russland hatte

Probleme. Auch die US-Module hinkten dem Zeitplan hinterher. Im April 1999 ergab eine Untersuchung, dass die Station 7 Milliarden Dollar teuer werden und drei Jahre später fertiggestellt sein würde.

Insgesamt verlief der Aufbau erheblich langsamer als geplant. Russland verschob bald den Start weiterer Module auf den Endausbau der ISS und strich diese dann sukzessive. Im August 2001 war die Fertigstellung des US-Teils mit der Mission STS-143 schon auf den Mai 2006 gerückt und nun 38 anstatt 33 Space Shuttle Starts nötig. Obwohl fast alle Shuttle Missionen nun Teile zur Station brachten und Forschungsmissionen oder das Aussetzen von Satelliten eine Ausnahme war, kam man mit dem Ausbau viel langsamer vorwärts als geplant.

Als mit George W. Bush ein neuer Präsident ins Amt einzog, wurde auch das ISS-Programm einer Untersuchung unterzogen. Da die NASA nicht mehr Geld für die ISS bekam, obwohl die Kosten anstiegen, plante sie die Reduktion der Besatzung auf drei Personen. Daher sollten dann auch Columbus und Kibō am Boden bleiben. Zu diesem Zeitpunkt war das US-Labor Destiny schon im Orbit. Eine Untersuchungskommission sollte das Projekt durchleuchten.

Ihr Ergebnis war, dass die Kosten der ISS bis zur Fertigstellung von 17,4 auf 30 Milliarden Dollar ansteigen würden. Davon wären noch 8,3 Milliarden bis 2006 aufzubringen. Dfür gab es zwei Gründe: Zum einen war der ursprüngliche Zeitplan Makulatur und die Fertigstellung würde sich um vier Jahre verzögern. So waren bis zum Herbst 2001 schon 33 Flüge (inklusive Versorgungsflüge mit Progress und Sojus) erfolgt – mehr als zwei Drittel der geplanten Flüge; obwohl die Station noch nicht einmal zur Hälfte fertiggestellt war. Vor allem aber gab es Mängel im NASA-Management. Dieses versuchte die laufenden Kosten pro Jahr zu senken, aber nicht die Gesamtkosten des Programms, die dadurch laufend anstiegen.

Der Report wies darauf hin, dass eine Fertigstellung des US-Kerns lediglich 4 Milliarden Dollar einsparen würde, aber die daraus resultierende Dreimannbesatzung die Forschung gravierend einschränken würde. Zum einen werden zwei Astronauten alleine für die Aufrechterhaltung des Betriebs benötigt, sodass nur eine anstatt vier Personen forschen würde. Zum anderen würden dadurch auch eine Reihe von wichtigen Laboren auf der Erde bleiben. Den Ausschlag gaben dann aber die Verträge – wenn die internationalen Partner ausgeschlossen bleiben und es nur noch einen „US-Core" gäbe, so wären Kompensationszahlungen in Milliardenhöhe fällig. Der Einspareffekt war also in Wirklichkeit nicht vorhanden.

Trotzdem war die NASA noch Ende 2002 bestrebt, nur den US-Kern bis 2006 fertigzustellen. Die Situation änderte sich, als das Space Shuttle Programm am 1.2.2003 seine zweite Katastrophe durchlebte.

Abbildung 14: Die Station ist bewohnbar: Ende der Bauphase 1. Unity + Sarja + Swesda und ein Progressraumschiff im Orbit. Aufgenommen am 1.9.2000.

Der Verlust der Columbia und die Folgen

Am 1.2.2003 verglühte die Raumfähre Columbia beim Wiedereintritt von der Mission STS-107 in die Erdatmosphäre über dem US-Bundesstaat Texas. Dies wurde von zahlreichen Augenzeugen beobachtet, auch weil die Columbia die letzte Forschungsmission vor Inbetriebnahme der ISS absolvierte. Bei den ISS-Missionen passieren die Raumfähren die USA nicht beim Wiedereintritt und so wollten viele Beobachter ein letztes Mal die Raumfähre beobachten.

Trümmer der Fähre regneten auf drei US-Bundesstaaten nieder. Zuerst war die Missionskontrolle ratlos, was die Ursache des Verlustes war. Angesichts des Terroranschlags vom 11.9.2001 gingen manche sogar von einem terroristischen Akt aus. An Bord von Columbia war auch der israelische Staatsbürger Ilan Ramon, der erste israelische Astronaut, weshalb dieses Szenario nicht von der Hand zu weisen war.

Direkt nach dem Verlust gab es nur wenige Daten über die mögliche Ursache. Der Eintritt in den Bereich der Erdatmosphäre, wo sich die Fähre am stärksten aufheizt, begann planmäßig um 13:59 Uhr GMT (Greenwich Mean Time) in 63 km Höhe. 16 Minuten später sollte die Fähre auf dem Kennedy Space Center landen.

Das Erste, was an den Telemetriedaten auffällig war, war ein Ausfall des Hydrauliksensors im linken Flügel um 13:53 Uhr. Drei Minuten später stiegen die Temperaturen im linken Fahrwerk und bei den Bremsen an. Um 13:58 fiel ein Temperatursensor am linken Flügel an einer Verbindungsschicht aus, gefolgt von einem Verlust der Temperatur- und Druckangaben der linken Fahrwerksensoren. Dass die Temperaturen anstiegen, war das Letzte, das der Besatzung mitgeteilt wurde, Kommandant Husband quittierte mit „Roger" bevor die Verbindung um 13:59:32 Uhr abriss. Kurz darauf, um 14:00:18, zerbrach der Orbiter in seine Teile, nachdem sich schon vorher kleinere Teile abgelöst hatten. Das Kontrollzentrum erfuhr erst durch einen Anruf davon, als jemand die Fernsehübertragung des Auseinanderbrechens sah und einen Controller über sein Handy informierte. Dies geschah um 14:12:39 Uhr.

Danach begann das Rätselraten über die Ursache. Bis zum Wiedereintritt war der Flug absolut planmäßig verlaufen und schon am 29.1.2003 deklarierte ihn die NASA als vollen Erfolg, also drei Tage vor der Rückkehr. Das einzige Vorkommnis gab es während der Startphase. 81,7 s nach dem Start brach ein Stück der Schaumisolierung des Tanks ab und traf den linken Flügel, wo es in Stücke zerfiel. Dass der Tank Isolationsmaterial verliert, ist nichts Neues, das gab es schon vorher. Zur Evaluation gab es eigens eine Software namens „Crater", welche auftretenden

den Schaden berechnen sollte. Sie kam auch zum Einsatz, nachdem die NASA einen Tag nach dem Start bei der Auswertung der Kameras den Vorfall bemerkte. Crater basierte auf den Daten, die bei vorhergehenden Missionen gesammelt wurden. Dabei trafen den Orbiter kleinere Stücke von einigen Zentimetern Größe, die keine größeren Schäden verursachten. Die Schäden wurden nach der Landung untersucht und auf Basis dieser Angaben prognostizierte die Software die Auswirkungen. Die Software konnte aber keine verlässliche Antwort auf die Frage geben, was passiert, wenn ein viel größeres Stück den Flügel trifft.

Hierzu ein kleiner Exkurs in den Hitzeschutzschild des Space Shuttles und die Isolierung des Tanks. Der gesamte Orbiter ist von Hitzeschutzkacheln und anderen Isolationselementen umgeben. In der Gesamtheit wird es **T**hermal **P**rotection **S**ystem (TPS) genannt. Die Hitzeschutzkacheln werden in vier Typen eingeteilt:

- FRSI (**fi**brous **r**efractory compo**s**ite **i**nsulation): für Temperaturen unter 370° Celsius. Dies sind 0,9 × 1,2 m große Platten aus dem Kunststoff Nomex (ähnlich Nylon) in Filzstruktur. Sie befinden sich vor allem an der Seite des Orbiters, der Flügeloberseite und der Nutzlastbucht. Diese machen 304,2 m² oder 29% der Fläche aus.
- LRSI (**l**ow-temperature **r**eusable **s**urface **i**nsulation): für Temperaturen von 350 – 650° Celsius. Dies sind 7.000 quadratische Fliesen (20 × 20 cm) aus einem dreidimensionalen Quarzfasergeflecht von 0,5 bis 2,5 cm Dicke. Sie bedecken den Großteil des Rumpfes und einen Teil der Flügeloberseite. Die Fliesen haben ein spezifisches Gewicht von nur 0,14 g/cm³ und bestehen zum größten Teil aus Hohlräumen und leiten Wärme daher sehr schlecht. Insgesamt bedecken diese Fliesen 281,7 m² oder 27,8 % der Fläche.
- HRSI (**h**igh-temperature **r**eusable **s**urface **i**nsulation): Temperaturbereich von 650–1225° Celsius. Dies sind Quarzfaserziegel aus demselben Material wie die LRSI, jedoch mit einer dunklen Pigmentzumischung und einer speziellen Oberflächenbehandlung, damit sie wenig Wärme aufnehmen. Die Fliesen sind quadratisch mit 15 cm Kantenlänge und haben eine Dicke von 1,75 bis 6,25 cm. Etwa 20.000 davon befinden sich auf der gesamten Unterseite des Orbiters. Diese decken den Großteil der unteren 475.4 m² Oberfläche (45,2 %) ab. Die äußere Schutzschicht der Fliesen ist ein Borsilikatglas. Diese Fließen sind anders als die ersten beiden Typen schwarz.
- RCC (**R**einforced **C**arbon-**C**arbon): Temperaturbereich von 1125– 1650° Celsius. Dies sind Panels aus Graphitfasern in einer Matrix aus Kohlefasern, Graphit und Siliziumcarbid mit einem 0,5 bis 1 mm dicken Borsilikatglasüberzug. Sie sind an den exponiertesten Stellen wie den Flügelvorderkanten und dem Nasenkonus untergebracht. Die Dicke der RCC liegt zwischen 2,5 und 7,5 cm. Nur 3% (37,9 m²) der Oberfläche wird

so heiß. Die RCC-Paneele können 1600 Grad aushalten, ohne sich zu verformen, und leiten wie die Kacheln die Wärme nur äußerst schlecht.

Die LRSI und HRSI Kacheln bestehen aus Silikatfasern in einer dreidimensionalen Matrix. Ihre Dichte ist zwanzigmal kleiner als die von Wasser, da sie große Hohlräume einschließen. Dadurch ist die Wärmeleitfähigkeit extrem schlecht. Die Kacheln sind wenige Sekunden nach dem Herausnehmen aus dem Sinterofen bei 1200°C mit bloßen Händen anfassbar, da eine dünne Schicht an der Oberfläche auskühlt (und zwar besonders schnell durch die vielen dünnen Fasern – hohe Abstrahlungsfläche), während die Wärme im Inneren nicht nach außen geleitet wird und die Kacheln innen noch rot glühend leuchten. Die HRSI unterscheiden sich durch zugemischte Pigmente von den LRSI, da eine dunkle Oberfläche mehr Energie abstrahlt als eine Helle. Zusätzlich sind diese oxidationshemmend beschichtet und mit einer dünnen Glasschicht überzogen, um die Aufnahme von Wasser durch Regen zu verhindern. Sie galten als der empfindlichste Teil des Schutzschildes, auch weil es sehr aufwendig war, sie zu befestigen. Es vergingen Jahre, bis die richtige Methode gefunden war und sie verzögerten das Shuttle-Programm um fast zwei Jahre.

Schon bei der ersten Space Shuttle Mission fielen über 100 der damals rund 30.000 Kacheln ab, was große Besorgnis auslöste. Auf Videoaufnahmen aus dem Orbit konnten die fehlenden Kacheln auf der Oberseite ausgemacht werden, doch kritisch ist die Unterseite, da nur sie beim Wiedereintritt stark erhitzt wird. Damals bat die NASA das DoD um Amtshilfe und ließ den unteren Hitzeschutzschild der Columbia durch KH-11 Spionagesatelliten fotografieren. Es zeigte sich kein gravierender Verlust. Trotzdem war das Erste, was der Kommandant von STS-1 John Young nach der Landung tat, ein Rundgang um und unter das Shuttle. Dreimal gab es auch bei STS-107 die Forderung verschiedener Personen innerhalb der NASA den Hitzeschutzschild durch einen Aufklärungssatelliten des US-Verteidigungsministeriums zu fotografieren. Dies wurde aber von der Missionsleitung abgelehnt.

Bei den folgenden Flügen verloren Shuttles immer wieder Kacheln, aber wesentlich weniger als beim Erstflug. Das gab paradoxerweise Sicherheit: Der Hitzeschutzschild hielt auch, wenn einzelne Kacheln fehlten, solange es nicht eine größere, durchgehende, Fläche ist. Dann streicht die heiße ionisierte Atmosphäre über die Außenseite und kann nicht die Lücke nutzen, um ins Innere vorzustoßen und die Struktur zu beschädigen.

Eine Beschädigung der Oberseite ist wegen deutlich geringerer Temperaturen unkritisch, daher wurde auf Beschädigungen der Unterseite geachtet.

Die RCC-Paneele sind dagegen nicht für eine häufige Auswechslung vorgesehen. Es sind relativ große Einzelstücke. Es gab während des gesamten Programms keinerlei Probleme mit ihnen.

Der Shuttle-Tank ist der einzige Teil des Systems, der nicht wiederverwendbar ist. Er sollte daher möglichst billig zu produzieren sein. Daher wurde beschlossen, die Isolierung aufzusprühen und nicht fest anzubringen. Der Tank enthält flüssigen Wasserstoff und flüssigen Sauerstoff bei Temperaturen von -183 bzw. -251° Celsius. Der Tank muss daher isoliert werden. Dies geschieht durch einen Polyurethanschaum, der auch im täglichen Leben gebräuchlich ist, um z. B. Fugen zu isolieren. Er wird auf den Metalltank aufgesprüht und nach dem Aushärten noch rot lackiert. Der Lack dient dazu, den Eintritt von Wasser zu verhindern, dass durch die flüssigen Gase zu Eis gefrieren würde. Das Eis würde die Isolierung aufbrechen lassen. Zudem sind so Beschädigungen der Isolation leicht erkennbar. Trotzdem gab es immer wieder den Fall, dass die Isolierung vor dem Start oder beim Start beschädigt wurde und Stücke davon abfielen. Die Isolation ist im Durchschnitt 25 mm stark und wiegt 2.188 kg. An bestimmten Stellen, die thermisch stärker beansprucht werden, ist der Schild allerdings dicker und erreicht bis zu 8 cm Stärke. Die mittlere Dichte des Schaumes beträgt nur 0,04 g/cm³.

Bei STS-107 löste sich 81,7 s nach dem Start ein großes Stück Isolierung von dem Teil des Tanks, wo die Y-förmige Strebe zur Befestigung des Orbiters angebracht ist. Es schlug nach 0,2 s auf den linken Flügel des Orbiters auf und zerbrach in mehrere Stücke. Da das Space Shuttle sich zu diesem Zeitpunkt bereits in 20 km Höhe befand, waren die Aufnahmen der bodengestützten Kameras nur unscharf. Auch konnte das Ereignis selbst nur auf je einer Video- und Filmkamera andeutungsweise gesehen werden, da keine der Kameras eine optimale Position hatte, um den Einschlag zu beobachten.

Da die NASA schon Erfahrungen mit solchen abfallenden Schaumstoffstücken hatte, wurde dies nicht als gravierend eingestuft. Bei 80% der 79 Missionen, von denen es ausreichend Bildmaterial gab, lösten sich Teile vom Tank, bei 10% von der Y-Strebe. Auf einer Pressekonferenz nach dem Unglück zeigte ein NASA-Verantwortlicher ein entsprechend großes Schaumstoffstück und demonstrierte wie leicht und zerbrechlich es war. Er hielt es für unwahrscheinlich, dass es den Flügel beschädigen konnte.

Die Untersuchungskommission (**C**olumbia **A**ccident **I**nvestigation **B**oard CAIB) ging trotzdem dieser einzigen Spur nach. In der Tat zeigten HRSI Kacheln nur geringe Beschädigungen, wenn sie unter Vakuum (in 20 km Höhe ist der Luftdruck auf weniger als ein Zehntel des Wertes an Erdboden gesunken) mit Schaumstücken beschossen wurden. Die Größe war von den Aufnahmen her bekannt. Das Bruchstück musste 30-45 cm breit und 53-68 cm lang gewesen sein und mit einer Geschwindigkeit von 190-250 m/s aufgeschlagen sein. Das war aus den Videoaufnahmen ableitbar. Wahrscheinlich war es ein Stück der Verkleidung der Streben der Orbiteraufhängung, da nur an dieser Stelle die Schaumisolierung so dick ist. Trotz der hohen Geschwindigkeit zerbröselte der Schaum bei den Versuchen ganz einfach beim Beschuss von HRSI Kacheln.

Deutlich wurde die Ursache erst, als das CAIB daran ging, die wenigen Bilder (zwischen Ablösung und Auftreffen lagen nur 0,161 s) digital zu verbessern und Zwischenbilder zu berechnen, um die Flugbahn des Stückes zu ermitteln. Es zeigte sich dabei, dass es nicht wie vorher vermutet auf der Flügelunterseite, sondern auf der Flügelkante aufschlug.

Die Flügelkante besteht aber aus den größeren U-förmigen RCC Panels. Das sind Kohlefasern in einer Kohlenstoffmatrix. Das Material ist unelastisch und spröde. Als das CAIB ein RCC-Panel der Atlantis, die gerade generalüberholt wurde, in einem Versuch mit einem Schaumstoffstück derselben Größe und Masse beschoss, schlug es ein 15 x 25 cm großes Loch in dem RCC-Panel. Am zweiten Tag im Orbit verlor die Columbia nach Radarüberwachungen zudem etwas, das nach Ansicht des CAIB wahrscheinlich ein Teil des RCC Panels Nummer 9 war, auf dem der Brocken aufschlug. Es hatte die Columbia ein Loch unbekannter Größe im linken Flügel.

Durch dieses konnte dann das bis zu 1.648°C heiße Gas in den Flügel eindringen, die Struktur schwächen und das Aluminium zum Schmelzen bringen. Schon vor der kalifornischen Küste verlor der Orbiter beim Wiedereintritt ein Stück, sodass davon auszugehen ist, dass die offen liegende Fläche sich rasch vergrößerte. Die Auswertung des geborgenen Datenrekorders, der noch bis 14 s nach Kommunikationsverlust aufzeichnete, zeigte, das immer mehr Ausgleichsbewegungen des Bordcomputers notwendig waren, um den Orbiter auf Kurs zu halten und ein Rollen zu verhindern. Schließlich feuerten alle RCS-Triebwerke. Sie konnten aber die Columbia nicht mehr stabilisieren. Dies war um 14:00:18 Uhr. Danach reißt der Datenstrom des Bandrekorders ab. Die CAIB sah dies als den Zeitpunkt an, an dem der Orbiter auseinanderbrach.

Die Körper aller Astronauten konnten geborgen werden. Eine Obduktion zeigte, dass sie an Dekompression starben, als die Atmosphäre aus der Mannschaftskabine entwich.

Das CAIB erarbeitete 25 Empfehlungen, die umzusetzen waren, bevor die Space Shuttles erneut fliegen konnten. Erst nach zweieinhalb Jahren fand die nächste Mission statt. Die ersten beiden Flüge dienten zur Qualifikation der Verbesserungsmaßnahmen, vor allem bei der Isolierung des

Tanks. Nun lösten schon kleine, nur wenige Zentimeter große Stücke Schlagzeilen aus (die man dank erstmals am Tank angebrachter Kameras überhaupt erst beobachten konnte) auch wenn sie das Shuttle verfehlten. Einmal wurden Astronauten auch zur Reparatur beordert, als bei der Inspektion der Fähre von der ISS aus und mittels des Canadarms sich ein loser Streifen Füllmaterial zwischen zwei Kacheln zeigte. Dies zeigt sehr deutlich, wie nun schon kleinste Vorkommnisse so ernst genommen wurden, dass deswegen der ganze Flugplan umgeworfen wurde. Von Routine konnte nun keine Rede mehr sein. Zwischen dem ersten „Return to Flight" und dem zweiten Flug lag z. B. fast ein Jahr.

Zuerst sollten nun nur noch Missionen zur ISS stattfinden. Falls der Hitzeschutzschild beschädigt sein würde, so gäbe es dann immer noch die Möglichkeit auf der ISS zu verbleiben, bis eine Rettungsmission starten würde – seitdem steht auch immer ein Space Shuttle für einen Rettungsstart innerhalb von 40 Tagen bereit. Erst als der Druck der wissenschaftlichen Gemeinde größer wurde und alle folgenden Missionen klappten, entschloss sich die NASA einen weiteren Flug anzusetzen, der nicht zur ISS führte – die letzte Servicemission zum Hubble-Weltraumteleskop mit STS-125 im Mai 2009.

Die wichtigste Folge des Columbia-Unglücks war, dass die NASA das Vertrauen in die Space Shuttles verloren hatte. Zwar war das Space Shuttle Programm schon früher in der Kritik – die Flüge waren immer teurer als jede nicht wiederverwendbare Trägerrakete. Aber die Fähren galten nach den Änderungen als Folge des Verlusts der Challenger nahezu 17 Jahre früher als sicher. Damals war die NASA am Verlust schuld. Sie ließ die Fähre starten, obwohl Techniker des Herstellers der Booster darauf hinwiesen, dass die Dichtungen der Feststoffbooster nicht für die herrschenden tiefen Temperaturen ausgelegt waren und es Probleme mit ihnen schon bei früheren Flügen bei niedrigen Temperaturen gab. Es war die Folge eines Managements, dass die Sicherheit opferte, um eine hohe Startrate zu erreichen. Seitdem waren die Flüge problemlos verlaufen. Gravierende Probleme, die es schon vor der Explosion der Challenger gab, wie vorzeitig abgeschaltete Triebwerke oder verkürzte Missionen blieben aus.

Der Verlust der Columbia zeigte, dass die Raumfähren zwar gegen bekannte Risiken abgesichert werden können, es aber ein Restrisiko gibt, das bei Kapseln nicht auftritt. Eine Kapsel kann mit einem Fluchtturm jederzeit in Sicherheit gebracht werden, sie sitzt über den Stufen und kann so nie von der Isolierung getroffen werden und sie ist ein sich selbst stabilisierender Körper, der ohne Triebwerke sich so dreht, dass die mit dem Hitzeschutzschild versehene Oberfläche der Atmosphäre zugewandt ist. Zudem können die kleinen Kapseln massiver gebaut werden, als die Raumfähren mit ihrem 18 m langen Nutzlastraum. Sie bieten so mehr inhärente Sicherheit. Dies ist auch der Grund, warum die NASA bei Orion wieder auf die kegelförmigen Kapseln der Apollo Ära zurückkam. Dies zeigt auch das von der NASA geschätzte LOC-Risiko (**L**oss **o**f **C**rew: Tod der Besatzung) bei verschiedenen Projekten:

Programm	LOC Risiko
Gemini	1:200
Apollo	1:1000
Orion (geplant)	1:2032
Shuttle geschätzt vor STS-107	1:308
Shuttle geschätzt nach STS-107	1:80 / 1:60 (ISS/Hubble Mission)
Shuttle, geschätzt nach STS-51L	1:27
Ariane 4 (Mittel über alle 114 Starts)	1:38

Die NASA schätzt die Sicherheit der Shuttles also nur noch als doppelt so hoch ein wie nach dem Challenger Verlust. Anders kann der Vertrauensverlust nicht deutlich gemacht werden. So verwundert es nicht, das schon vor der Wiederaufnahme der Flüge im September 2004 der Beschluss erfolgte, die Space Shuttles bis 2009/10 auszumustern.

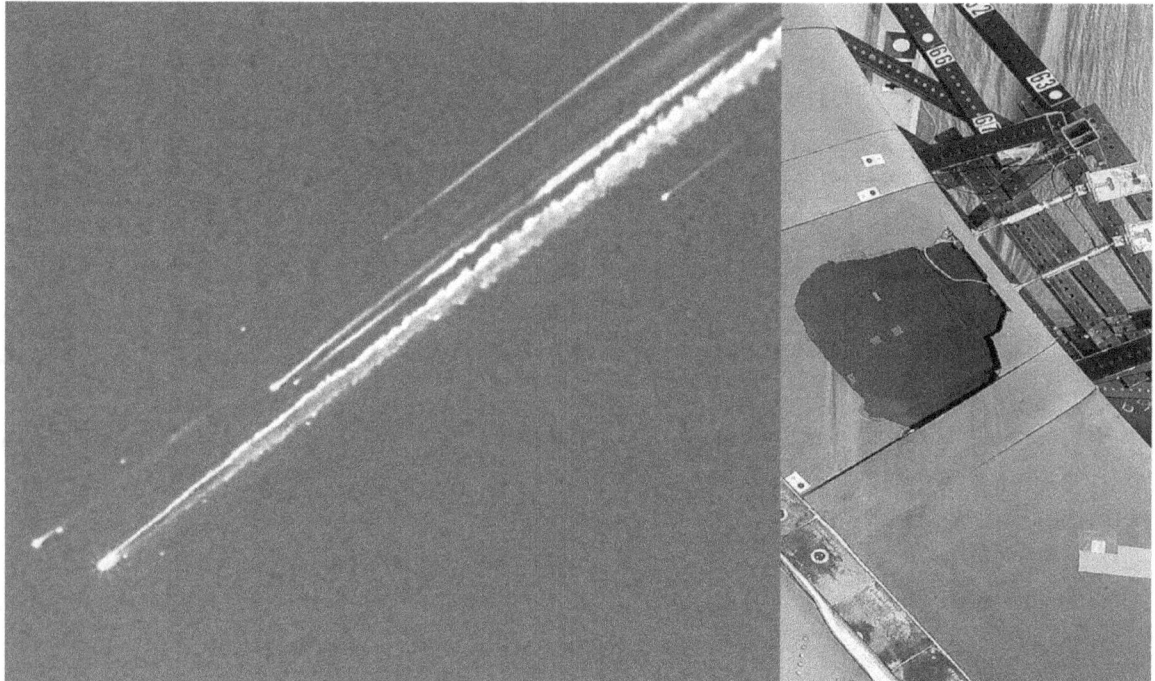

Abbildung 15: Die Columbia verglüht und das Resultat eines Schaumstoffeinschlags

Die ISS nach der Wiederaufnahme des Flugbetriebs

Folgerichtig wäre nach dem Verlust der Columbia gewesen, die Space Shuttles sofort auszumustern. Das hätte auch die Aufgabe der ISS bedeutet. Dies erschien jedoch als eine doppelte Niederlage und eine Aufgabe der bemannten US-Raumfahrt für mindestens ein Jahrzehnt.

Die NASA beschloss von ihren eigenen Modulen diejenigen zu streichen, die ihr nicht notwendig erschienen. Das betraf das Habitation Module und das Zentrifugenmodul. Weiterhin wurde das Rettungsboot CRV gestrichen. Zum einen wegen der Kosten und zum anderen, weil es mit dem Shuttle transportiert werden sollte. Damit musste die Besatzung von sieben auf sechs Personen reduziert werden. Rettungsboote und primäres Beförderungsmittel sind nun jeweils zwei Sojus Raumschiffe. Diese können nur sechs Personen transportieren. Die internationalen Verpflichtungen wurden jedoch eingehalten. Auf diesen Konsens einigte sich die NASA mit Roskosmos, ESA und JAXA am 2.3.2006. Eine Besatzung bleibt nun 180 anstatt 90 Tagen im All.

Von 2003 bis 2005 war die Station nur mit zwei Personen bemannt, weil ohne einsatzbereite Space Shuttles keine Dreimanncrew versorgt werden konnte. Nach Wiederaufnahme der Space Shuttle Flüge erfolgten zuerst zwei Testflüge, um Veränderungen bei der Isolation des Hitzeschutzschildes und Reparaturen im Orbit zu erproben. Sie flogen die ISS an, die nun als Rettungsboot für eine Havarie des Shuttles diente, und brachten Versorgungsgüter und Ersatzteile. Der Transport weiterer Bauteile begann erst mit dem zweiten Flug des Jahres 2006 nach drei Jahren Pause.

Zuerst wurde der Mast fertiggestellt. Er war nötig um die Station weiter auszubauen. Dafür waren der Strom aus den Solarpaneelen und die Radiatoren zur Kühlung der weiteren Module nötig. 2008 folgten dann die beiden Labormodule Europas und Japans, wobei Letzteres drei Flüge notwendig machte. Dies läutete auch den Start der europäischen und japanischen Raumtransporter ein, die nach den Verträgen erst ihren Dienst aufnehmen müssen, wenn die jeweiligen Labore bezugsfertig sind. Seit dem Start des Knotens 2 „Harmony" kann das neue Lebenserhaltungssystem eine Crew von sechs Personen versorgen und die Forschung auf der ISS erst richtig beginnen. Als alle folgenden Flüge klappten und es noch den Tank für eine weitere Mission gab, wurde beschlossen, eines der MPLM mit Fracht zur ISS zu transportieren und permanent an der Station zu lassen. Diese Entscheidung fiel nicht leicht, weil es nun keinen weiteren Orbiter als Rettungsboot gab.

Das Wegfallen der Transporte durch die Fähren muss kompensiert werden. Die NASA bestellte rechtzeitig Flüge bei der russischen Weltraumagentur Roskosmos, um eine Stammbesatzung von sechs Personen zu gewährleisten. Allerdings stößt nun Russland an die Grenzen der Produktionskapazität, die bei etwa neun Raumschiffen vom Typ Sojus/Progress pro Jahr liegt. So werden die Besatzungen länger im All bleiben müssen. Ursprünglich war geplant, das Russland nur ihre eigenen Kosmonauten startet. Die Astronauten aus den USA, Europa und Japan wären mit dem Shuttle zur Station gekommen. Da das Shuttle nur kurzzeitig an der Station angekoppelt ist, war das CRV als Rettungsboot für diese Astronauten vorgesehen. Nun brauchte man mehr Sojusraumschiffe, aber auch mehr Progresstransporter, da ein Shuttle mit den Astronauten auch viel mehr Fracht zur ISS bringen konnte.

Sehr spät kümmerte sich die NASA um das Nachschubproblem. Es gab im Jahr 2006 und 2007 Ausschreibungen für Demonstrationsflüge. Die NASA förderte mit einer Anschubfinanzierung von 500 Millionen Dollar die Entwicklung der Dragon und Cygnus. Doch erst 2008, also zwei Jahre später, wurde ein Transportauftrag an OSC und SpaceX erteilt. Beide Firmen sollten von 2011-2014 jeweils 20 t zur ISS transportieren, mit der Option den Kontrakt für jede Firma auf 3,5 Milliarden Dollar zu erhöhen. Beide Firmen lagen hinter ihrem Zeitplan zurück. So fanden die Jungfernflüge beider Systeme erst 2012/2013 statt. Die Lücke füllten die internationalen Partner. So startete die ESA ihre ATV im Jahresabstand. Nominell hätte sie den letzten erst 2017 anstatt 2014 starten müssen. Der europäische Raumtransporter hievte auch die Station auf eine Rekordhöhe und reduzierte so den Bedarf an Treibstoff. Währenddessen stiegen die Kosten der ISS weiter. Alleine Boeing hatte bis zum 30.9.2008 eine Gesamtsumme von 13,9 Milliarden Dollar bekommen.

Eine weitere Entscheidung über die Zukunft der ISS wurde 2005 getroffen. Im Januar 2004 rief George W. Bush die NASA auf, Pläne für eine Rückkehr zum Mond zu erarbeiten. Das war die Geburt des „Constellation" Programms. In der Öffentlichkeit wurde es allerdings eher als eine Kopie von Apollo angesehen. Selbst der damalige NASA-Administrator Michael Griffin sprach von „Apollo on Steroids". Dieses Programm benötigt rund 100-120 Milliarden Dollar zur Umsetzung. Der Großteil dieser Summe sollte durch Einsparungen zusammenkommen. So werden nicht nur die Space Shuttles ausgemustert. Nach den damaligen Plänen sollte auch die ISS 2016 deorbitiert werden. Dieses Datum ergab sich durch die ursprünglichen Verträge, die einen Betrieb von zehn Jahren Dauer nach dem 2006 abgeschlossenen neuen Vertrag vorsahen. Solange muss die NASA die ISS betreiben, will sie nicht abgeschlossene Verträge mit der ESA, JAXA und Roskosmos brechen.

Schon 2009 war das Constellation Programm in Schwierigkeiten. Alle Teilprojekte lagen im Zeitplan zurück und wiesen Finanzierungslücken auf. Die Mondbasis war nicht mehr Bestandteil des Projektes und der Altair Mondlander noch nicht beschlossen. Präsident Obama rief eine Kommission ein, die einen Bericht und Empfehlungen erarbeiten sollte. Das Ergebnis dieser (nach dem Vorsitzenden Norman Augustine benannten) Augustine Kommission war, dass das Constellation Programm chronisch unterfinanziert ist und wenn sich dies nicht änderte, eine Mondlandung eher gegen Ende der übernächsten als in der nächsten Dekade zu erwarten ist. Es wurden eine Reihe von Empfehlungen erarbeitet, was mit dem verfügbaren Geld gemacht werden kann. Einer der Vorschläge war, dass bei Verzicht auf die ISS auch die Ares I und die Versorgungskapazität der Orion nicht benötigt werden, und dann das Constellation-Programm um einiges billiger wird. Es wäre dann ein reines „Moon First" Programm möglich (allerdings auch nur bei einem real ansteigenden Budget). Obwohl empfohlen wurde, die ISS über 2016 hinaus zu betreiben, war das Budget für die Mikrogravitationsforschung und biologische Forschung, also den beiden Gebieten, auf denen auf der ISS primär geforscht wird, rückläufig. Es fehlten damals nach 2016 sogar die Mittel, die Experimente gegen neue auszutauschen.

Das Ende von Constellation und die Wiedergeburt der ISS

Nachdem das Constellationprogramm in immer größere Finanznöte kam, zog Präsident Obama im Februar 2010 die Notbremse. Das Programm wird komplett eingestellt – nicht nur die Rückkehr zum Mond mit der Ares V und dem Altair-Lander, sondern auch die Ares I Trägerrakete, die Astronauten zur ISS befördern sollte und das Orion Raumschiff. Letzteres gelang dann doch nicht. Der Senat bestand auf der Weiterentwicklung von Orion, das nun MPCV (Multi-Purpose-Crew-Vehicle) getauft wurde und forderte eine Schwerlastrakete, die SLS.

Die ISS profitierte von 600 Millionen Dollar zusätzlich für 2011 für das Space Shuttle. Das erlaubte es, die Flüge ins erste Quartal 2011 zu verschieben und einen weiteren Flug durchzuführen. Ein solcher Einsatz wurde von der Augustine-Kommission vorgeschlagen. Für einen Flug gibt es noch einen externen Tank, nachdem die Produktion eingestellt war. Er wurde genutzt um ein MPLM an die ISS anzudocken, das nun als permanentes Modul für die Aufnahme von Vorräten dient. STS-135 war ursprünglich geplant als Rettungsmission für STS-134. Nach der Rückkehr von STS-134 sollte der Start von STS-135 vorbereitet werden. Da es keine Rettungsmission für diesen Flug gibt, ist die Besatzung dieser Mission auf vier Personen beschränkt: Pilot, Copilot und zwei Missionsspezialisten.

Die ISS-Forschung wird durch die Einstellung von Constellation über die nächsten fünf Jahre 42% mehr Geld oder 2 Milliarden Dollar erhalten. Vor allem wurde ein Betrieb bis 2020 beschlossen.

2014 signalisierte das Weiße Haus der NASA die politische Unterstützung für den Betrieb bis 2028, als sicher gilt bei Drucklegung eine Verlängerung bis 2024, da auch der Senat und der Kongress zustimmen müssen und diese wollen nicht 14 Jahre in die Zukunft festlegen. Da man rechtzeitig Raumfahrzeuge bestellen und Astronautencrews trainieren muss, ist es nötig einige Jahre vor dem geplanten Ende über einen weiteren Betrieb zu entscheiden.

Das Datum 2028 würde gewählt, weil 1998 das erste Modul Sarja gestartet wurde – dann wären die ältesten Module der Raumstation 30 Jahre im Betrieb. Ein neues Wasseraufbereitungssystem und die Steigerung der Frachtkapazität der Transporter sollen die laufenden Kosten der Station in Zukunft senken. Russland, ESA und Japan stimmten der schon früher beschlossenen Verlängerung auf 2020 zu. Die ESA hat dann für die letzten drei Jahre keine ATV mehr zur Kompensation der Kosten der Beteiligung. Als Lösung wird die ESA zusammen mit US-Partnern das Servicemodul des ATV zu einem Orion-Servicemodul umbauen. Russland drohte während der Ukrainekrise erst mit einem Ausstieg nach 2020, dann verlängerte Roskosmos die Beteiligung bis 2024, dann jedoch sollen die russischen Module abgekoppelt werden. Zumindest für den Autor ist fraglich was man mit den beiden Modulen anstellen will. Sie sind schließlich die ältesten der Station. Sowohl in Russland wie auch allen anderen Staaten sind aber keine neuen Module oder auch nur die Fertigstellung der schon angefangenen Module und deren Start geplant. Dies wäre bei dem westlichen Teil auch deutlich aufwendiger, da man diese dann mit einem Servicemodul ausstatten müsste, welches die Module erst zur Station bringt, das Shuttle steht nun ja nicht mehr zur Verfügung.

China machte zeitgleich Fortschritte in ihrem eigenen bemannten Raumfahrtprogramm. Nach 2000 startete sie erst chinesische Kopien des Sojus Raumschiffs „Shenzhou" genannt, dann koppelten diese an ein Modul im All an, womit China in etwa den Stand der Technik erreicht hat, den Russland mit Saljut 1-5 aufwies. Offerten von China sich an der ISS zu beteiligen wurden von der NASA abgelehnt, da sie durch einen Kongressbeschluss nicht mit China zusammenarbeiten darf.

Ein Novum ist der Rückzug der NASA aus der Beförderung von Astronauten zur ISS. Bis 2017 wird die NASA 8,4 Milliarden Dollar für den kommerziellen Crewtransport ausgeben. Das Programm ist allerdings unterfinanziert und so wurde der erste kommerzielle Start zur ISS schon von 2015 auf 2017 verschoben. Das zwang dazu, weitere „Sitzplätz2 bei Roskosmos für Astronauten zu kaufen die noch 2018 mit einer Sojus zur ISS kommen werden. Solange ist die Besatzung auf sechs Personen beschränkt und diese müssen auch 180 Tage auf der Station bleiben, anstatt 90 Tage wie ursprünglich geplant. Einige Crews werden noch länger im All bleiben, da Russland auch Touristen transportieren will und deren Kurzzeitmissionen gehen nur, wenn dafür eine andere Crew erheblich länger im All bleibt.

Die Zukunft der Station

In den nächsten Jahren wird über den Weiterbetrieb der ISS entschieden werden müssen. Eine offene Frage gibt es natürlich: Wie lange kann die Station betrieben werden? Ursprünglich war ein Betrieb von 15 Jahren ab Baubeginn und zehn Jahren ab Fertigstellung geplant. Bedingt durch die Verzögerungen beim Ausbau, der sich über zwölf anstatt fünf Jahre erstreckt, haben schon 2013 die ersten Module 15 Betriebsjahre erreicht.

Eine Reihe von Komponenten altern und haben eine begrenzte Lebensdauer. Dazu gehören vor allem mechanische Systeme. So befinden sich heute schon Ersatzteile für den Roboterarm aus Kanada oder Ersatzkreisel für die Gyroskope auf der Station. Diese kommen zum Einsatz, wenn die Originalteile Verschleißerscheinungen zeigen. Solange die Teile mit einem Transporter zur Station gebracht werden können, ist dies auch in Zukunft kein Problem.

So werden die Batterien, die eine Lebensdauer von etwa sechs Jahren haben, mehrmals im Laufe der Betriebszeit ersetzt werden müssen. Sie sind wie andere Verschleißteile in ORU Behältern leicht bei einem Außenbordeinsatz zugänglich. Ebenso wurden schon zweimal nach Lecks die Pumpen in den Radiatoren ausgetauscht.

Problematischer ist die Abnahme der Stromversorgung. Solarzellen verlieren langsam aber sicher an Leistung. Im Weltall ist dieser Verlust durch den Beschuss mit energiereichen Teilchen und Beschädigungen durch Mikrometeoriten noch größer als auf der Erde. 20 Jahre nach der Installation sollte die Leistung auf die Hälfte abgesunken sein. Dies ist ein Faktor, der die Lebensdauer der Station einschränkt, denn ohne ausreichend Strom kommt der Betrieb der ISS nach und nach zum Erliegen. Da zwei Druckmodule am Boden blieben und damit auch der Verbrauch sank, ist hier die Situation allerdings günstiger als ursprünglich geplant: Nach Ansicht der Raumfahrtbehörden gibt es auch 2028 noch genügend Leistung für alle Module.

Bei diesem Zeithorizont kommt aber ein neues Problem auf: Einen Zulieferer für ein Ersatzteil verfügbar zu haben: Praktisch alle Bauteile sind besondere Konstruktionen, die speziell hergestellt wurden. Der Aufwand für einen Produzenten ist dabei enorm. Neben strikten Sicherheitsrichtlinien ist vor allem ein hoher Aufwand für Tests sowohl des Produkts wie auch die Zertifizierung der Produktion notwendig. So werden heute von den Astronauten aus allen ATV und HTV die Lampen ausgebaut und auf der ISS zwischengelagert, um ein Ersatzteil bei einem Ausfall einer Lampe verfügbar zu haben: Alle Lampen stammen von einem Hersteller, der 1990 einen Auftrag über 100 Lampen bekam und diese auch produzierte. Danach erfolgte kein Anschlussauftrag und die Produktion wurde eingestellt. Kein Wunder – muss für **eine** Lampe doch ein Testbericht mit 250 Seiten Umfang ausgefüllt werden. Sind auch diese Ersatzlampen verbraucht, dann wird es auf der ISS düster. Bisher war die Suche nach einem Ersatz, bei dem auch die Leuchtstoffröhren durch LED ersetzt werden sollten, erfolglos. Dieselbe Problematik gibt es bei fast allen Verschleißteilen, da die Produktion in den neunziger Jahren erfolgte.

Ein weiterer Faktor ist, das sich auf einer Raumstation bei einem konstanten Klima und ohne die Möglichkeit zu lüften, Mikroorganismen ausbreiten. Bei der Mir setzte dies nach einigen Jahren ein, schließlich waren sogar die Bullaugen von Pilzen zugewuchert. Bei der Konstruktion Module wurde daher viel Aufwand getrieben, um die Bildung von Kondenswasser zu verhindern, damit dieser Effekt minimiert werden kann. Die Verpilzung und der Algenbewuchs können aber nur vermindert werden, denn es gibt immer Ecken an unzugänglichen Stellen, die als Brutherde fungieren können. Wenn dies zunimmt, so ist dies nicht nur eine Geruchsbelästigung, sondern es kann auch dazu führen, dass eine Gesundheitsgefahr für die Besatzung resultiert. Heute haben die Astronauten den Vormittag ihres Arbeitstags nur damit zu tun, die Station instand zu halten und zu putzen.

Sehr unwahrscheinlich ist eine Beschädigung der Station durch Weltraummüll oder Meteoriten. Alle Module sind doppelwandig. Diese Konstruktion hält kleinere Projektile bis maximal 1 cm Größe sicher auf. Größere Brocken Weltraummüll sind seltener und können von der Erde aus mit RADAR überwacht werden. Ihnen kann die Station bei Bedarf ausweichen. Die Überwachung von Meteoriten ist zwar nicht möglich, aber die meisten sind nur staubkorngroß. Das Risiko ist daher überschaubar. Die Solarzellen wurden dagegen schon häufig von kleinen Fragmenten getroffen und machten bei einem Außeneinsatz einen „löchrigen" Eindruck. Da jede Solarzelle von einigen Quadratzentimetern Größe aber separat verschaltet ist, bewirkt ein einzelner Treffer nur einen geringen Leistungsverlust. Über die gesamte Betriebsdauer addiert er sich zu der natürlichen Degradation der Solarzellen.

Derzeit ist die größte Gefahr für den Weiterbetrieb der ISS daher keine physische Gefahr, sondern vielmehr die wechselnde politische Unterstützung, wie sie sich schon in der Vergangenheit gezeigt hat.

Was die ISS 17 Jahr nach dem Start des ersten Moduls von der Mir unterscheidet, ist der weitgehend reibungslose Betrieb. Es gab zwar immer wieder Störungen wie verschiedene Lecks in den Radiatoren, Ausfälle von Computersystemen und (wenn auch nicht direkt die ISS betreffend) Defekte in EVA-Ausrüstung. Doch es gab keine Kollision mit einem Frachter und die Besatzung hat zwar viel Arbeit um die Station in Schuss zu halten, sie ist aber nicht wie am Schluss bei Mir fast nur noch mit Reparaturen beschäftigt.

Kosten

Die Kosten der ISS werden je nach Quelle zwischen 31,5 und 100 Milliarden Dollar für den US-Teil und von der ESA auf rund 100 Milliarden Euro (140 Milliarden Dollar) für alle Partner geschätzt. Die Unterschiede vor allem im US-Teil beruhen darauf, welche Programmkosten mit einbezogen werden. Am unteren Ende rangieren die 31,5 Milliarden Dollar, welche die

Abbildung 16: So kann ein ISS Modul enden: das CAM vor dem Tokioer ISS Kontrollzentrum

Augustinekommission für die ISS Ausgaben von 1984 bis 2009 berechnet hat. Es fehlen die Aufwendungen, um die Module in den Orbit zu bringen oder Mannschaften auszutauschen.

Im Jahre 2001 gab die Untersuchungskommission zur Untersuchung der Finanzierungslücke die Kosten eines Space Shuttle Starts mit 480 Millionen Dollar an. Wie an der folgenden Tabelle deutlich wird, ist der Transport mit dem Space Shuttle teurer als die Kosten der Module oder die jährlichen Betriebskosten der ISS. Ich habe versucht, die realen ISS Kosten zu berechnen, indem ich aus den veröffentlichten NASA-Budget-Daten die Kosten für die Shuttle Flüge und die ISS genommen habe. Kosten für Space Shuttle Upgrades habe ich dabei ausgenommen. Unter „Support" versteht die NASA Kosten für andere Startservices zur ISS (Sojus, Progress, COTS). Die Tabelle beruht auf Budgetdaten bis zum 1.2.2015.

2013 gab die NASA die Kosten der ISS wie folgt an:

- 43,1 Milliarden Dollar für den Bau der Module
- 30,7 Milliarden Dollar für 37 Shuttle Starts von ISS Modulen
- 17,3 Milliarden Dollar für einen Vertrag mit Boeing von 1995 bis 2012 für „Engineering"

Basierend auf den veröffentlichten Reports der NASA über ihr Budget kann man folgende weitere kosten errechnen:
- 3,12 Milliarden für Operationskosten, die über den Boeing Kontrakt hinausgehen (20,45 Milliarden Operationskosten gesamt)
- 6,83 Milliarden Dollar für kommerzielle Crewtransporte
- 4,33 Milliarden Dollar für kommerzielle Frachttransporte
- 19.117,2 Millionen Dollar für kommerzielle Versorgungstransporte und Sojus Starts,
- 6.112 Millionen Dollar für kommerziellen Crewtransport ab 2011.
- Zusammen 105,4 Milliarden Dollar.

Jahr	1985	1986	1987	1988	1989	1990	1991	1992	1993	1994	1995
Raumstation	155	189	420	490	900	1750	1900	2029	2162	1889	1963
Space Shuttle	2798,5	3005,5	5154,1	2926,4	3751,9	3995,2	4280,8	4674,5	4716	4225,7	3309

Jahr	1996	1997	1998	1999	2000	2001	2002	2003	2004	2005
Raumstation	1863.6	2148,6	2501,3	2304,7	2323,1	2114,5	1721,7	1851	1707,1	1676,3
Flüge	2485.4	2514,9	2369,4	2426,7	2490,7	2892,1	3034,8	3786	3871	4543
Support						273,6	238	471	434,3	485,1
Shuttle Flüge zur ISS			1 von 5	1 von 3	4 von 5	6 von 6	4 von 5	0 von 1	0	2 von 2
Anteil ISS am Space-Shuttle			473,9	808,9	1992,5	2892,1	2427,8	0	0	4543

Jahr	2006	2007	2008	2009	2010	2011	2012	2013	2014	2015	2016
Raumstation	1856,7	1469	1685,5	2060,2	2312,7	2713,6	2789,9	2775,2	2964,2	3827,8	3105,6
Space Shuttle	455	3315,3	3295,4	2979,5	3101,4	1592,9	599,3	38,8			
Support	338,8	329,2	446,2	725	724,2	839,8	805,2	910,2	809,9		898,2
Shuttle Flüge zur ISS	3 von 3	3 von 3	4 von 4	4 von 5	5 von 5	2 von 2					
Anteil ISS am Space-Shuttle	4455	3315,3	3295,4	2383,6	3101,4	1592,9	599,3				
Kommerzieller Crew Transport					39,1	606,8	406,3	525	696,9	805	1243,8

Die ESA plante Entwicklungskosten von 700 Millionen Euro für das Columbus Labor. Die gesamten Kosten des ISS-Engagements wurden höher geschätzt. Sie umfassten die Entwicklung und Starts des ATV, Node 2+3 und der Betrieb eines eigenen Kontrollzentrums. 1999 schätzte die ESA sie auf 2-3 Milliarden Euro für den Zeitraum von 2000 bis 2012. Schon im Jahr 2001 waren sie auf 3,5 Milliarden Euro angestiegen. Sie werden derzeit reduziert von 2012 bis 2014 wird die ESA nur 1075 anstatt geplanter 1310 Millionen Euro ausgeben. Frankreich, Italien und Spanien hatten 2011 ihre Budgets reduziert. 2014 konnte die Situation wieder verbessert werden, doch Frankreich hat schon angekündigt, nicht für eine weitere Verlängerung zu stimmen.

Bedingt durch die Verzögerungen des Ausbaus, aber auch gestiegenen Kosten beim ATV, Columbus und höheren Startkosten, beziffert die ESA die Gesamtkosten der ISS-Beteiligung bis 2015 auf 8 Milliarden Euro. Davon entfallen 1.000 Millionen auf das Columbus Labor, 1.350

Millionen Dollar auf die ATV-Entwicklung und den ersten Flug und 875 Millionen Euro für die folgenden vier Flüge (zuzüglich noch jeweils ein Ariane-5 Start in der Größenordnung von 160 Millionen Euro). Dies macht mit 3.990 Millionen Euro fast die Hälfte der Summe aus. Der Rest entfällt dann auf den Betrieb und die anderen Aktivitäten, wie die Fertigung von Node 2+3. Von 2009-2011 hat die ESA rund 1,4 Milliarden Euro für die Nutzung der ISS eingeplant, also etwa 430 Millionen Euro pro Jahr.

Russland gab 2008 bekannt, dass die Gesamtinvestitionen in die ISS bisher 4,2 Milliarden Dollar betragen. Gemessen an dem finanziellen Engagement ist Russland als mit den USA gleichberechtigter Partner sehr stark in der ISS repräsentiert. In der gleichen Verlautbarung gab Roskosmos bekannt, dass die zukünftigen geplanten Aktivitäten einen Umfang von 5 Milliarden Dollar hätten, diese Summe aber derzeit nicht zur Verfügung stehe.

Japan bezifferte seine Ausgaben für Kibō und das HTV auf 2,8 Milliarden Dollar und die jährlichen Ausgaben für den Betrieb auf 350-400 Millionen Dollar. Dies ergibt bis 2016 eine Gesamtsumme von mindestens 5,4 Milliarden Dollar.

Kanada bezifferte seine Investitionen in die ISS auf 1,4 Milliarden kanadische Dollar, rund 1.357 Millionen US-Dollar. Kanada ist die einzige Nation, bei der die realen Kosten die geplanten in Höhe von 1,2 Milliarden Dollar kaum übersteigen. Addiert man alle Zahlen zusammen, so kommt man auf eine Gesamtsumme von mindestens 135 Milliarden US-Dollar für den Aufbau und Betrieb der ISS von 1984 bis 2016.

Der US-Etat 2013 verteilt sich wie folgt:

Posten	Mill. $	Prozent	für
System operations and maintenance costs	1230	43	Hardwarenachbau, Betrieb, Fixkosten
Crew and cargo transportation costs	970	34	Fracht und Mannschaftstransport (13%: Sojus)
Research costs	273	10	Betrieb und Entwicklung von Experimenten
Labor and travel costs	223	7	Löhne und Reisekosten ziviler externer Mitarbeiter
Cargo and crew projects costs	167	6	Entwicklung neuer Hardware wie z.B. dem IDA

Die Forschung, die immer als Zweck der ISS genannt wird, macht also gerade mal 10% der Aufwendungen aus.

Das Setzen auf die Shuttle-Karte

Nachdem die Raumfähre Columbia verloren ging und mehr als zwei Jahre kein Shuttle-Flug mehr zur ISS erfolgte, wurde Kritik laut. Die NASA hätte alles auf die „Shuttle-Karte" gesetzt. Auch in Deutschland fragte sich die Presse, warum Europa nicht die Ariane 5 nutzt, um das Columbus Labor zu starten. Die Antwort des DLR war, das dies technisch nicht möglich sei. Das ist allerdings nur die halbe Wahrheit.

Es ist nur natürlich, dass die NASA den Space Shuttle einsetzt. Der Einsatz erfolgt nicht aus wirtschaftlichen, sondern aus politischen Gründen. Es ist für die NASA wichtig, eine Daseinsberechtigung für das Space Shuttle zu haben. Als nach Wiederaufnahme der Flüge nach dem Verlust der Challenger es über Jahre keine spektakulären Erstleistungen zu vermelden gab, nahm das Interesse an dem Programm rapide ab und viele fragten sich, warum die NASA die Fähren noch weiter betrieb. Schließlich kostete schon Anfang der neunziger Jahre jeder Flug rund 400 Millionen Dollar.

Abbildung 17: Die Endeavour angekoppelt an die ISS © des Fotos: NASA

Als das Shuttle-Mir-Programm mit regelmäßigen Flügen zur Mir begann, nahm das öffentliche Interesse wieder zu. Die USA versorgten die Mir und NASA-Astronauten stellten neue Langzeitrekorde für die USA an Bord von Mir auf. So war es logisch, das Space Shuttle zum Aufbau und Versorgung der Raumstation einzusetzen. Es gibt natürlich eine Reihe von Vorteilen beim Einsatz des Space Shuttles:

- Das Shuttle kann mit dem eigenen Manipulatorarm und dessen Steuerung durch die Astronauten Module ankoppeln. Es gibt zwar auch den Manipulatorarm der Raumstation, aber die Sicht von der ISS aus ist natürlich eine andere als vom Shuttle. Dies kann durchaus ein Vorteil sein. Für die ersten Module bevor eine Mannschaft an Bord der ISS sich aufhalten kann benötigte man ohne eigenen Antrieb in jedem Falle die Fähren zum Zusammenkoppeln.

- Die Besatzung des Space Shuttles ist trainiert für ihre Mission, da praktisch jeder Transport eines Moduls auch Außeneinsätze notwendig macht. Bei den Labormodulen bestehen diese meistens nur in der Verbindung der Anschlüsse für das Elektro-, Gas- und Kühlsystem mit dem der ISS. Doch bei den nicht unter Druck stehenden Modulen sind umfangreiche Montagearbeiten nötig. Sie kann bei Problemen diese vor Ort lösen. Dazu kommen in der Regel noch Reparaturen. Die Besatzung könnte aber auch mit einer Sojus Kapsel gestartet werden, sofern die ISS die Kernmodule umfasst, die für einen Aufenthalt nötig sind.

- Die Module benötigen keinen eigenen Antrieb. Dies spart Gewicht und Kosten ein. Es wird nicht nur ein Antrieb benötigt, sondern eine Steuerung, welche die Module in den Nahbereich der Station bringt, wo sie dann vom Arm erfasst und zu ihrer Kopplungsstelle gebracht werden. Betrachtet man die Kosten und Aufbau der Versorgungstransporter Cygnus und HTV (ein Modul als „Nutzlast" wäre eine Abart dieser Transporter) so ist klar, dass so pro Start rund 150 Millionen Dollar an Kosten für ein Servicemodul hinzukämen, die Nutzlast würde um ein Drittel sinken und eine Trägerrakete wäre auch noch nötig. Die ersten Module, die eigenständig ankoppeln müssen, wären noch teurer, so wie auch das ATV deutlich teurer als der etwa gleich große HTV ist. Damit wäre diese Lösung nicht billiger als der Transport mit dem Space Shuttle.

Vor allem für die ESA und Japan, die nur je ein Modul zur ISS befördern ist die finanzielle Rechnung eindeutig: Die Kosten für die Entwicklung eines Busses, der ihre Module zur ISS bringt, wäre weitaus höher als die Aufwendungen, die als Kompensation an die NASA zu zahlen sind. ESA und JAXA „bezahlten" für die Starts durch die Fertigung von Hardware. Die ESA durch die Verbindungsknoten Node 2+3 und die Cupola. Die JAXA baute das wesentlich komplexere Zentrifugenmodul für die drei Starts von Kibō. Wie sich zeigte, war das Teure am Space Shuttle nicht der Start der Module mit dem Transporter, sondern die Fixkosten des Programmes, die es auch gab, als es Verzögerungen gab, die Starts von 2003-2005 ausgesetzt wurden und später die Flugrate absank.

Die NASA machte sich nicht die Mühe nach einer Alternative zum Space Shuttle zu suchen. Für das Shuttle Programm war die Raumstation die Gelegenheit ihren Nutzen zu beweisen. Dabei war durch die stark geneigte Umlaufbahn die Nutzlast des Space Shuttles deutlich niedriger und die ISS musste in einer niedrigen Umlaufbahn verbleiben, solange sie in der Aufbauphase war, wodurch viel Treibstoff zum Aufrechterhalten der Umlaufbahn notwendig war.

Das es durchaus anders geht, zeigte Russland. Die russischen Module haben alle einen eigenen Antrieb und können autonom an die Station ankoppeln. Diese Möglichkeit wurde von den USA nicht in Betracht gezogen. Dabei verfügten sie über ausreichend leistungsfähige Trägerraketen: Als das erste US-Modul Destiny gestartet wurde, befand sich die Titan 4B mit 21 t Nutzlast im Dienst, 2002 folgte Atlas V mit 20 t Nutzlast und 2005 die Delta IV Heavy mit 23 t Nutzlast. Auch Europa hätte sein Columbus Labor mit der Ariane 5G (17,9 t Nutzlast) oder ab 2005 mit der Ariane 5 ES (20,7 t Nutzlast) problemlos ins All bringen können. Anpassungen an die Trägerrakete sind notwendig, doch dies ist kein prinzipielles technisches Hindernis.

Es wäre auch technisch möglich gewesen, zumindest einen Teil der Station unbemannt zu starten, denn die ISS benötigt deutlich weniger Außeneinsätze, als die Planungen für Freedom vorsahen. Montagen im All sind nur nötig, um Verbindungen zwischen den Modulen herzustellen. Es ist aber nicht das Errichten von Strukturen im All notwendig. Ein solches Backup-System hätte den Aufbau beschleunigt, wäre wahrscheinlich preiswerter gewesen und der Ausfall des Space Shuttles über drei Jahre hätte die Station weitaus weniger stark getroffen.

Die Folgen sind gravierend: So zog sich der Ausbau der Station bis 2010 hin, also über rund zwölf anstatt ursprünglich geplanter fünf Jahre. Während dieser Zeit fielen weiterhin die Unterhaltskosten an. Aber auch das Space Shuttle Programm hat einen sehr hohen Fixkostenanteil. Das wird auch bei der Tabelle auf S.50 deutlich. Betrachtet man nur die beiden Jahre 1999 und 2000, so fanden bei fast gleichem Budget einmal drei und einmal fünf Flüge statt. Analog gab es 2009 mehr Flüge als 2008 bei niedrigeren Kosten. Durchschnittlich kostete jeder der 37 Flüge 679 Millionen Dollar. Die NASA braucht nach eigenen Angaben pro Monat 200

Millionen Dollar, um nur die Fixkosten für das Programm abzudecken. Eine Trägerrakete mit einer Nutzlast vergleichbar mit dem Space Shuttle wies dagegen 2008 Startkosten von rund 200 Millionen Dollar auf. Zumindest für die USA wäre es finanziell und organisatorisch besser gewesen, eine Alternative zu dem Space Shuttle zu entwickeln und damit zumindest einen Teil der Module zu starten. Doch es hätte wahrscheinlich an der Existenzberechtigung des Raumgleiters gerüttelt und wurde daher nie als Option verfolgt.

Die Shuttles transportieren auch Proben und Hardware zurück zur Erde. Bis das Dragon-Raumschiff seinen Regelbetrieb aufnahm, konnte eine Sojus maximal 50 kg Fracht zur Erde zurückbringen. Dies werden dann wohl vor allem wertvolle Materialproben sein. Die ESA beziffert den Bedarf an Fracht, die zur Erde zurückgebracht werden muss, auf 1.000 kg pro Jahr für die ganze ISS. Dies kann seit 2012 von den Dragons bewältigt werden. Sie bringen deutlich mehr zurück, so auch nicht mehr benötigte Experimente oder Ausrüstung und Müll.

Berücksichtigt man die Rolle des Space Shuttles beim Aufbau der ISS, so verwundert es, dass sich die NASA erst mehrere Jahre nach dem Ausmusterungsbeschluss um einen Ersatz bemühte, wobei HTV und ATV ignoriert wurden – nach Ansicht der Augustine-Kommission wären sie genauso unerprobt wie die Cygnus und Dragon. Eine Ansicht, die der Autor nicht teilen kann: JAXA und ESA haben beide mehrere Jahrzehnte Erfahrungen in der Raumfahrt, betreiben Trägerraketen erfolgreich und haben ISS-Labore gebaut (Europa zudem mit dem ARD eine eigene Rückkehrkapsel und mit dem Spacelab ein zweites bemanntes System). Beide Versorgungssysteme haben bis zum Ausmustern der Space Shuttles zwei bzw. drei Flüge absolviert. Dagegen hat OSC bisher nur kleine Satelliten und kleinere Trägerraketen gebaut, die einige Fehlstarts aufweisen. SpaceX ist ein kompletter Raumfahrtneuling und konnte bei Auftragsvergabe nur fünf Starts einer Trägerrakete für rund 400 kg Nutzlast aufweisen, von denen nur zwei gelangen. Ein Vergleich mit diesen „Raumfahrtleichtgewichten" ist ein Schlag ins Gesicht von ESA und JAXA. Das zeigte sich auch als im Oktober 2014 eine Cygnus und 2015 eine Dragon verloren ging – beide Male aufgrund Explosionen der Trägerraketen.

Prinzipiell wäre bei dem unbemannten Transport der Module die gleiche Vorgehensweise wie beim HTV oder der Cygnus möglich gewesen: Ein Antriebsmodul manövriert die Nutzlast in den Nahbereich der Station, dort fängt sie der Arm ein und dockt es an. Alternativ wäre auch eine automatische Ankopplung wie beim ATV möglich. Natürlich kann dies nicht alle Space Shuttle Starts ersetzen. Es ist eine Mindestmenge notwendig, um eine Basisstation mit dem Arm im All aufzubauen. Für die Maststruktur, die sich bis zu 50 m vom Mittelteil entfernt, ist eine Montage mit dem Shuttle einfacher als eine unbemannte Mission.

In der Retrospektive ist die Entscheidung nicht zu verstehen. In allen Belangen wurde auf Redundanz Wert gelegt. So gibt es mehrere unterschiedliche Versorgungssysteme, es gibt Rettungsboote für eine Havarie. Ausgerechnet beim Bau und der Versorgung der Station sollte die Last fast ausschließlich auf einem System ruhen. Ein so umfangreiches und langfristiges internationales Projekt sollte aber nicht nur auf einer Säule ruhen.

Liste der Assembly-Missionen

Die folgende Liste umfasst alle Missionen, die Stationsteile zur ISS brachten, nicht aber die Versorgungsmissionen mit den Progress, ATV und HTV oder Starts der Sojus, um die Mannschaft zu wechseln. Es gab am Anfang Verzögerungen, weil Swesda erst mit 18 Monaten Verspätung startete. Dadurch waren zusätzliche Missionen notwendig, die Teile in Sarja austauschten und den Orbit anhoben – Sarja war für eine sechsmonatige aktive Betriebszeit ausgelegt worden und verfügte nicht über genügend Treibstoff, um die Bahn aufrechtzuerhalten, bis Swesda startbereit war. Auch später waren Zusatzmissionen notwendig, um weitere Versorgungsgüter zur Station zu bringen, weil sich der Zeitplan verschob. Diese zusätzlichen Einsätze sind an einem angehängten „1" etc. zu erkennen.

Neben den Assemblyflügen gibt es noch Logistikmissionen. Logistikflüge bringen zum einen Verbrauchsgüter, aber auch Ausrüstung und die Inneneinrichtung für die Knoten zur ISS. Sie sind an einem „LF" zu erkennen. Ein „U" signalisiert einen „Utilization" Flug, also einen Unterstützungsflug. Diese Flüge bringen Geräte, Reserveteile, aber auch Experimente zur Station, und werden von der NASA als nicht essenziell eingestuft, können also entfallen.

Nach derzeitiger Lage ist Europa der einzige Partner, der keinerlei Einbußen durch weggelassene Flüge hinnehmen muss. Columbus wurde mit allen Racks gestartet, die der ESA zustehen. Das Kibō Labor wurde aus Gewichtsgründen nur mit zwei japanischen Racks gestartet. Der Rest wird von der JAXA selbst mit HTV gestartet werden müssen. Russland hat auf eigene Forschungslabors verzichtet.

Mission	Flug-nummer	Datum (UTC)	Nutzlast	Gewicht
Mission 1A/R		20.11.1998	Sarja	19.323 kg
Mission 2A	STS-88	4.12.1998	Unity mit zwei Verbindungsadaptern (PMA 1+2)	11.612 kg
Mission 2A.1	STS-96	27.5.1999	Russischer Strela Arm 1, Versorgungsgüter	1.600 kg
Mission 2A.2a	STS-101	19.5.2000	Austausch der Batterien, Rauchmelder und Versorgungsgüter. Anhebung der Bahn um 30 km	1.000 kg
Mission 2R		12.7.2000	Swesda	19.050 kg
Mission 2a.2b	STS-106	8.9.2000	Batterien und Ausrüstung für Swesda, Strela Kran 2, Anhebung der Bahn um 22,5 km	3.000 kg
Mission 3A	STS-92	11.10.2000	Verbindungsstruktur Z1, Adapter zu Unity, Kommunikationseinrichtungen	8.755 kg
Mission 4A	STS-97	1.12.2000	P6 Segment	14.550 kg
Mission 5A	STS-98	7.2.2001	Destiny	14.515 kg
Mission 5A.1	STS-102	8.3.2001	Versorgungsgüter, erster Einsatz eines MPLM	5,760 kg
Mission 6A	STS-104	19.4.2001	Experimente für Destiny, Canadarm 2, MPLM Flug 2	4.899 kg
Mission 7A	STS-105	12.7.2001	Luftschleuse „Joint Airlock Module"	6.064 kg
Mission 7A.1	STS-105	10.8.2001	Experimentracks für Destiny, Versorgungsgüter, MPLM Flug 3	9.072 kg
Mission 4R		14.9.2001	Piers Luftschleuse / Dockingadapterverlängerung	3.580 kg
Mission UF-1	STS-108	5.12.2001	Racks für Destiny, MPLM Flug 4	3.000 kg
Mission 8A	STS-110	8.4.2002	S0-Segment, Mobilteil für Canadarm	13.970 kg
Mission UF-2	STS-111	5.6.2002	Racks für Destiny, zweiter Teil des Mobilsystems für Canadarm 2, MPLM Flug 4	7.958 kg
Mission 9A	STS-112	7.10.2002	S1 Segment, S-Band Equipment	12.598 kg
Mission 11A	STS-113	24.11.2002	P1 Segment	12.958 kg
Mission LF-1	STS-114	26.7.2005	Versorgungsgüter, Reparaturen, MPLM Flug 5 Bahn um 4 km angehoben	9.000 kg
Mission ULF 1.1	STS-121	4.7.2006	Versorgungsgüter, Dreimannkapazität erneut erreicht, MPLM Flug 6	2.000 kg
Mission 12A	STS-115	9.9.2006	P3/P4 Segment	15.900 kg

Mission	Flug-nummer	Datum (UTC)	Nutzlast	Gewicht
Mission 12A.1	STS-116	10.12.2006	P5 Segment, Versorgungsgüter mit einem Spacehab Modul	12.958 kg
Mission 13A	STS-117	8.6.2007	S3/S4 Segment	16.200 kg
Mission 13A.1	STS-118	8.8.2007	S5 Segment, Versorgungsgüter mit einem Spacehab Modul	12.598 kg
Mission 10A	STS-120	23.10.2007	Node 2 „Harmony"	13.608 kg
Mission 1E	STS-122	7.2.2008	Columbus	19.300 kg
Mission 1J/A	STS-123	11.3.2008	Lagermodul von Kibō, „Dextre"	4.200 kg
Mission 1J	STS-124	31.5.2008	Kibō Labormodul	15.900 kg
Mission ULF2	STS-126	14.11.2008	Innenausrüstung für Harmony, Lebenserhaltungssystem, MPLM Flug 7	10.553 kg
Mission 15A	STS-119	15.3.2009	S6 Segment – Fertigstellung der Maststruktur	14.550 kg
Mission 2J/A	STS-127	15.7.2009	Dem Weltraum ausgesetzte Sektion des Kibō Labors	10.219 kg
Mission 17A	STS-128	29.8.2009	Versorgungsgüter, MPLM Flug 8 Multi-Purpose Experiment Support Structure Carrier.	9.811 kg
Mission 5R		5.11.2009	Poisk	4.350 kg
Mission ULF3	STS-129	16.11.2009	Reserve/Austauschgüter, Express Logistics Carrier Flug (ELC 1+2)	12.532 kg
Mission 20A	STS-130	8.2.2010	Node 3 „Tranquility" und Cupola	16.500 kg
Mission 19A	STS-131	18.3.2010	Versorgungsgüter, MPLM Flug 9, ICC Palette.	15.332 kg
Mission ULF4	STS-132	14.5.2010	Rasswet / ICC Paletten	12.072 kg
Mission ULF6	STS-133	24.2.2011	AMR Spektrometer + Express Paletten	15.770 kg
Mission ULF7	STS-134	16.5.2011	Leonardo Modul umgebaut als Storagemodul (PMM)	14.600 kg
Mission ULF8	STS-135	8.7.2011	MPLM Flug 10 Raffaelo, 4400 kg Fracht geborgen.	11.566 kg
Mission 3R		2017?	Nauka	20.600 kg

Wie die Nummerierung zeigt, kam die Reihenfolge durcheinander. Weiterhin wurden einige Flüge gestrichen:

Gestrichene / verschobene Flüge	
Mission 3R	FGB-2, umgebaut als „Nauka" für 2011 geplant.
Mission 14A	Ursprünglich Versorgungsflug mit Racks für die Inneneinrichtung. Nun neu angesetzt mit Rasswet / ExPRESS Palettenflug
Mission 16A	Start des US-Habitation Modules
Mission 18A	CRV -1
Mission ULF5	US-Zentrifugenmodul
Mission 8R	Russisches Forschungsmodul 1
Mission 9R	Russisches Docking und Storage Modul
Mission 10R	Russisches Forschungsmodul 2
Mission 9A.1	Science Power Plattform, später umgebaut zu Rasswet.
Mission 10A.1	Amerikanisches Propulsion Module als Ersatz/Absicherung für Sarja

Abbildung 18: Blick in die Shuttle Nutzlastbucht. Von links: Kopplungsadapter, ICC Palette und MPLM Leonardo. © des Fotos: NASA

Die einzelnen Module der Raumstation

Die ISS sieht im Orbit relativ komplex und unübersichtlich aus. In der Konzeption kann man aber zwischen einem westlichen und russischen Teil unterscheiden. Russland hat eine lange Erfahrung im Bau von Raumstationen, beginnend mit Saljut 1. Mit Saljut 6 führte man das Versorgen mit Progresstransportern ein und damit war erstmals die Betriebsdauer der Station nicht auf die beim Start eingelagerten Vorräte beschränkt. Saljut 7 führte erstmals das Modulprinzip ein, als am hinteren Kopplungsstutzen ein weiteres Raumschiff ankoppelte, das zusätzlichen Wohnraum zur Verfügung stellte.

Mit Mir wurde dieses modulare Prinzip perfektioniert. Der Aufbau jedes Moduls von Mir, aber auch der ISS (die Konstruktionen waren für die Mir-2 ausgelegt worden) ist im Grundaufbau identisch:

- Hinten gibt es einen aktiven Kopplungsadapter.

- Hinten befindet sich auch der eigene Antrieb, durch die Tanks ist diese Sektion breiter als die vordere (innen ist der Durchmesser der Wohnröhre überall gleich)

- Vorne befinden sich an dem zweiten Zylinder die Solarzellenausleger.

- Der vordere Abschluss ist ein weiterer, Adapter mit drei passiven Anschlüssen.

Diese Konzeption erlaubt es, jedes Modul hinten mit einem passiven Anschluss zu verbinden. Zwei weitere stehen dann für Progresstransporter und Sojus zur Verfügung. Alternativ kann man weitere Module ankoppeln, wie dies bei dem Basisblock der Mir erfolgte.

Die Philosophie des Aufbaus ist eine andere als bei den USA: Der Aufbau erfolgt unbemannt. Jedes Modul hat eine eigene Stromversorgung und einen eigenen Antrieb. Dies hat Vorteile, so konnte Russland die Mir sukzessive erweitern. Die Startkosten sind bedeutend geringer als bei einem Shuttle-Start. Wollte man die ISS jetzt erweitern, müsste man eine ähnliche Lösung ersinnen. Gedacht war bei den ATV-Weiterentwicklungsszenarien z.B. ein reines Busmodul, das dann Wohnmodule zur ISS beförderte.

Das Konzept hat aber auch Nachteile. Einer der Wesentlichsten ist, dass die russischen Kopplungsadapter auch für die Ankopplung bemannter Raumschiffe vorgesehen sind. Sie haben daher einen relativ kleinen Lukendurchmesser und sie können die Module nicht vernetzen: Durch das Innere der Mir mussten so Leitungen für Luft, Strom, Wasser gezogen werden. Als es einen Unfall gab und im Spektr-Modul Gas austrat musste man alle diese Leitungen kappen, um die Luken schließen zu können. Um zwei Raumschiffe ankoppeln zu können, verwenden alle bemannten Raumschiffe Variationen eines einfachen Prinzips: Der Kopplungsadapter besteht aus einem passiven und einem aktiven Teil. Der Passive ist an der Außenseite ist ein Zylinderstumpf, der aktive meist ein Dorn. Trifft er auf den Konus, so leitet ihn die Form ins Innere, auch wenn man nicht genau das Zentrum trifft. Der Dorn verhakt sich dort, zieht nun das Raumschiff näher. Sobald der männliche Teil über den Kragen des weiblichen Teils kommt, ist die Verbindung druckdicht und Haken oder Riegel fixieren die Verbindung (entweder werden sie festgezogen oder sie schnappen automatisch zu). Dieses Prinzip limitiert die Größe des Tunnels zwischen den beiden Raumschiffen auf das Zentrum des Konus. Typisch 70-80 cm Durchmesser. In der Peripherie werden Leitungen für den Transfer von Flüssigkeiten miteinander verbunden. Das Auffüllen der Treibstoffvorräte ist daher nur durch Progress und ATV möglich. Wasser in Kanistern kann auch von anderen Transportern befördert werden.

Die von den US in ihren Modulen verwendeten CBM Anschlüsse funktionieren anders. Es gibt es auch hier einen passiven und aktiven Teil aber hier umgeben einen nahezu quadratischen Tunnel an der Außenseite vier Riegel und 16 Schrauben und Muttern. Dieses System ist nicht für eine automatische Ankopplung ausgerichtet. Die beiden Module müssen zentimetergenau aufeinander ausgerichtet und zusammengebracht werden. Dann schnappen erst vier Riegel zu, danach werden die Schrauben durchgeführt und von Motoren in zwei Schritten angezogen. Ohne Führung kann nur ein Roboterarm, der von einem Besatzungsmitglied fernbedient wird, die beiden Module so genau ausrichten. Dafür kann der Tunnel viel größer sein. Bei den CBM hat er eine Seitenlänge von 1,27 m. Den dafür nötigen Arm gibt in der Ladebucht des Space-Shuttles und nach STS-104 auch an Bord der ISS. Während bei dem russischen System die aktiven Adapter an den Raumfahrzeugen stecken, ist beim US-System der aktive Adapter an den Modulen im Orbit angebracht. Der Vorteil dieses Systems ist der einfachere Innenausbau der Station: Alle Labormodule sind voll bestückt so schwer, dass sie die Nutzlast der Shuttles übersteigen. Sie werden daher beim Start soweit ausgestattet wie möglich. Spätere Flüge bringen neue Ausrüstung, können aber auch bestehende Ausrüstung zurückführen. Durch den CBM passen ganze Racks, die maximal 1,03 m breit sind. Dieses System macht also optimalen Gebrauch von der Transportfähigkeit des Space Shuttles beim Ausbau der Station.

Der russische Teil war einmal relativ groß geplant, aufgrund Finanzschwierigkeiten ist er sehr klein geblieben, was den Wohnraum angeht, der kleinste Teil der Station. Die russischen

Module dienen heute vor allem als Anknüpfungspunkt für die Progress-Raumtransporter und Sojusraumschiffe. Ihre Solarzellen wurden eingefahren, um nicht mit den anderen Strukturen ins Gehege zu kommen. Von Bedeutung ist, dass die einzigen Triebwerke und Treibstoffvorräte der Station im russischen Teil liegen. Da die Lebensdauer der Triebwerke begrenzt ist, werden Bahnänderungen meist durch angekoppelte Progresstransporter oder ATV durchgeführt. Lageänderungen (Drehen) erfolgen durch die Gyroskope der Station.

Der westliche Teil sieht einheitlich aus, da die Module alle wie einfache Zylinder aussehen. Sie werden aber in drei Kontinenten entwickelt. Die Homogenität ergibt sich durch die Beförderung mit dem Space Shuttle. Um den Nutzlastraum maximal auszunutzen und nicht noch Befestigungen mitzuschleppen, haben die Module meist den gleichen Außendurchmesser, dem maximal möglichen. Jedes Modul hat mindestens zwei Anschlüsse an Stirn und Heck. Verbindungsknoten haben an einem Ende noch vier weitere Anschlüsse. Verbindungen für Gase, Strom und Flüssigkeiten sind an der Außenseite und werden bei einer EVA von den Astronauten miteinander verbunden. Transporter mit dem CBM (HTV, Dragon, Cygnus) werden von den Astronauten mit dem Canadaarm2 eingefangen und fixiert, beim Trennen erfolgt dies auch mit dem Manipulatorarm. Die Transporter stoppen daher, wenn sie sich auf 15 m der Station genähert haben.

Die ISS besteht aus einem 108 m langen ein Mast, an dem die Solarzellenausleger und Radiatoren angebracht sind und einem Bereich in der Mitte des Mastes, an dem miteinander verkoppelte Druckmodule verbunden sind. Dieser Bereich besteht wiederum aus einem westlichen und einem russischen Teil.

In den folgenden Tabellen wird zwischen dem Startgewicht, also dem Gewicht beim Start, und dem Orbitgewicht unterschieden. Das Letztere ist immer höher, da zum einen die meisten Module zu schwer sind, um sie voll ausgestattet zu starten. Dazu kommen noch Ersatzteile, bewegliche Teile oder Vorräte/Treibstoff, die erst mit Logistikflügen an Bord gebracht werden. Von 36 Flügen zur ISS entfielen daher nur 19 auf den Transport von Modulen.

Abbildung 19: Das Z1 Segment vor dem Start © des Fotos: NASA

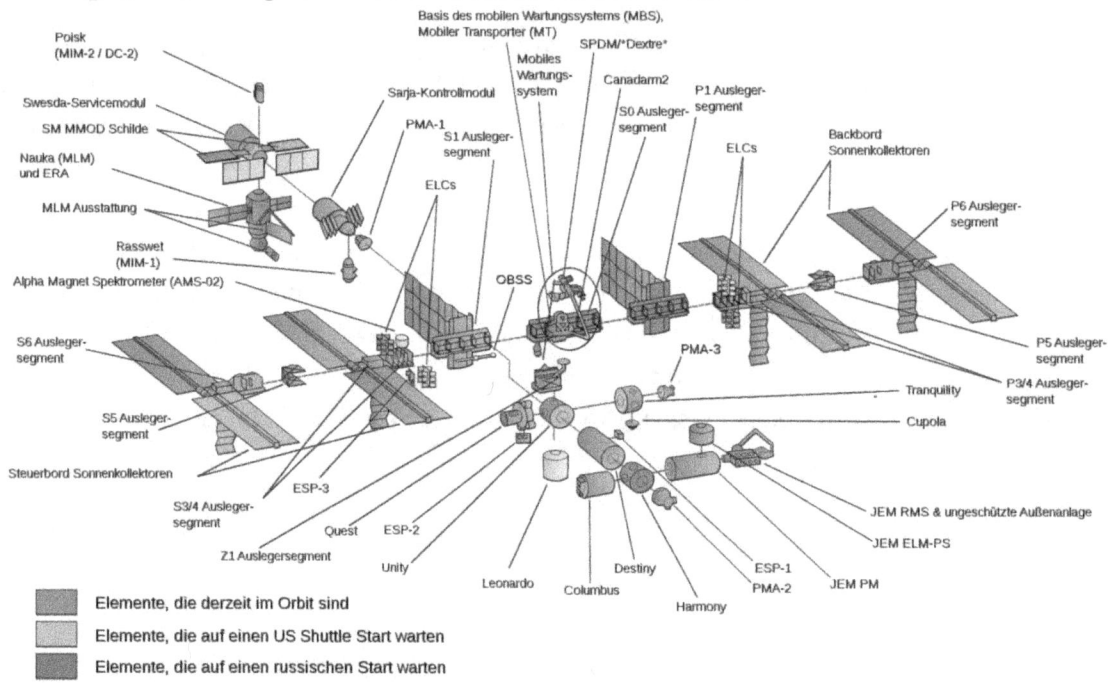

Abbildung 20: Der Aufbau der ISS © der Grafik: Wikipedia

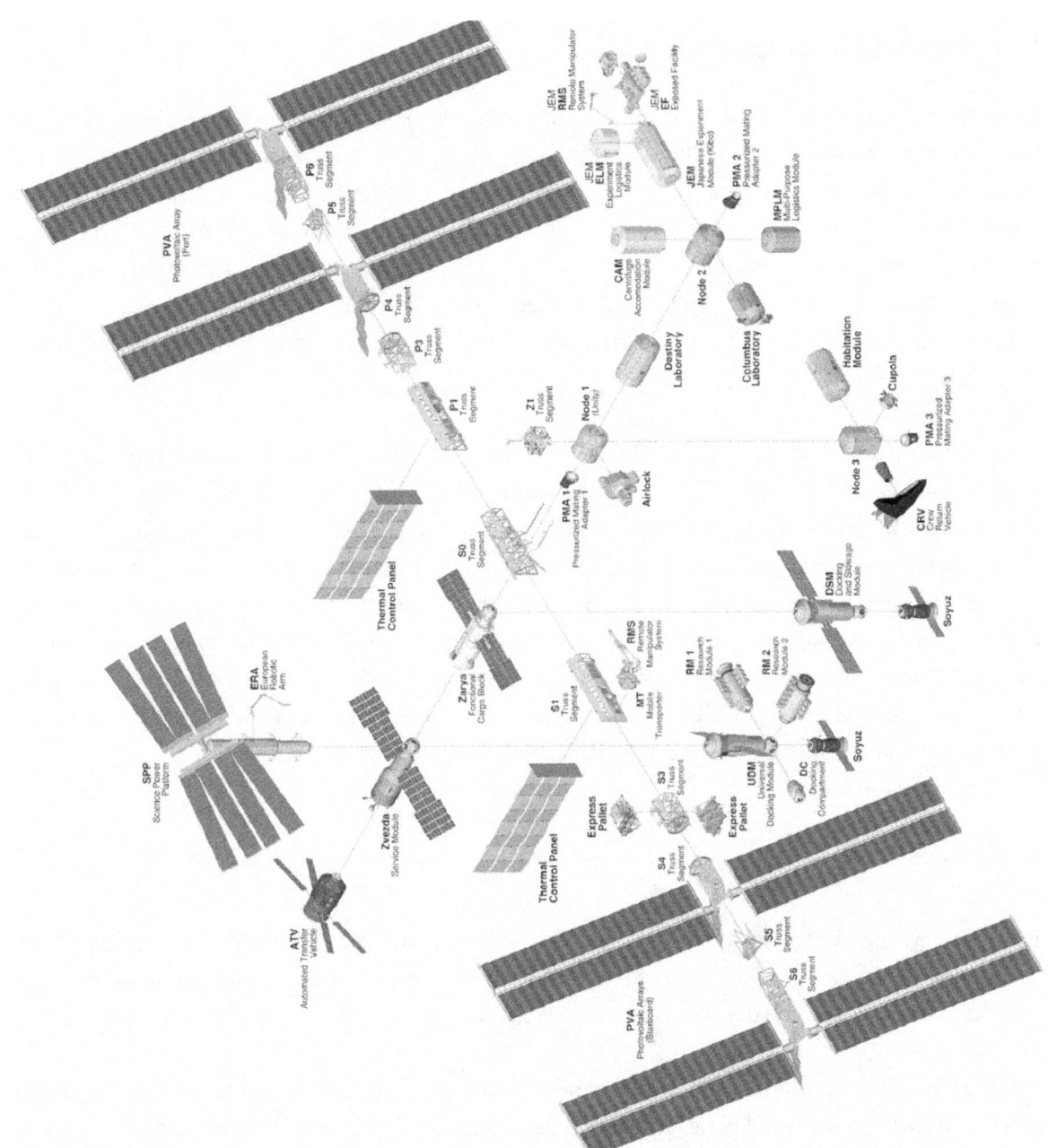

Abbildung 21: die ursprüngliche Konfiguration der ISS mit den gestrichenen, Modulen

Die Integrated Truss Structure (ITS)

Viele Flüge zur ISS dienten nicht zur Montage der Labors, sondern dem Aufbau dieser Struktur. Sie besteht aus elf Einzelteilen. Diese sind aufgeteilt in eine Steuerbordseite (Starboard = S) und eine Backbordseite (Port Side = P). Von innen nach außen erhalten die Module höhere Nummern. Die Nummerierung stammte noch von Alpha. In der Mitte befindet sich das Zenitmodul. Nachdem die russischen Module und der US-Teil im Orbit waren, wurde zuerst der Truss aufgebaut. Erst danach folgten die weiteren Labormodule und Verbindungsknoten. Der voll ausgebaute Truss war die Voraussetzung, dass es genügend Strom für die weiteren Stationsteile gab.

Beide Seiten der ITS sind identisch. Daher folgt nur die Beschreibung der Steuerbordseite. Entsprechendes gilt dann auch für die Backbordseite. Der Aufbau ist relativ einfach: Der Verbindungspunkt mit den Druckmodulen ist das Z1 Segment. Die beiden ersten Module S0-S3 und P0-P3 dienen vor allem dazu, Distanz zu den Druckmodulen aufzubauen, da die Solarzellen frei rotieren müssen. So behindern die Paneele auch nicht anfliegende Raumschiffe. An ihnen befinden sich als ausladende Strukturen nur vergleichsweise kleine Radiatoren. Einsparungen 1991 führten zur Streichung des P0, S2 und P2 Segments, wodurch die Mastlänge von 153 auf 108 m schrumpfte. Es folgen die Module S4 und P4 mit dem ersten Paar Solarzellen und getrennt durch das Abstandsegment S5/P5 der zweite Solarzellenflügel bei S6/P6.

Z1 Segment

Eine Sonderrolle nimmt das Zenit Segment ein. Mit ihm wird der Mast mit den Druckmodulen verbunden. Z1 beinhaltet Stromkonverter und konnte so die Solarzellen des P6 Segments aufnehmen, bevor diese Seite der Station fertiggestellt wurde.

Seine wichtigste Funktion ist die Änderung der räumlichen Ausrichtung der Station. Dazu gibt es vier Gyroskope, riesige Kreisel mit von jeweils 315 kg Masse. Sie rotieren mit bis zu 6.600 U/min und erzeugen so ein Drehmoment von bis zu 2.300 Js. Wird die Rotationsachse der Kreisel gekippt, so widersetzen sie sich dieser Bewegung und erzeugen eine gegengerichtete Kraft, die dann die Station dreht.

Ein Großteil der Kommunikationsausrüstung befindet sich ebenfalls im Z1 Segment. Sie ist redundant vorhanden und besteht aus einer S-Band Niedriggewinnantenne und je einer S-Band und Ku-Band Hochgewinnantenne. Im S-Band können 12/192 Kbit/s über die TDRSS-Satelliten zur Erde gesendet und 12/72 Kbit/s empfangen werden. Damit wird Telemetrie gesendet. Im Ku-Band beträgt die Datenrate zum Übertragungssatelliten 50 Mbit/s, wovon 43 Mbit/s für Daten oder bis zu vier parallelen Videoströmen zur Verfügung stehen.

S0 Segment

Das nächste Segment ist S0. Es enthält den ersten Radiator von 6,40 m Höhe, der die Hitze der Elektronik des Mastes abstrahlt. Es enthält auch das Thermalkontrollsystem mit einem Ammoniakvorrat: Es funktioniert wie ein Kühlschrank, nur werden die Innentemperaturen bei wohnlichen 20 Grad gehalten. Wie im Kühlschrank wird ein Kühlmittel – hier Ammoniak – unter Druck verflüssigt und beim Erwärmen verdampft es. Zum Abstrahlen der Wärme und Abkühlen dienen die Radiatoren. Durch sie zirkuliert das Ammoniak. Es kühlt sich ab und gibt dabei die Wärme an die Außenseite des Radiators ab. Diese ist permanent im Schatten und kühlt das Ammoniak auf -33 °C ab, dann kondensiert es erneut.

Weiterhin gibt es im S0 Segment zwei weitere Gyroskope und weitere Spannungswandler, da es auch zwei verschiedene Spannungen an Bord der ISS gibt: 120 Volt für die US-Module und 110 Volt für die Module aus Europa, Russland und Japan. Am S0 Segment wurde auch anfangs der mobile Teil des Canadaram2 angebracht, der über Schienen einen Großteil der ISS erreichen kann. Das P0 Segment wurde bei der Neukonzeption der Raumstation Alpha 1992 gestrichen.

S1 Segment

S1 und sein Gegenstück P1 auf der Backbordseite enthalten jeweils einen großen Radiator von 13,10 × 22,00 m Größe. Er führt die Abwärme der Druckmodule der Station ab. Dies ist zum einen die Abwärme, die entsteht, wenn die elektrische Leistung in Wärme umgewandelt wird und zum zweiten die von der Station durch Sonneneinstrahlung aufgenommen wird. Ohne die schützende Erdatmosphäre erhält die ISS rund ein Drittel mehr Sonneneinstrahlung als die Erdoberfläche. Jeder Radiator arbeitet mit 99,9% Ammoniak. Er funktioniert wie das Thermalkontrollsystem im S0 Segment. Er ist um 105 Grad drehbar, sodass die abstrahlende Fläche stets im Schatten der Station ist. Dort kann sich der Radiator stark abkühlen und so die überschüssige Wärme abgeben. Auch am S1 und P1 Segment laufen Schienen entlang, auf denen sich der Canadarm bewegen kann. Alle Radiatoren zusammen haben eine Kühlleistung von 70 kW.

Abbildung 22: Das S1 Segment wird in das Shuttle verladen. © des Fotos: NASA

Benötigt werden davon zwischen 30 und 44 kW. Das permanente System wälzt 3.629 kg Kühlmittel pro Stunde um, ein temporäres mit einer weiteren Kühlleistung von 14 kW (772 kg Ammoniak/h) kann hinzugeschaltet werden, um Spitzen abzufedern.

Weiterhin befinden sich auf S1/P1 weitere Antennen. Auf S1 eine omnidirektionale S-Band Antenne und an P1 eine UHF-Antenne, über welche die Astronauten bei Außenbordeinsätzen kommunizieren können. Sie hat nur eine Reichweite von 7 km.

Die beiden Segmente wurden von Boeing für einen Preis von jeweils 390 Millionen $ hergestellt.

S3 Segment

Eine der Einsparungen beim Übergang von Alpha zu ISS war die Einsparung der Gittersegmente S2 und P2. Sie verlängerten ursprünglich den Mast auf 153 m Länge. So folgt auf S1 gleich S3. Das Segment S3 ist ein einfaches Verlängerungsstück, das notwendig ist, damit sowohl Solarzellen wie auch Radiatoren frei rotieren können und sich nicht behindern. Die NASA beförderte es zusammen mit dem S4 Segment ins All. Dabei enthält das S3 Segment die Batterien und Spannungswandler und den Drehmechanismus für das S4 Segment mit den Solarzellen. Beide Segmente sind schon vor dem Start zusammen montiert worden, sodass sie eine Einheit bilden.

S4 Segment

Das S4 Segment ist eines von vier Solarzellenmodulen. Es besteht aus zwei Modulen mit vier Flügeln. Die Solarzellen wurden für eine Betriebsdauer von 15 Jahren konzipiert. Um eine dauerhafte Spitzenleistung von 160 kW zu gewährleisten und weil die Solarzellen langsam an Leistung verlieren, liefert ein Flügel anfangs 16,5 kW, obwohl die benötigte Dauerleistung nur 10 kW betragen muss. Ein 1.200 kg schwerer Rotationsmechanismus führt sie der Sonne nach. Obwohl das S4 Segment im Weltraum das längste Modul der Station ist, passt es zusammengefaltet in den Nutzlastraum eines Shuttles. Der Mast wird im Weltraum auf volle Länge entfaltet. Dazu ist keine EVA notwendig. Auch die Solarzellen sind gepackt nur ein 50 cm dicker Stapel. Die Solarzellen liefern eine Gleichstromspannung von 160 V. Daraus wird zuerst eine Gleichstromspannung von 120 V erzeugt. Dies erlaubt es, Ausfälle der Solarpaneele, Störungen oder Beschädigungen auszugleichen und eine stabile Spannung für die Transformation in verschiedene Wechselspannungen für die Station bereitzustellen.

Etwa 40% der Umlaufzeit befindet sich die ISS im Erdschatten. Dann wird sie von Batterien versorgt, die auf der Tagseite aufgeladen werden. Die NASA setzt dazu Nickelwasser-

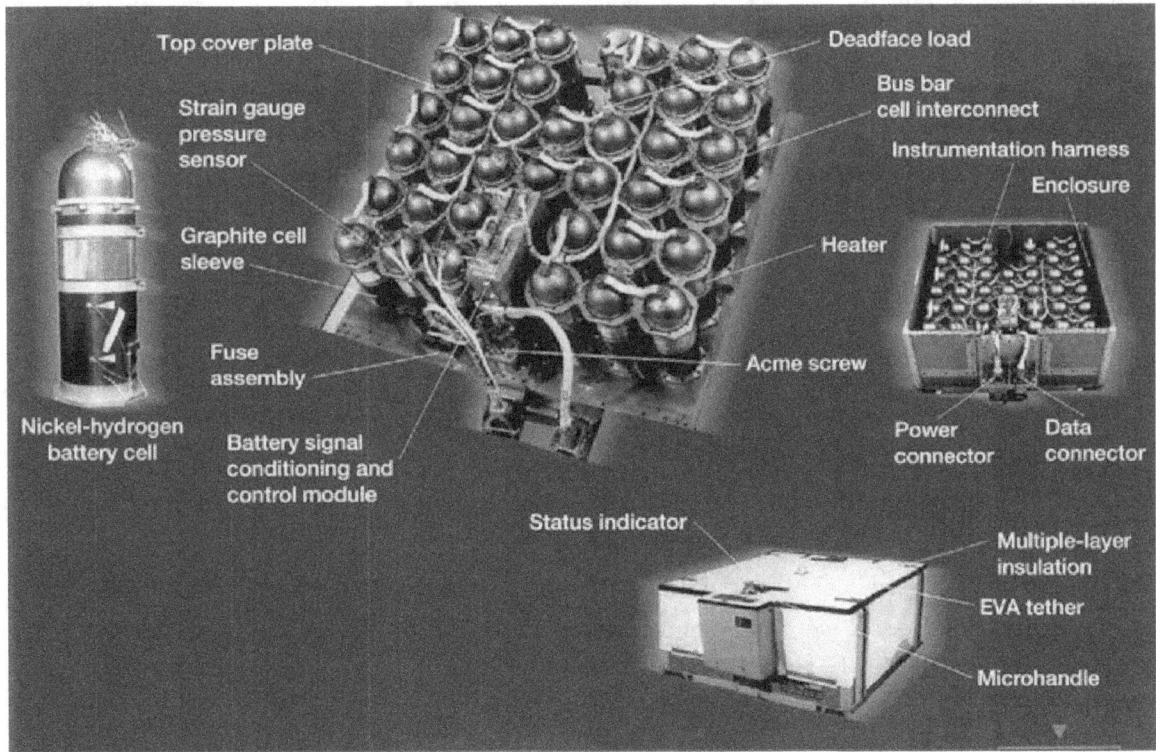

Abbildung 23: Die Batterien der ISS: Hier ein ORU mit 38 Zellen © der Grafik: NASA

stoff-Akkumulatoren ein. Diese haben sehr gute Langzeitlagereigenschaften und können viel häufiger ge- und entladen werden als Nickelmetallhydrid oder Lithiumakkumulatoren. Während Nickelmetallhydrid Akkumulatoren, die heute in vielen Bereichen Einzug gehalten haben, maximal tausendmal aufgeladen werden können, sind die Akkus der ISS für 38.000 Lade/Entladezyklen und eine Betriebsdauer von 6,5 Jahren ausgelegt. Erreicht wird dies, indem nur 35% der Kapazität genutzt werden. Die Akkus werden so nie tiefentladen. Das S4 Segment hat pro Flügel drei Batterien mit je 76 Zellen. Insgesamt besteht verfügt die ISS bei der Fertigstellung aus 24 Batterien in 48 ORU's (jeder ORU nimmt 38 Zellen auf, zwei ORU's werden zu einer Batterie zusammengeschaltet). Jeder ORU hat eine Aufnahmekapazität von 81 AH entsprechend 4 kWh. So kann maximal eine Strommenge von 192 kWh gespeichert werden. Jede Batterie wiegt 187 kg. Sie kann mit maximal 8.4 KW geladen werden und liefert beim Entladen eine Leistung von 6,6 kW.

Die mittlere Leistung der Solarpaneele, die nach Abzug der Aufladung der Batterien, Umwandlungsverluste und Grundverbrauchern zur Verfügung steht, beträgt 23 kW pro Segment nach der Installation. Die Stromversorgung ist so ausgelegt, dass sie mindestens eine Leistung von 26 kW und im Mittel eine von 30 kW für die Experimente zur Verfügung steht. Auch hier wurden Reserven einkalkuliert, so stehen nach Fertigstellung des ITS 44 kW für Experimente zur Verfügung. Sie sind für eine Lebensdauer von 15-16 Jahren ausgelegt.

Da sie während der Lebensdauer der Station mehrmals ausgewechselt werden müssen, sind die Batterien in einer abgeschlossenen Einheit namens **O**rbit **R**eplacement **U**nit (ORU) verpackt. Dies erlaubt es, die Batterien einfach durch neue zu ersetzen. Die ORU sind standardisiert und an mehreren Stellen der Station befinden sich Befestigungsmöglichkeiten für ORU. Sie nehmen auch Ersatzteile auf, die dann leicht zugänglich bei Reparaturen sind.

Damit Außenbordeinsätze an den Batterien und Solarzellen nicht die ganze Stromversorgung der Station lahmlegen, gibt es pro Modul einen Unterbrechungsschalter. Er erlaubt es, das Modul von der Stromversorgung zu trennen und den restlichen verfügbaren Strom auf die Station zu verteilen, ohne Module komplett abschalten zu müssen.

Da die Solarzellen sehr viel Widerstand in der Restatmosphäre erzeugen und so die Station schneller absinken lassen, werden sie beim Eintritt in die Schattenseite umgeklappt, sodass ihre Schmalkante in die Bahnrichtung zeigt.

Solarzellenmodule (S4, S6, P4, P6)	
Spannweite:	73,20 m
Länge:	35,00 m (33,90 m mit Solarzellen bedeckt). Beim Start 13,70 m.
Breite:	11,90 m (11,60 m mit Solarzellen bedeckt).
Solarzellen pro Modul	32.800 (gesamt 262.400) je 8 × 8 cm groß
Leistung pro Modul:	anfangs 16,5 kW, Sollleistung: 11 kW (gesamt: 220/160 kW)
Gewicht pro Modul	1.100 kg
Wirkungsgrad:	14,50%
Gewicht:	14.550 kg
Batterien:	2, je 169 kg schwer, Kapazität: 8 KWh.
Stationsbedarf (nach Planungen)	76,4 kW US-Segment, davon 30 kW Experimente 12 kW russisches Segment

S5 Segment

Das S5 Segment ist ein kurzes Verbindungsstück zwischen S3/S4 und S6. Es ist nötig, damit die Solarpaneele frei rotieren können und sich nicht gegenseitig beschatten, aber zugleich der Radiator vom S6 Segment im Schatten liegt. Der 11 Millionen Dollar teure „Abstandshalter" beinhaltet auch einen Ersatzschwenkmechanismus für die Radiatoren der Solarpaneele. Er wird unter dem Kiel verstaut und kann eingesetzt werden, falls einer dieser Radiatoren ausfällt.

P6 / S6 Segment

Das S6 Segment entspricht dem S3/S4 Segment. Es ist nur etwas kürzer und hat dafür einen zusätzlichen Radiator. Die Solarzellen und Batterien, Spannungskonverter und der Drehmechanismus sind identisch. Es wurde von Boeing für 297 Millionen Dollar gebaut (P6: 276 Millionen Dollar). Im Shuttle Nutzlastraum ist es nur 4,84 m breit und 10,60 lang. Der Radiator und die anderen Subsysteme zum Drehen des Flügels und Laden der Batterien haben einen Eigenstrombedarf von 6 kW, der nicht für die Station zur Verfügung steht.

Der Radiator ist kleiner und hat nur eine Fläche von 13,40 × 3,70 m und kann eine Wärmeleistung von 14 kW abgeben. Auf der Backbordseite wiederholt sich die Reihenfolge mit den Segmenten P1 bis P6.

Elemente des Mastes	
Z1 Segment	Länge: 4,60 m
	Gewicht: 8.755 kg
S0 Segment	Länge: 13,40 m Höhe 4,57 m
	Gewicht: 12.247 kg
S1 / P1 Segment (je 390 Mill. $)	Länge: 12,30 m Höhe 4,57 m Breite: 1,80 m
	Gewicht: 13.600 kg (S1) / 12.477 kg (P1)
S3 + S4 Segment	Länge 13,66 m Breite: 4,96 m Höhe 4,63 m
	Gewicht: 16.183 kg
P3 + P4 Segment	Länge 13,81 m Breite: 4,88 m Höhe 3,75 m
	Gewicht: 15.824 kg
S5 / P5 Segment (je 11 Millionen $)	Länge 3,37 m Breite: 4,55 m Höhe: 4,24 m
	Gewicht: 1.900 kg
S6 / P6 Segment (276 / 297 Mill. $)	Länge 13,70 m Breite: 4,96 m Höhe: 4,48 m
	Gewicht: 14.550 kg (15.870 kg Vollausbau)

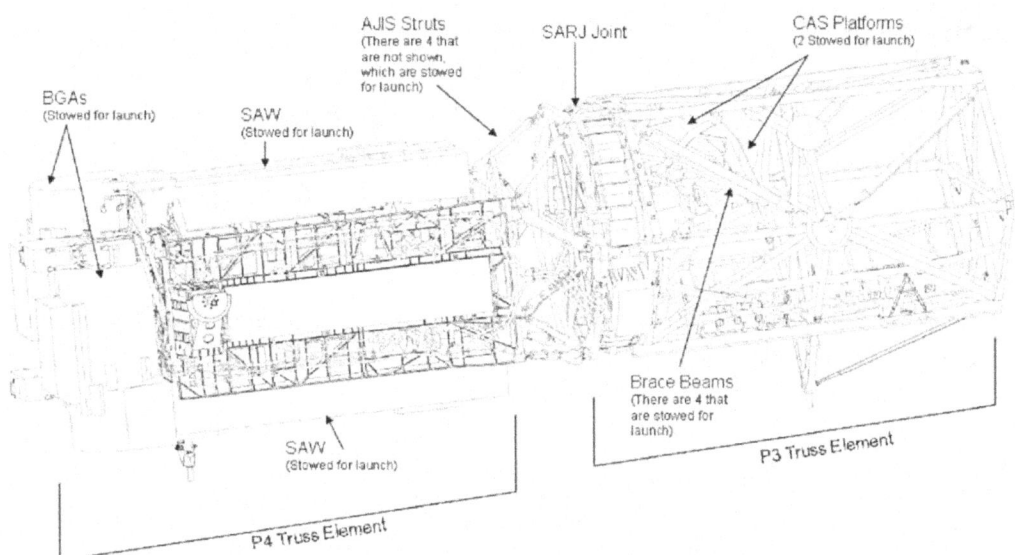

Abbildung 24: Das P3/P4 Segment © der Grafik: Boeing

Abbildung 25: Die ISS nach der Mission STS-116: Links P6 ausgefahren, rechts ein Flügel von P3/P4 ausgefahren, der andere (linke) nicht. © des Fotos: NASA

Russische Module

Zuerst waren eine Reihe von russischen Forschungsmodulen geplant, doch finanzielle Schwierigkeiten der russischen Raumfahrtagentur Roskosmos beschränkten die anfängliche Beteiligung auf die absolut notwendigen Teile für den Ausbau der Station. Im Endausbau ist noch ein weiteres Modul nach Fertigstellung des westlichen Teils vorgesehen.

Die russischen Module sind die Einzigen Bauteile mit aktivem Antrieb und sie sind daher neben den Transportern auch dafür verantwortlich, die Bahn der ISS zu verändern.

Abbildung 26: Kosmonaut Wladimir Deschurow im Inneren des Sarja-Moduls

Abbildung 27: Sarja, aufgenommen von STS-88 © des Fotos: NASA

Sarja

Sarja (russisch Заря für Morgenröte) ist das erste Element der Raumstation. Sarja ist ein in Russland gebautes und von der NASA bezahltes Modul. Es wurde als FGB (russisch функционально-грузовой блок, englisch Functional Cargo Block, Lager- und Funktionsmodul) für MIR-2 gebaut, von der NASA für 200 Millionen Dollar gekauft und vom Hersteller Chrunitschew auf den neuesten technischen Stand gebracht. Die Verwendung von Sarja anstatt eines Lageregelungs- und Steuermoduls von Lockheed Martin, war ein Grund für die Beteiligung Russlands an der Raumstation. Dadurch konnten 250 Millionen Dollar eingespart werden.

Sarja hat zwei Aufgaben. In der Anfangszeit der Station liefert es den Strom für Unity, kontrolliert die Lage und stellt die Kommunikationssysteme. Doch schon mit dem dritten Start übernimmt Swesda diese Rolle. Danach wird Sarja nur noch als Lagerraum für Fracht und Treibstoffe genutzt. Auch die Solarzellen werden wieder zusammengefaltet, da sonst die Radiatoren des P1/S1 Segmentes nicht frei rotieren können. Von allen ISS-Modulen kann Sarja am meisten Treibstoff aufnehmen. Drei Progresstransporter würden benötigt, um die Tanks zu füllen. Die Triebwerke zum Anheben der Umlaufbahn sind aber in Swesda untergebracht.

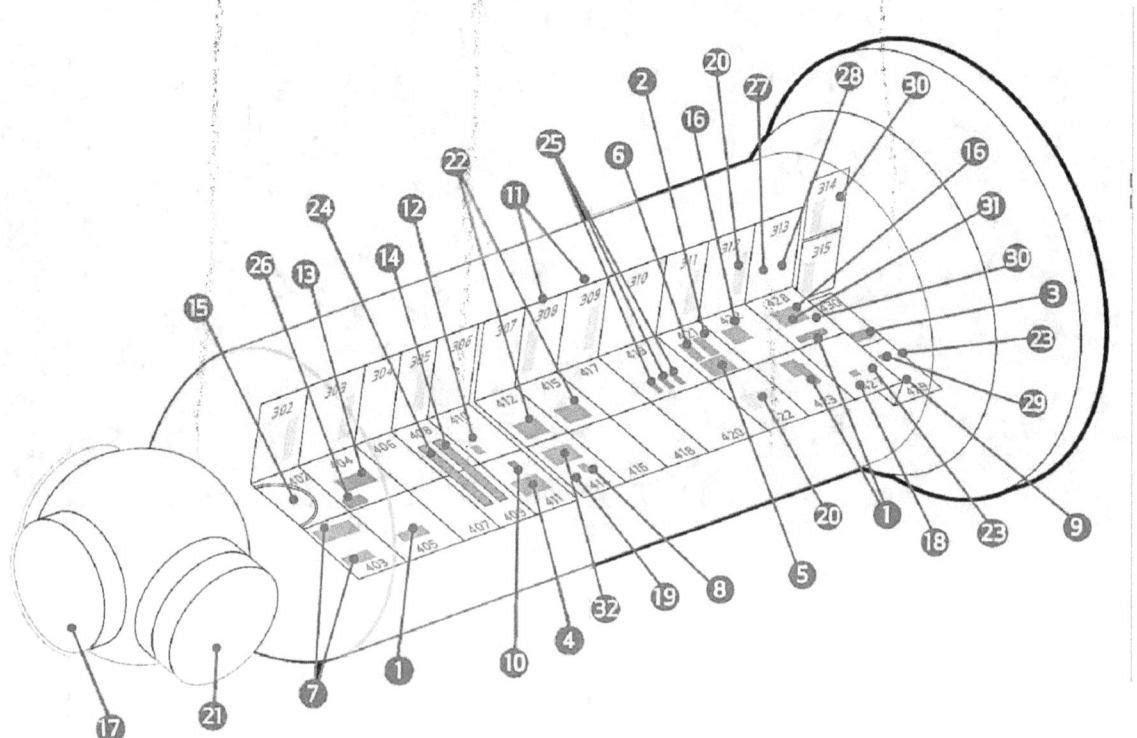

Abbildung 28: Aufbau von Sarja: © der Grafik: NASA

Wesentliche Teile von Sarja (siehe Grafik):

1. Luftkanäle
2. Kommunikationspanel
3. Warnanzeigen
4. Kontaminationsfilter
5. Notfall-Transferwasserbehälter
6. Anschlüsse für den Notfall-Transferwasserbehälter
7. Staubfilter
8. Stromanschluss
9. Flexibler Container für Gasleitungen
10. Sicherung
11. Sicherungskasten (gesichert)
12. Gasanalysator
13. Gasmaske
14. Handgriff
15. Schutz der Verbindungstür
16. Behälter für Instrumente
17. Kopplungsport zum PMA
18. Anschlüsse für Laptops
19. Lichtschalter
20. Leuchten
21. Nadir-Kopplungsport
22. Dokumentation
23. Netzwerkzugang
24. Deichsel und Greifhaken
25. Bewegliche Ventilatoren
26. Feuerlöscher
27. Stromanschluss
28. Druckluftventil
29. Warnanzeigen
30. Rauchdetektor
31. TV Anschluss
32. Wischtücher/Filter

Von den drei Kopplungsadaptern sind zwei durch Swesda und Unity belegt. Der Dritte konnte zum Ankoppeln von Progresskapseln genutzt werden, bis das Tranquility Modul installiert wurde. Durch seine räumliche Nähe ist dieser nun nicht mehr gefahrlos zugänglich. Das russische Rasswet Modul wurde nun an diesem Punkt ankoppelt und durch die Verlängerung des Kopplungspunktes ist die Ankopplung weiterer Progresskapseln wider möglich.

	Sarja
Länge:	12,56 m
Maximaler Durchmesser:	4,11 m, Spannweite mit Solarpaneelen: 24,40 m
Wohnvolumen:	71,5 m³
Startgewicht:	24.000 kg, davon 4.700 kg Treibstoff
Trockengewicht:	19.300 kg
Orbitgewicht (voll ausgebaut):	24.968 kg
Treibstoffkapazität:	5.760 kg nutzbar, 6600 kg gesamt.
Triebwerke:	16 Feinkorrektur- und Dockingtriebwerke mit je 40 N Schub 24 Lageregelungsdüsen mit je 13,4 N Schub 2 Docking- und Bahnanhebungstriebwerke mit je 440 N Schub
Tanks:	8 Tanks mit je 400 l NTO (je 580 kg) 8 Tanks mit je 330 l UDMH (je 260 kg)
Stromversorgung:	2 Panels: 10,67 × 3,35 m, 3 kW Leistung 28 m² Fläche, 6 NiCd-Batterien
Kopplungsadapter:	3
Angekoppelte Module:	Swesda (hinten, axial) Destiny (vorne axial) Rasswet (vorne radial)
Freie Kopplungsadapter:	vorne radial (bis 2010) für Sojus/Progress

Swesda

Der Niedergang der russischen Raumfahrt zeigte sich auch in den Problemen bei der Fertigstellung des eigentlichen russischen Kernbestandteils der Station „Swesda". Die NASA musste erst 60, dann 100 Millionen Dollar zuschießen, damit es möglichst schnell zur Verfügung stand. Trotzdem verzögerte sich der Start um eineinhalb Jahre, wodurch eine zusätzliche Servicemission mit dem Space Shuttle nötig war, um Systeme (wie Batterien) in Sarja, die nur für eine kurze Lebensdauer ausgelegt waren, auszutauschen und die Bahnhöhe der Station anzuheben.

Swesda (russisch: Звезда, „Stern"), ist der Basisblock der Mir-2. Geplant als ein Nachfolger der Raumstation Mir wurde der Basisblock schließlich zum Dreh- und Angelpunkt der ISS. Gebaut wurde die Hülle schon in den achtziger Jahren. Die NASA steuerte Teile der Inneneinrichtung bei, wie ein Ergometer oder Laufbänder. Bis zum Start des Harmony Knotens sind alle Mannschaftsquartiere, das Lebenserhaltungssystem und sanitären Einrichtungen in Swesda. Diese sind ausgelegt für eine Dauerbesatzung von drei Personen. Swesda bietet Unterkünfte für zwei Personen. Das dritte Crewmitglied muss seine Schlafkabine in einem anderen Knoten aufschlagen. Vor allem ist Swesda der Ankoppelpunkt für die Sojus, Progress und ATV Raumschiffe. Es ist das letzte Modul im russischen Teil. Raumschiffe, die am hinteren Kopplungsadapter andocken, können mit ihren Triebwerken die Station anheben, da der Schub dann durch den Schwerpunkt der ISS geht.

Swesda selbst kann durch die KURS-Radarantenne am vorderen Kopplungsadapter aktiv und automatisch an andere Module ankoppeln. Im Heck befindet sich auch die Toru Steuerung, mit der anfliegende Progresstransporter manuell angekoppelt werden können. Im Normalfall erfolgt dies vollautomatisch mit dem KURS-System der Progress.

Swesda besteht aus zwei Zylindern von 2,90 und 4,11 m Durchmesser. Am vorderen, kleineren Zylinder befinden sich drei Kopplungsadapter. Am Heck ist ein weiterer vorhanden. Am Heck befinden sich auch die Tanks und die beiden Haupttriebwerke. Von den drei vorderen Kopplungsadaptern ist einer mit der Verbindung zu Sarja belegt. Die beiden anderen sollten ursprünglich russische Forschungsmodule und eine weitere Energieversorgung aufnehmen. Derzeit befinden sich an ihnen die Module Pirs und Poisk.

Im Inneren befinden sich die Schlafräume, eine Küche, Kühlschränke und eine Toilette. Dazu kommt das Kontrollsystem für den russischen Teil der Station, das „Elektron" System zur

Kontrolle der Atmosphäre und Wasserrückgewinnung aus dieser. Zuletzt gibt es Einrichtungen für die Hygiene und zum Training (zur Reduktion des Muskel- und Knochenabbaus).

Das russische Elektronsystem zur Aufbereitung von Wasser fiel in den ersten Jahren mehrfach aus und benötigte zahlreiche Reparaturen. Swesda beinhaltet das europäische Computersystem DMS-R. Es verbindet mit einem 10-Mbit-Ethernetanschluß das russische Computersystem mit dem US-Teil. Kernstück des 50 kg schweren DMS-R (**D**ata **M**anagement **S**ystem for the **R**ussian Segment) sind vier Rechner: Zwei zur Steuerung der Swesda und zwei zur Steuerung des Außenarmes und der Andockvorgänge. Jeder der Rechner hat einen ERC32 Prozessor (weltraumtaugliche Version des 32-Bit-SPARC V7 RISC Prozessors) mit 6 MB RAM und 8 MB ROM. Die Rechner sind fehlertolerant und bestehen aus drei Untereinheiten, die separat ausgetauscht werden können. Jeder der vier Rechner benötigt nur 40 Watt Strom. Auf ihnen basiert der FTC des ATV. Das DMS-R wurde im Juli 2000 installiert.

Der Standard Ethernet Anschluss des DMS-R erlaubt es, im russischen Segment modifizierte Standardnotebooks anzuschließen und zu benutzen. Dies ist für Russland ein Technologiesprung, da die Mir die Technologie Anfang der achtziger Jahre einsetzte und Russland Jahrzehnte hinter dem Westen zurück war.

14 Fenster im Rumpf mit Durchmessern von 22 bis 40 cm erlauben sowohl die Kontrolle der Annäherung von Raumschiffen und Transportern, wie auch die Beobachtung der Erde.

Swesda beinhaltet wie Sarja Triebwerke und Lagertanks für Treibstoffe. Die Bahnanhebungen werden jedoch in der Regel mit dem ATV und den Progress durchgeführt, da die Lebensdauer der beiden Haupttriebwerke von Swesda 25.000 s beträgt. Progress und Swesda setzen das gleiche Triebwerk vom Typ S5.98 ein. Es wird auch in der Breeze-Oberstufe der Rockot und Proton Trägerraketen eingesetzt. Dazu kommen kleinere Lageregelungstriebwerke zur Veränderung der räumlichen Lage. Verbunden ist es mit den Tanks von Sarja. Die vier Tanks für UDMH und NTO in Swesda werden mit Stickstoff unter Druck gesetzt. Sie werden regelmäßig durch Progress und ATV Raumtransporter aufgefüllt. Jedes ATV füllte die Tanks mit 860 kg Treibstoff auf.

Swesda kostete Russland und die USA insgesamt rund 306 Millionen Euro, dazu kamen noch 55 Millionen Euro der ESA für den Bordcomputer DMS-R.

Swesda	
Länge:	13,10 m
Max. Durchmesser:	4,15 m
Trockengewicht:	19.240 kg
Startgewicht:	20.100 kg, davon 860 kg Treibstoff
Orbitgewicht (voll ausgebaut)	24.604 kg
Stromversorgung:	8 Solarzellen (Spannweite 29,70 m, Leistung 20 kW) 8 Batterien
Triebwerke:	32 Verniertriebwerke mit je 134 N Schub 2 Haupttriebwerke mit je 19,6 kN Schub
Fenster:	14 Stück
Angekoppelte Module:	Sarja (vorne axial) Piers (vorne radial) Poisk / Nauka (vorne radial)
Freie Kopplungsadapter:	ATV / Progress (hinten, axial)

Abbildung 29: Swesda bei der Montage © des Fotos: NASA

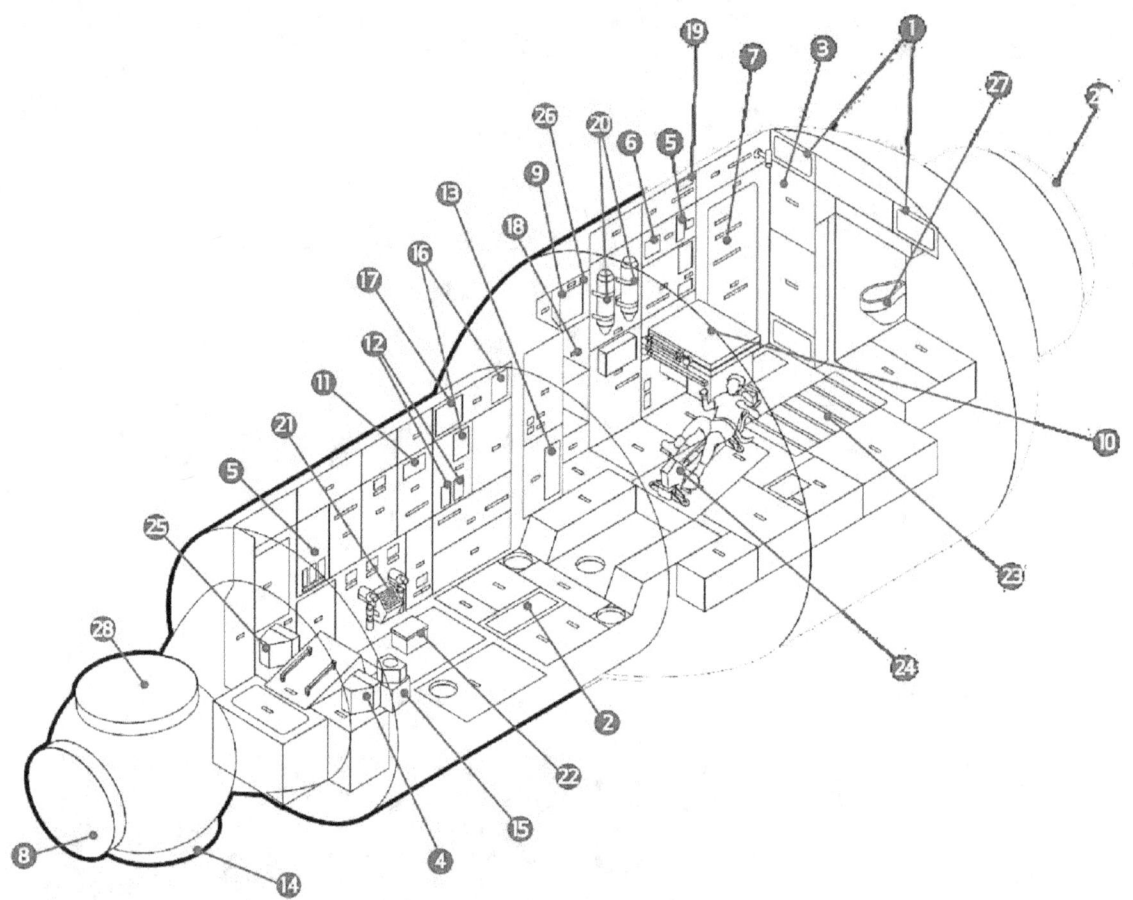

Abbildung 30: Aufbau von Swesda © der Grafik: NASA

1. Luftventil
2. Gerät zur Messung des Körpergewichts
3. Kamera
4. Warnanzeigen, Uhr, Monitore
5. Kommunikationssteuerung
6. Verarbeitung von kondensiertem Wasser
7. Schlafbereiche
8. Vorderer Kopplungspunkt zu Sarja
9. Sicherungen
10. Küchentisch
11. Integrierte Steuerungseinheit
12. Lichtsteuerung
13. Werkzeugkasten

14. Nadir-Kopplungspunkt
15. Navigationslichter
16. Nachtlampen
17. Stromverteilungssteuerung
18. Aussparung und Ventilzugang
19. Rauchmelder
20. Sauerstoffgenerator
21. Toru-Rendezvoussteuerungskonsole
22. Sitz an der Toru Konsole
23. Laufrad und Vibrationsisolationssystem
24. Fahrradergometer
25. Steuerung der Ventillatoren
26. Vozdukh Steuerungskonsole
27. Abfallbehälter
28. Zenit Kopplungspunkt
29. Sojus- und Progressankopplungspunkt

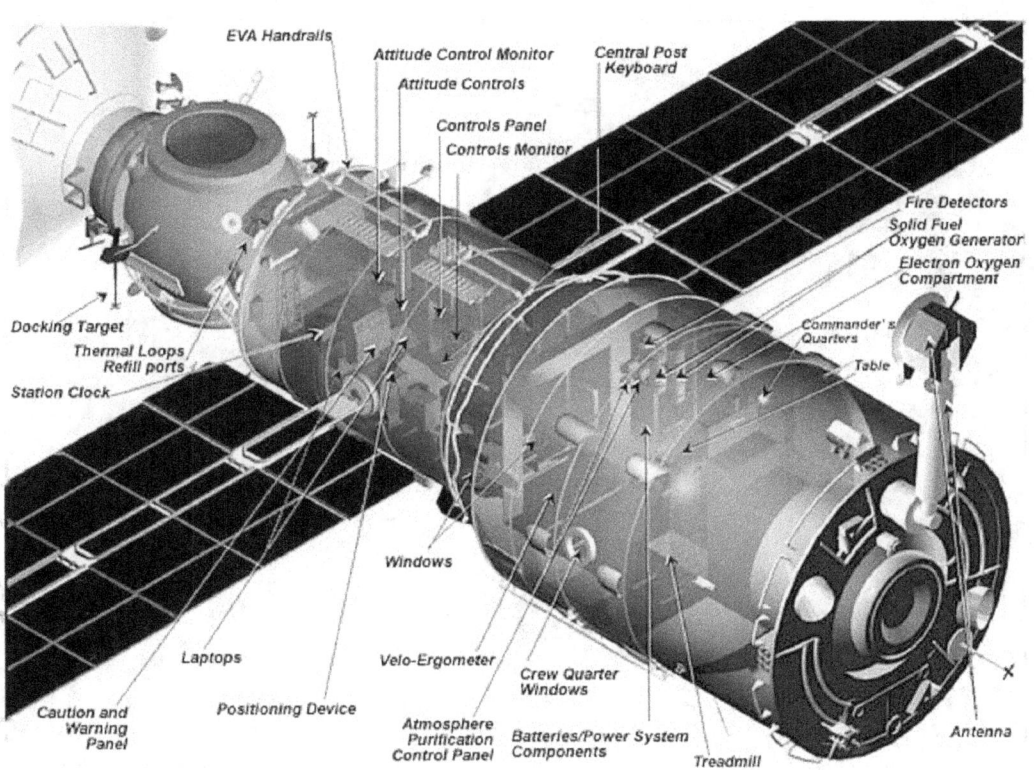

Abbildung 31: Systeme von Swesda © der Grafik: NASA

Abbildung 32: Das russische Segment: Von Oben nach unten: Unity, Sarja, Swesda und eine Progress © des Fotos: NASA

Pirs und Poisk

Pirs (russisch Пирс für „Pier") ist ein sehr kleines russisches Modul. Es hat zwei Aufgaben: Es ist die Luftschluse für den russischen Teil der Station und eine Verlängerung des Dockingadapters. Pirs basiert auf dem Modul SO-2, das Mitte der achtziger Jahre für die Ankopplung der Raumfähre Buran an die Mir entwickelt wurde.

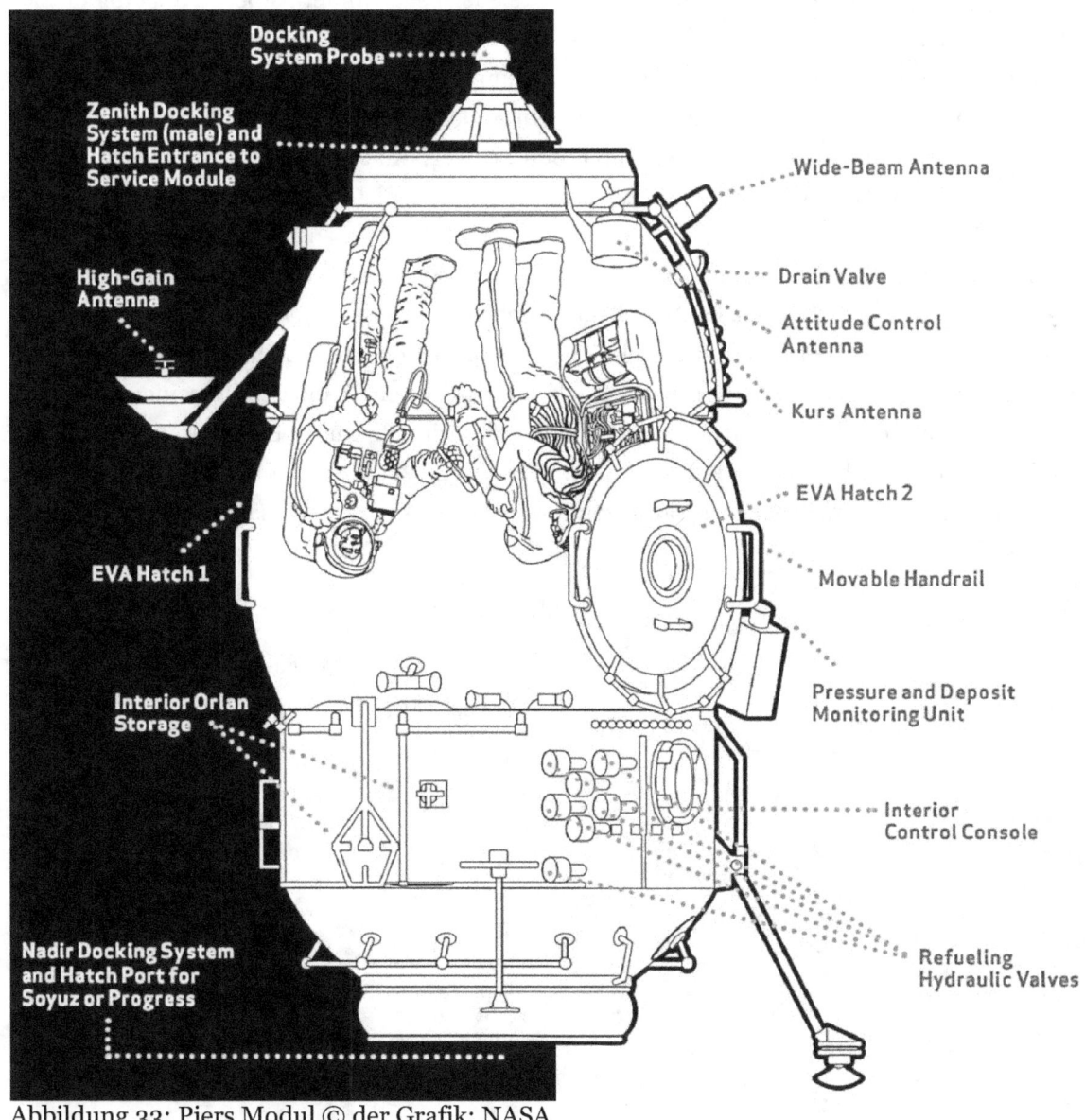

Abbildung 33: Piers Modul © der Grafik: NASA

Pirs ist ein zylindrisches Modul, das mit einer Progress ins All gebracht wurde. Von der Progress blieb dabei nur die Antriebssektion übrig und Piers ersetzte die Tank- und Drucksektion. Pirs hat zwei Adapter. Einen Aktiven zum Ankoppeln an Swesda und einen Passiven am Ende für die Ankopplung einer Sojus/Progress.

An der Seite befinden sich zwei Ausstiegsluken von je 1,00 m Durchmesser für Kosmonauten in russischen Orlan Anzügen. Dort befindet sich auch ein Fenster von 22,8 cm Durchmesser. Die Luken sind für 120 Öffnungs- und Schließvorgänge ausgelegt. An der Außenseite befinden sich auch die beiden Strela Kräne, welche die Kosmonauten bei der Arbeit unterstützen sollen. Es befinden sich im Kopplungsadapter Anschlussleitungen für die Progress. Dadurch kann der Treibstoff ins Swesda Modul gepumpt werden. Ein Reboost ist wegen der Lage der Kopplungsadapter im 90-Grad-Winkel zur Achse durch den Schwerpunkt nicht möglich. Daher koppeln meistens Sojus Raumschiffe an Pirs und Poisk an.

Pirs ist für eine Betriebsdauer von sechs Jahren ausgelegt. Finanzierungsschwierigkeiten führten dazu, dass das baugleiche Nachfolgemodell Poisk (russisch Поиск für „Suche") erst 2009 gestartet wurde. Poisk befinden sich auf der entgegengesetzten Seite von Swesda. Es war geplant, Pirs 2011 mit einer Progress von der Station zu lösen. Nauka sollte seinen Platz einnehmen. Bedingt durch die Verzögerungen bei Nauka wird Pirs aber bis 2017 an der Station verblieben. Russland bezeichnet Poisk als „**M**ini **R**esearch **M**odule 2" (MRM-2). Es ist aber nur eine Luftschleuse, die auch als Lagerraum genutzt werden kann. So war es beim Start mit 750 kg Fracht gefüllt.

Pirs und Poisk	
Länge:	4,05 m (4,91 m mit Kopplungsadapter)
Durchmesser:	2,20 m beim Start, 2,55 m im Orbit.
Innenvolumen:	13 m³
Leergewicht:	2.882 kg Pirs
Startgewicht:	3.580 kg Pirs 4.350 kg Poisk (mit 750 kg Fracht)
Orbitgewicht (mit Ausrüstung):	3.676 kg
Kopplungsadapter:	Je 1
Freie Kopplungsadapter:	Je 1 für Progress/Sojus
Angekoppelt an:	Swesda

Rasswet

Rasswet (russisch Рассвет für „Morgenröte") ist nicht das lange erwartete erste Forschungsmodul für den russischen Teil, obwohl es Roskosmos MRM-1 „**M**ini **R**esearch **M**odule" taufte. Die NASA bezeichnet es als „Docking and Cargo Module", was seine Funktion weitaus besser beschreibt. Es ist der Druckbehälter der Science Power Plattform (siehe S.138), der schon fertiggestellt war, bevor dieses Modul gestrichen wurde. Er wurde mit zwei Kopplungsadaptern versehen und ist nun ein Verlängerungsstück für den einzigen verbliebenen radialen Dockingport an Sarja, der sonst beim Endausbau der Station nicht mehr frei zugänglich wäre.

Anders als alle bisherigen russischen Module ist Rasswet nicht mit einem eigenen Antrieb ausgerüstet und wurde nicht mit einer russischen Trägerrakete gestartet. Stattdessen wurde es bei der Mission STS-132 ins All gebracht. Das geschah zu erstaunlichen Sonderkonditionen, bedenkt man, dass ESA und JAXA für ihre Shuttle Starts als Kompensation ganze Module für die NASA entwickeln mussten. Die NASA nutzte Rasswet nur, um es mit Fracht zu füllen. Da beim gleichen Flug noch eine ExPRESS Palette transportiert wurde, war die Frachtmenge auf 1,4 t beschränkt. Am Modul gibt es Befestigungspunkte für Außenlasten. So ist beim Start der europäische Arm dort angebracht. Neben der Funktion als Verlängerung des Kopplungsadapters bietet Rasswet rund 5,5 m³ Raum zum Verstauen von Ausrüstung. Die Sonderkonditionen erklären sich daraus, dass es ohne Rasswet unmöglich ist, zwei Sojus Kapseln und ein Progressraumschiff gleichzeitig anzukoppeln. Zwei Sojus werden aber für eine Stammbesatzung von sechs Personen benötigt.

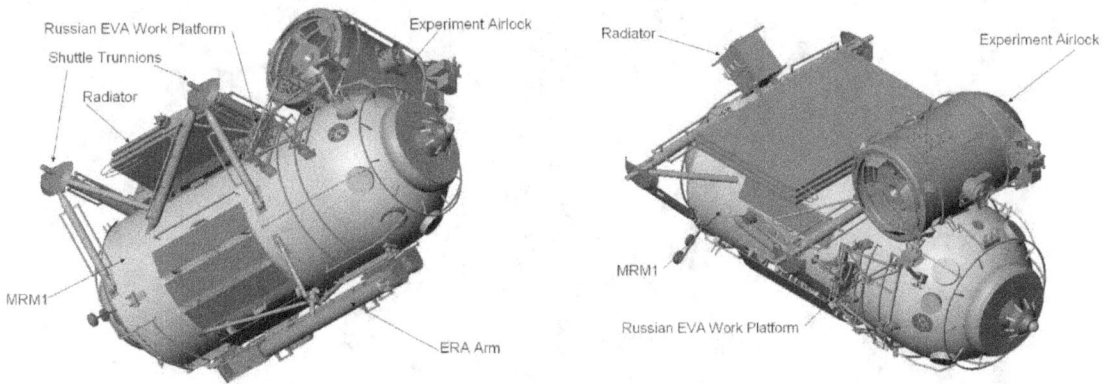

Abbildung 34: Wesentliche Subsysteme von Rasswet

Abbildung 35: Rasswet vor dem Start © des Fotos: NASA

36.Abbildung: Das MRM1 am Canadaarm

Nauka

Das ursprünglich als MLM (Многоцелевой лабораторный модуль – МЛМ, englisch **M**ultipurpose **La**boratory **Mo**dule) bezeichnete Segment ist der letzte geplante russische Beitrag. Es zeigt exemplarisch in welchem Zustand Russlands Raumfahrtagentur ist: Sein Start war ursprünglich schon für das Jahr 2007 vorgesehen und lange Zeit unsicher. Die endgültige Zusage für den Bau erfolgte erst am 3.11.2006, rund ein Jahrzehnt nachdem die anderen westlichen Module beschlossen wurden. Damals war von einem Start 2009 die Rede. Als ich im Juni 2010 die erste Auflage fertigstellte war der Start schon auf Dezember 2011 gerutscht. Das Labor hatte den Namen Nauka (Наука, russisch für „Wissenschaft") erhalten. Im Laufe der Zeit rutsche der Start immer weiter nach hinten um 2013 für Juni 2015 angesetzt zu werden. Inzwischen machte der Witz die Runde, Nauka würde pünktlich in genau zwei Jahren starten. Dann zeigte sich bei Kontrollen, das das Modul ein im Antriebssystem Leck hatte. Es reichte nicht, das betroffene Ventil auszuwechseln, das gesamte Antriebssystem musste ausgebaut und untersucht werden. Das sollte weitere eineinhalb Jahre dauern. Am 22.10.2013 gab Roskosmos an, dass man Nauka erst im September 2015 starten würde. Die ESA hatte nun genug und verweigerte ab 2014 eine weitere Finanzierung. Sie war mit dem Roboterarm ERA an Nauka beteiligt. Er sollte von Rasswet auf Nauka transferiert werden. Der Ausstieg der ESA verbesserte die Situation nicht. Vor Drucklegung war der Start für den Februar 2017 geplant – weiter genau 2 Jahre in der Zukunft.

Nauka wird mit einer Proton-M gestartet. Dies ist der erste Einsatz des aktuellen Proton Modells für eine ISS-Mission. Die neue Version erlaubt es, ein schweres Modul zu starten. Je nach Quelle wird die Startmasse von Nauka mit 20,3 bis 21,2 t angegeben. Nur 3 t und ein Volumen von 4 bzw. 8 m³ (hier sind die Quellen unterschiedlich) stehen für Experimente zur Verfügung. Das ist nicht viel, bedenkt man, dass Standard-Racks für Experimente im westlichen Teil jeweils 1,8 m³ Volumen aufweisen und bis zu 700 kg Nutzlast aufnehmen. Columbus, als das kleinste westliche Labor, verfügt über rund 8 t Experimente in 18 m³ Volumen.

Die Kernstruktur von Nauka ist das Ersatzmodell von Sarja, das 1998 zu 70% fertiggestellt war und gestartet werden sollte, wenn Sarja bei einem Fehlstart verloren gegangen wäre. Es ist der FGB-2. So besteht das MLM-1 ebenfalls aus einem Zylinder mit 4,11 m Durchmesser und einem Kopplungsadapter mit drei Anschlüssen. Eine Änderung gibt es bei den Adaptern, da die in Sarja verwendeten „passiven" Adapter keine Kopplung an Swesda erlauben. Sie wurden durch Aktive ersetzt. Die ursprünglich geplante Position des Moduls an einem radialen Port von Sarja kann wegen anderer weggefallener Module nicht genutzt werden.

Nauka wird daher an Swesda angebracht. Es ersetzt dort Pirs. Die Luftschleuse Pirs wird vorher durch einen Progress-Transpoorter abgekoppelt und zum Verglühen gebracht. Damit ist ein Anlegepunkt von Nauka belegt. Ein Zweiter wird durch eine Luftschleuse belegt werden, um Pirs zu ersetzen. Wann diese Luftschleuse gestartet wird, ist noch offen. Der Dritte steht dann als Kopplungspunkt für Sojus und Progresstransporter zur Verfügung.

Nauka beinhaltet wie Sarja Solargeneratoren, Lagerkapazität und Triebwerke. Es gibt einen Schlafplatz, eine Toilette und es können im Inneren Experimente untergebracht werden.

Abbildung 37: Position von Nauka an der ISS © der Grafik: NASA

Verglichen mit den Labors im westlichen Teil ist das Volumen und Gewicht der Installationen beschränkt. 12 Workstations erlauben den Zugang zu Experimenten und die Überwachung von Systemen. Weitere Instrumente sollen über die geplante Luftschleuse nach außen gebracht und dort vom ERA an vordefinierte Fixierungspunkte angebracht werden. Die Solarzellen von Nauka sollen den russischen Teil mit Strom versorgen. Nachdem Sarja und Swesda ihre Solarzellen einfahren mussten, damit sie nicht im Wege stehen bezieht das russische Segment 4-7 kW Leistung von der US-Seite (maximal 12 kW darf Russland anfordern)

Nauka	
Länge:	13,10 m
Maximaler Durchmesser:	4,11 m
Innenvolumen:	71 m³ (7 m³ Volumen Adapter, 64 m³ Hauptteil)
Wohnvolumen:	64 m³
Startgewicht:	20.300 kg bis 21.200 kg
Orbitgewicht, voll ausgebaut:	24.000 kg
Experimente:	4/8 m³ Volumen, 3.000 kg
Fracht:	bis zu 8.000 kg, 8 m³ Volumen
Stromversorgung für Experimente:	2.500 Watt
Kopplungsadapter:	3
Angekoppelte Module:	Swesda (hinten axial)
Freie Kopplungsadapter:	Sojus (vorne axial) Luftschleuse (vorne radial)

Verbindungsknoten

Neben den Labormodulen und den Modulen in den die Besatzung wohnt, gibt es auch drei Verbindungsknoten. Diese Knoten hatten ursprünglich nur die Aufgabe Kopplungsstellen für die Labormodule, aber auch das Space Shuttle, HTV und das CRV bereitzustellen. Durch die Einsparung des US-Wohnmoduls veränderte sich ihre Rolle. Nun wurden Systeme in die Knoten 2+3 installiert, die zur Umweltkontrolle benötigt werden und sie stellen die Wohnquartiere. Es gibt Verbindungsknoten nur im US-Teil. Russische Module haben fest angebrachte Kopplungsadapter.

Die drei Verbindungsknoten im westlichen Teil haben jeweils sechs CBM Verbindungsluken, die zugleich Luftschleusen sind. Vier der Türen sind im 90°-Abstand an der Zylinderwand angebracht, jeweils einer an Boden und Decke des Zylinders. Die radialen sind passive Kopplungspunkte. Von den axialen Adaptern ist mindestens einer aktiv, der Zweite kann aktiv oder passiv sein. Mittels des Arms der Station wurden mehrfach Adapter oder Module zwischen den Verbindungskonten transferiert. Node 2+3 wurden als Austausch für den Transport des Columbus Labors von der ESA im Rahmen des Bartervertrags gefertigt. Die Fertigung beider Knoten kostete 300 Millionen Euro.

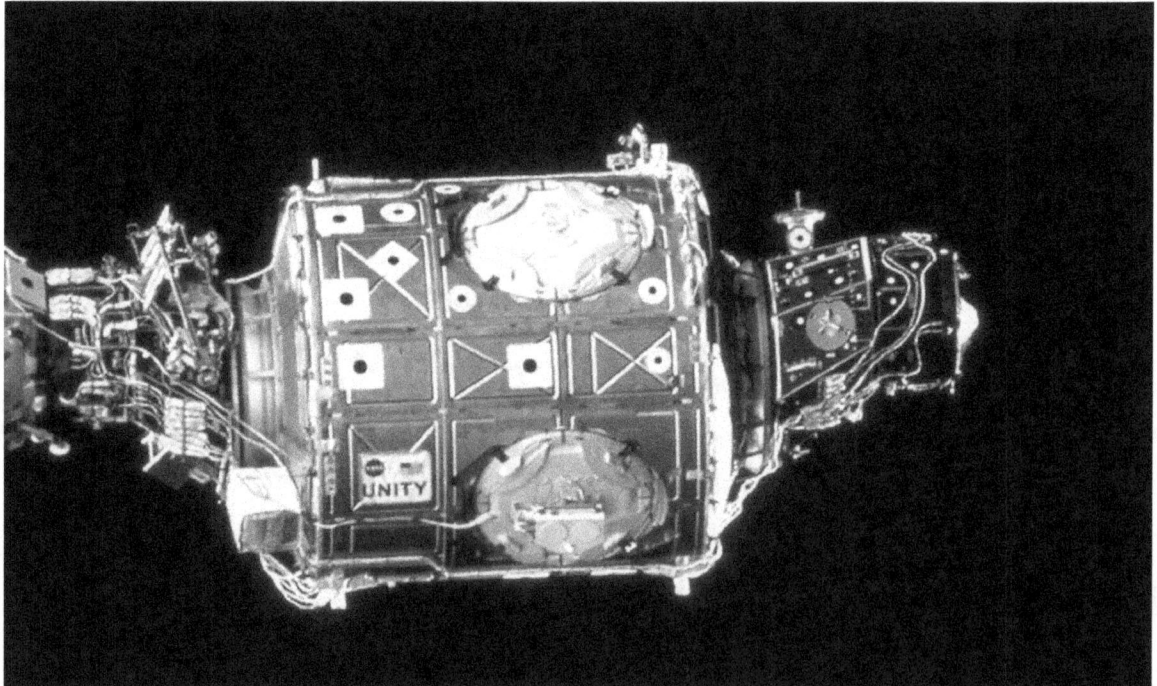

Abbildung 38: Der Unity Knoten vor Ankopplung an Sarja © des Fotos: NASA

Node 1 (Unity)

Der Name „Unity" (Einheit, Eintracht) für den ersten Verbindungsknoten ist gut gewählt, denn er verbindet den russischen und westlichen Teil der ISS. Er vermittelt auch zwischen den unterschiedlichen Systemen, so benutzen z.B. die beiden Teile unterschiedliche Spannungen. Durch die Beschränkung der Schnittstelle auf ein Bauteil war es möglich, russische Module in die ISS zu integrieren, ohne das komplette Konzept von Alpha abzuändern. Russland kann so auch seinen Teil der Station eigenständig erweitern. Weiterhin verbindet Unity den Mast über das Z1 Segment mit dem unter Druck bestehenden Teil. Das Modul ist daher der zentrale Knoten der Station und wurde als erstes US-Segment bei der zweiten Mission ins All befördert.

Unity ist anders als die beiden anderen Knoten kein Zylinder, sondern ein Würfel mit sechs Luken an jeder Seite, an die ein Labor oder eine Luftschleuse / Adapter (PMA: **P**ressurized **Ma**ting **A**dapter, siehe S.113) für die Ankopplung angebracht wird. Gestartet wurde Unity mit zwei PMA-Adaptern. 2015 wurde das PMM von Quest zu Tranquility transferiert.

Unity besteht aus 50.000 mechanischen Einzelteilen, 216 Leitungen leiten Gase und Flüssigkeiten zum russischen Trakt und 121 Stromleitungen verlaufen durch Unity. Ebenfalls angebracht an Unity sind die Multiplexer und Demultiplexer für den Empfang von Kommandos. Damit kann die Station von Houston aus gesteuert werden. Sie sind in vier Racks untergebracht.

Node 1 (Unity)	
Länge:	5,50 m (mit Adaptern 10,00 m)
Durchmesser:	4,57 m
Leergewicht:	8.800 kg
Startgewicht:	11.685 kg
Gewicht im Endausbau:	14.900 kg
Kopplungspunkte:	6
Angebrachte Module:	Quest (vorne). Tranquility (hinten). Destiny (oben). Z1 (rechts). PMA-3 (links bis zum Start von Tranquility), danach PMM bis zum 15.3.2015 Sarja über PMA-1 (unten).

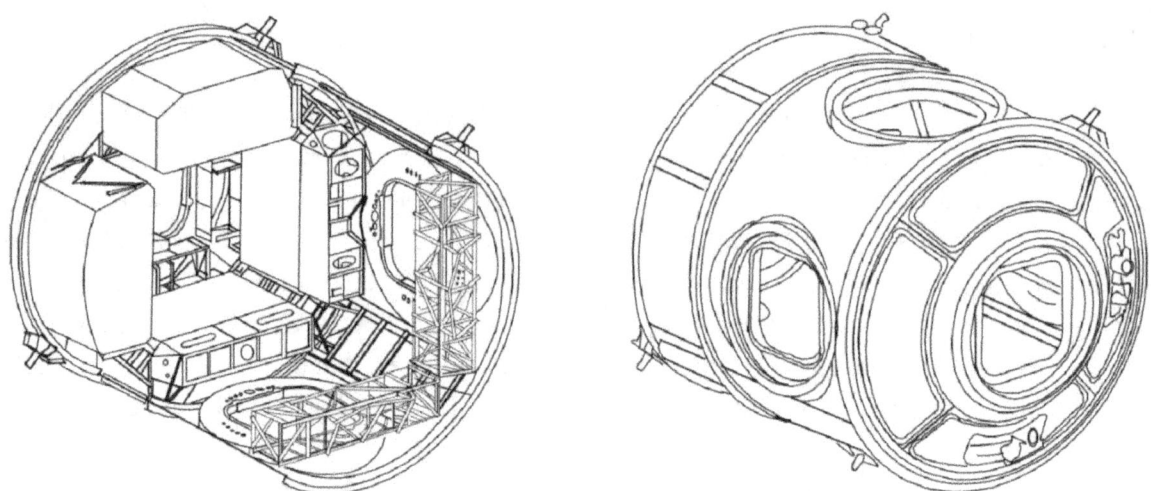

Abbildung 39: Außen- und Innenansicht von Unity © der Grafik: NASA

Abbildung 40: Node 2+3 © des Diagramms: ESA

Node 2 (Harmony)

Node 2 stammt wie sein Bruder Node 3 von der ESA. Die ESA fertigt den Knoten, die NASA die Inneneinrichtung. Die Struktur von Harmony basiert auf dem MPLM. Er wird auch vom selben Hersteller Thales Alenia Space hergestellt. Node 2 bietet die Kopplungspunkte für Kibō, Columbus, ein MPLM, das HTV und den Space Shuttle. Er ist zudem der Basispunkt für die Arbeit des Canadaarams2 im Endausbau.

Node 2 besteht aus einem Teil mit den Kopplungsmechanismen und einem zweiten Teil mit acht Racks. Sie waren beim Start mit vier Avonikracks und je zwei Versorgungs- und Zero-g Stauracks belegt. Danach hat die NASA wichtige Systeme für die Verteilung von Luft, Wasser und Strom in Harmony installiert. Sie zogen nach dem Start von Tranquility in dieses Modul um.

Der freiwerdende Platz wird seit dem Februar 2010 für die drei Crewquartiere genutzt. Node 2 wurde von der NASA „Harmony" getauft. Er wurde mit STS-120 im September 2007 ins All gebracht. Im März 2015 wurde als Vorbereitung für die Ankopplung von kommerziellen Mannschaftstransporter PMA-3 von Tranquility zu Harmony transferiert.

Node 2 (Harmony)	
Länge:	6,71 m Zylinderstumpf, 7,20 m gesamt
Durchmesser:	4,48 m
Wohnvolumen:	75,5 m³
Leergewicht:	13.508 kg
Startgewicht:	14.288 kg
Gewicht im Endausbau:	15.300 kg
Kopplungspunkte:	6
Angebrachte Module:	Kibō (hinten) Columbus (vorne) HTV / Dragon / Cygnus (links) PMM / MPLM (rechts) bis März 2015, PMA-3 ab März 2015 PMA-2 (oben) Destiny (unten)

Node 3 (Tranquility)

Der zweite ESA-Knoten ist Tranquility. Er ist in der Hülle weitgehend bauidentisch zu Node 2. Es ist ein doppelwandiges Modul mit einer aufgebrachten Isolation aus 75 Paneelen aus Kapton/Aluminium. An der Außenseite befindet sich das Kühlsystem, das mit dem Temperaturkontrollsystem verbunden wird. Seine Inneneinrichtung wurde seit der Konzeption aber völlig umgestaltet. Ursprünglich sollte das Modul vor allem Stauplatz zur Verfügung stellen. 2006 bat die NASA erst um eine Verzögerung der Auslieferung von Node 3, dann wurde von Thales Alenia Space die Innenausrüstung durch neue Racks von Boeing komplett ausgewechselt. Tranquility beinhaltet das Lebenserhaltungssystem der Station für die Bauphase 2. Er ist dadurch erheblich schwerer als Tranquility und wiegt beim Start 15.500 kg. Voll ausgerüstet sind es 19.000 kg.

Node 3 besteht aus zwei Hälften. Im vorderen Teil wird er mit Unity verbunden. Dort befinden sich acht Racks an den vier Wänden in zwei Reihen. In der hinteren Hälfte befinden sich vier Kopplungsadapter auf dem Außenring und einer am Ende des Moduls.

Zwei Racks nehmen die Avionik auf, die anderen sechs das Lebenserhaltungssystem – ein zweites Luftaufbereitungssystem, das auch Kohlendioxid entfernt. Zwei Racks für Urin und Wasserrückgewinnung, eine Hygieneabteilung mit Wasseraufbereitung und eine zweite „Tretmühle" zur Aufrechterhaltung der Muskelstärke. Das Wasserrückgewinnungssystem wird 93% des Urins wiedergewinnen und so den Wasserbedarf um 65% oder 2.850 l/Jahr senken. Das Sauerstoffregenerationssystem kann zwischen 5,5 und 9 kg Sauerstoff pro Tag aus Brauchwasser gewinnen. Es spaltet Wasser in Sauerstoff und Wasserstoff. Der entstehende Wasserstoff wird durch ein Ventil im S0-Segment ins All abgelassen, der Sauerstoff reichert die Atmosphäre an. Es filtert auch Kohlendioxid aus der Atmosphäre, das durch Molekularsiebe in das Vakuum des Alls entlassen wird. Die ISS arbeitet mit einer Atmosphäre wie auf der Erde mit einem Druck von 1 bar und 20 % Sauerstoffgehalt. Die zweite Toilette findet auch hier ihren Platz, nachdem sie 2009 temporär in Destiny installiert wurde. Die meisten der fünf freien Verbindungsstellen waren bei Fertigstellung des westlichen Teils durch das Streichen von Modulen frei. Benutzt werden nur die zwei Adapter. An einem ist die Cupola befestigt. Die Cupola wird schon beim Start an Tranquility befestigt und mit ihm gestartet. Im Orbit wurde sie dann an den erdzugewandten Nadir Punkt umgesetzt. Später wurde der Kopplungsadapter PMA-3 an den zweiten axialen Kopplungspunkt angebracht, da der Verbindungsknoten am weitesten nach unten von der Station weg ragt. 2015 wurde das PMM umgesetzt, um Platz für einen Kopplungsadapter für kommerzielle Mannschaftstransporter zu schaffen.

Node 3 (Tranquility)	
Länge:	6,71 m Zylinderstumpf, 7,20 m gesamt
Durchmesser:	4,48 m
Wohnvolumen:	75,5 m³
Leergewicht:	14.288 kg
Startgewicht:	15.300 kg
Orbitgewicht:	19.000 kg
Kopplungsstellen:	6
Angekoppelte Module:	Unity (vorne) Cupola (unten) PMA-3 (hinten) PMM (links) ab März 2015
Gestrichene Module an Ankopplungspunkten:	CRV und Habitation Modul

Abbildung 41: Harmony bei der Endmontage. © des Fotos: NASA

Labormodule

Die Forschung selbst geschieht auf der ISS in drei Labormodulen. Eines von den USA, eines von Japan und eines von Europa. Ursprünglich waren noch ein weiteres US-Modul und eine variable Anzahl von russischen Labormodulen geplant. Finanzielle Kürzungen führten aber zu einer Beschränkung auf nur ein US-Modul.

Die Racks

Die Racks für die ISS sind standardisiert. Sie haben Anschlüsse für die Stromversorgung, Gase (Stickstoff, Argon, Kohlendioxid und Helium), Kühlflüssigkeiten und den Computerbus. Sie können so leicht ausgetauscht werden. Sie haben ein eingebautes Vibrationsdämpfungssystem. Bei den meisten Druckmodulen befinden sich die Racks in vier Reihen: links und rechts, aber auch an der „Decke" und dem „Boden", da es in der Schwerelosigkeit keine Vorzugsrichtung gibt. Allerdings befinden sich an Decke und Boden oftmals Racks ohne Bedienkonsole, die allgemeine Systeme für die Verteilung von Elektrizität, Flüssigkeiten, Gase oder Heizelemente aufnehmen, sonst wäre die Gefahr zu groß, durch eine unachtsame Bewegung durch die Füße Gerätschaften zu aktivieren. Die Racks nehmen nicht nur Kontrollsysteme auf, sondern auch Toiletten, Schlafkabinen, Geräte zu Training etc. Praktisch die gesamte Inneneinrichtung wird in Racks zur Station gebracht. Dies erlaubt es auch, die Racks zwischen den Laboren zu verschieben. Davon wurde sehr oft Gebrauch gemacht. Es erlaubte den europäischen Forschern auch schon Experimente durchzuführen, bevor das eigene Labor gestartet wurde, indem die Racks in Destiny ihren Betrieb aufnahmen.

Das Computersystem, mit dem die Racks verbunden sind, hat drei Datenbusse. Der Erste ist der STD-MIL 1553B Bus mit 1 Mbit Datenrate. Er wird vor allem für Kommandos genutzt. Daten werden vorwiegend mit dem Hochgeschwindigkeitsbus mit 100 Mbit/s und über Fast-Ethernet (10 Mbit/s) übertragen. Weiterhin gibt es einen NTSC-Videoanschluss für Fernsehkameras.

Das Thermalkontrollsystem kann zwei Temperaturbereiche aufrechterhalten. Einmal 16,3 bis 18,1 °C und einmal von 3,3 bis 5,6°C. Neben dem normalen Atmosphärendruck kann auch ein Vakuum mit einem Druck von 0,13 Pascal für Experimente zur Verfügung gestellt werden. Beide Rahmenbedingungen können durch eigene Kontrollsysteme verändert werden. So gibt es Kühlschränke und Tiefkühltruhen, die eine niedrigere Innentemperatur aufweisen, aber auch Inkubatoren, die 37°C gewährleisten. Jedes Labor nutzt nicht nur die beiden Seitenwände, sondern auch die Decke und den Fußboden. Eine Reihe besteht daher aus vier Racks. Columbus hat vier Reihen, Destiny und Kibō jeweils sechs Reihen, wobei eine Position bei Kibo durch die Luftschleuse blockiert ist. Experimente befinden sich meist an den Seitenwänden.

International Standard Payload Rack	
Abmessungen	2,000 m Höhe × 1,050 m Breite × 0,859 m Tiefe
Gewicht maximal:	998 kg
Davon Nutzlastanteil:	700 kg
Anzahl der Racks:	107
Davon Experimente:	33
Aufteilung:	4 Unity 8 Harmony 8 Tranquility 24 Destiny (13 Experimente) 23 Kibō PM (10 Experimente) 8 Kibō EPLM 16 Columbus (10 Experimente) 16 PMM

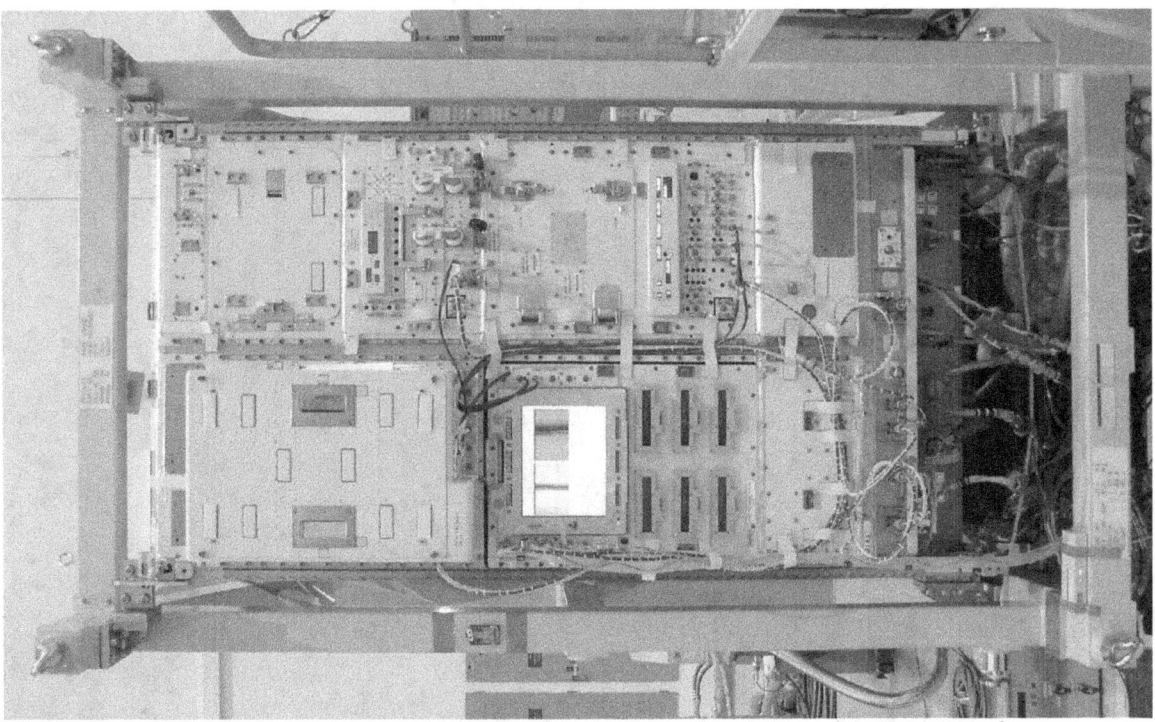

Abbildung 42: Eine der Experimentrack ab Bord der ISS, das japanische Ryutai Rack

Destiny

Das US-Labormodul Destiny (Schicksal) wurde sehr frühzeitig, schon beim siebten Shuttle Flug zur ISS gebracht. Es besteht aus zwei Endsegmenten mit Dockingmechanismen und drei Zylindersegmenten. Die beiden äußeren Zylindersegmente sind identisch, das mittlere hat ein 50 cm großes Fenster aus speziellem Glas, das auch Erdbeobachtungen ermöglicht. An ihm ist derzeit eine Kamera (Agricultural Camera) angebracht.

Im Inneren hat Destiny 24 Racks in vier Reihen (oben, unten, links, rechts im 90°-Abstand um die Längsachse), 11 Racks nehmen die Stromversorgung und Umweltkontrolle auf. Sie verteilen Strom, Wasser und Luft und halten die Luftfeuchtigkeit aufrecht. Aus der Luft wird in den Racks Kohlendioxid entzogen und Sauerstoff nachgeliefert. Zwei Racks beinhalten die Avionik, zwei weitere nehmen Kühlsysteme auf, die eine Temperatur von 4°C und 17°C gewährleisten. Dazu gibt es Racks für Brauchwasseraufarbeitung, Kommunikation, zur Lagerung oder Kühlschränke. Beim Start waren vier Systemracks bestückt. Experimente wurden erst bei den folgenden Flügen nach und nach zu Destiny gebracht. Im November 2010 bei Fertigstellung der Station waren 9 der Für Experimente vorgesehenen Racks bestückt. Drei mit Plasmaphysikexperimenten, der Rest gemischt genutzt.

Die Struktur besteht aus Aluminium mit einer waffelartigen Verbindungsstruktur zwischen zwei Wänden. Die Innenwand ist überzogen mit einem Zwischenschild, der aus dem gleichen Material, wie schusssichere Westen besteht. Er soll Mikrometeoriten binden. Diese entstehen durch den äußeren Schutzschild aus Aluminium, wenn sie diesen passieren und dann in viele kleine Bruchstücke zerfallen.

Im Destiny Labor wurde temporär auch eine zweite (russische) Toilette und ein Kühlschrank installiert, bis Node 3 und Columbus zur Station gelangten. In Destiny können bis zu vier Personen arbeiten. Die meisten Experimente sind aber wie in den anderen Laboren hoch automatisiert, sodass dieser Fall kaum eintreten wird.

Abbildung 43: Destiny im Orbit © des Fotos: NASA

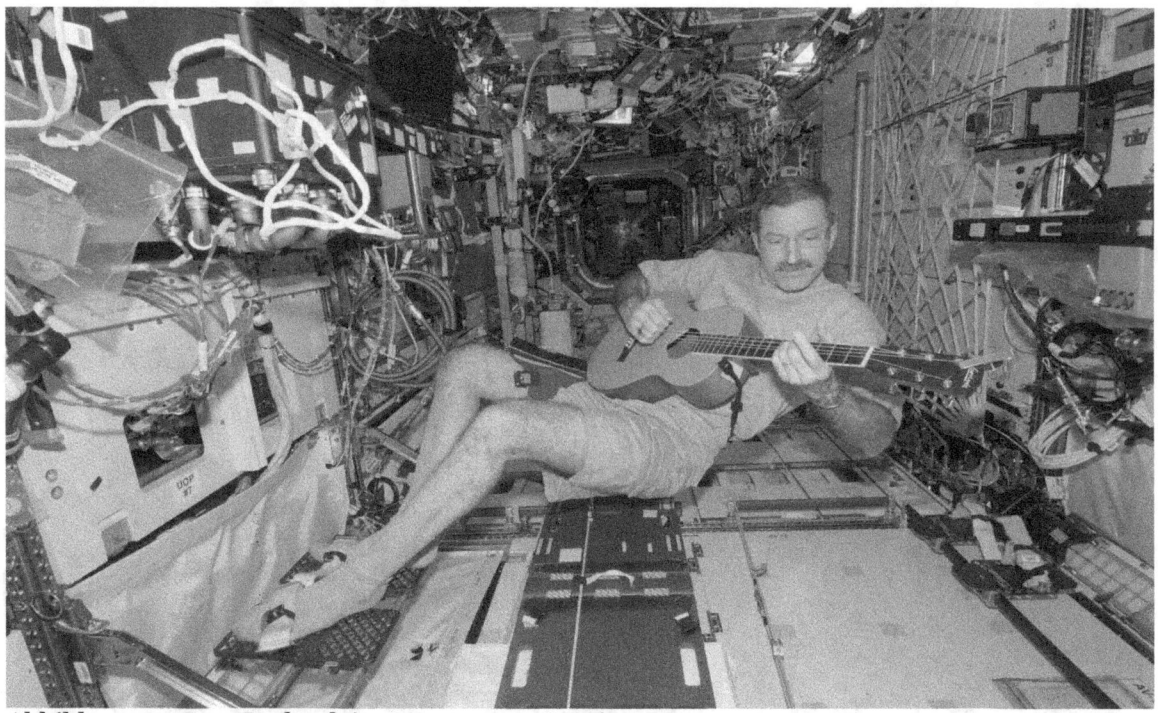

Abbildung 44: Dan Burbank im Inneren von Destiny

Destiny	
Länge:	8,50 m, 9,20 m mit Dockingadapter
Durchmesser:	4,30 m
Startgewicht:	14.520 kg, 5 Racks bestückt
Innenvolumen:	106 m³
Davon Wohnvolumen:	78,5 m³
Davon Experimente:	21,1 m³
Gewicht voll ausgerüstet:	24.023 kg
Racks:	24
Davon für Forschungseinrichtungen:	13
Kosten:	1.380 Millionen $
Hauptkontraktor:	Boeing
Kopplungspunkte:	2
Angekoppelte Module:	Harmony (oben) Unity (unten)

Abbildung 45: Das ESA Labor Columbus © des Fotos: ESA

Columbus

Das europäische Raumlabor Columbus ist das kleinste Labormodul an Bord der ISS. Es hat gravierende Änderungen während der Konzeption durchlaufen (siehe S.29).

Columbus hat die Abmessungen von Node 2+3 und verwendet die gleiche Struktur. Ein zusätzlicher, 2 t schwerer Aluminiumaußenschild sorgt für einen besseren Schutz vor Mikrometeoriten für die geplante Betriebsdauer von zehn Jahren. Verbunden ist es mit dem Wasserverteilungssystem der ISS. Dadurch können Experimente gekühlt oder beheizt und die Temperatur im Labor zwischen 16 und 27 °C eingestellt werden.

Es gibt insgesamt 16 Rack-Einschübe, davon sind 10 für Experimente vorgesehen, die anderen für die Stromversorgung, Computersysteme und die Klimaanlage. Obwohl das Labor um 40% kürzer als Kibō ist, verfügt es über genauso viele Racks für die Forschung. An der Außenseite gibt es vier Punkte, an denen ebenfalls Experimente angebracht werden können. Sie können bei Außeneinsätzen auch ausgetauscht werden. Diese werden von der ESA exklusiv genutzt. Bei der Mission 1E wurden zwei der Befestigungspunkte mit mehreren Instrumenten bestückt.

Abbildung 46: Querschnitt durch Columbus. © des Diagramms: ESA / D.Ducros

Gestartet wurde es mit zwei Racks mit Experimenten. 2.500 kg Equipment waren beim Start schon installiert. Drei weitere Racks mit europäischen Experimenten wurden später mit weiteren Space Shuttle Missionen zur ISS gebracht. Dazu kommen weitere europäische Instrumente, die sich vorher im Destiny Labor befanden und nun zu Columbus transferiert wurden. Das Umweltkontrollsystem wälzt die Luft um und hält die Temperatur konstant. Ein eigenes Computersystem (DMR) ist im Labor installiert.

Maximal drei Astronauten können in Columbus arbeiten. EADS Astrium baute Columbus für einen Festpreis von 715 Millionen Euro. Dazu kamen dann noch Testeinrichtungen, die den Gesamtpreis auf 880 Millionen Euro erhöhten, davon flossen 450 Millionen Euro zurück an die deutsche Industrie. In dieser Summe nicht enthalten sind die Experimente. Trotz deutlicher Verzögerungen (das Modul wurde 2005 fertiggestellt und musste dann drei Jahre eingelagert werden) stiegen die Entwicklungskosten nur geringfügig an. Rechnet man den Wartungsvertrag den EADS über 15 Jahre bekam und der 1 Milliarde Euro schwer ist hinzu, so war das Labor beim Start dann aber doch 1,4 Milliarden Euro teuer. Die ESA nutzte die Zeit, um an Columbus die vier Befestigungsmöglichkeiten für Außenexperimente anzubringen.

Abbildung 47: Hans Schlegel im Inneren von Columbus

Bei der Fertigstellung waren 9 Racks bestückt, 4 Mit Humanexperimenten, drei mit Materialforschungsexperimenten und je eines mit biologischen Experimenten / Plasmaphysik.

	Columbus
Länge:	6,81 m, davon 6,10 m im zylindrischen Teil
Durchmesser:	4,48 m, 4,20 m Innendurchmesser
Leergewicht:	10.275 kg
Startgewicht:	12.077 kg, 8 Racks bestückt, davon 2 mit Experimenten.
Voll ausgerüstet:	21.000 kg, davon 1.700 kg externe Instrumente.
Innenvolumen:	78,5 m³
Freies Volumen (wenn alle Racks eingebaut)	25 m³
Stromverbrauch:	Maximal 20 kW
Davon für Experimente:	Maximal 13,5 kW, davon 2 x 1,25 kW für externe Nutzlasten
Experimente:	pro Rack maximal 998 kg, insgesamt maximal 9.000 kg
Racks:	16
Davon für Forschungseinrichtungen:	10
Davon zur Lagerung:	3
Externe Experimente:	Vier Befestigungspunkte je >230 kg, 1 m³ Volumen passive Temperaturkontrolle, Stromverbrauch maximal 450 W 1 Mbit Datenrate für Kommandos/Telemetrie (Low Data Rate) 6 Mbit/s Daten (High Data Rate)
Kosten:	880 Millionen Euro
Hauptkontraktor:	EADS Astrium
Kopplungsadapter:	1
Angekoppelte Module:	Harmony

Kibō

Kibō (japanisch きぼう für Hoffnung, ursprünglich **J**apan **E**xperiment **M**odule JEM) ist das größte Labormodul auf der ISS. Es besteht aus drei Teilen:

- Einem zylindrischen Labormodul, vergleichbar Destiny und Columbus, genannt Pressurized Module (PM),
- einem am PM angebrachten Modul zum Verstauen von Ausrüstung und Proben (Experiment Logistics Module – Pressurized Section (ELM-PS) und
- einer Sektion für Experimente, die dem Vakuum des freien Weltraums ausgesetzt sind (Exposed Facility EF).

Das Labor ist so groß und schwer, dass drei Shuttle Flüge notwendig waren, um diese in drei Einzelteile, jeweils eines pro Mission, zur Station zu bringen.

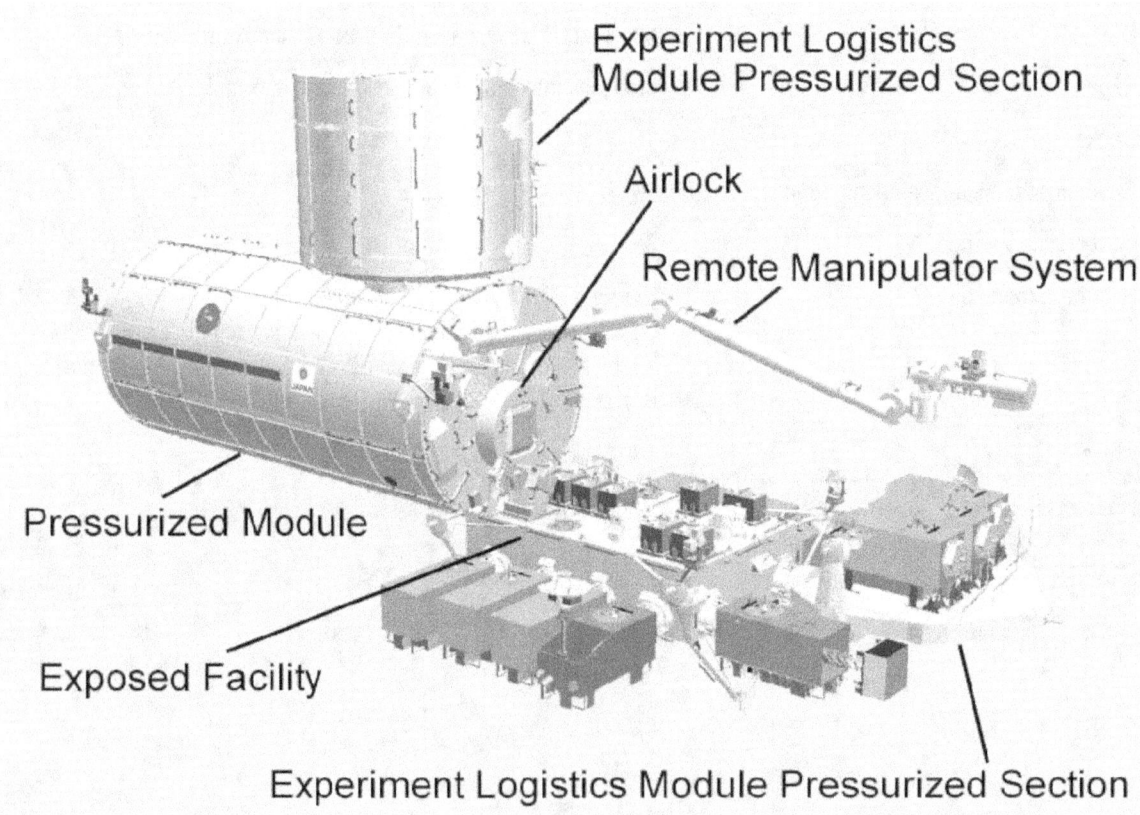

Abbildung 48: Bestandteile des Kibo Labors © des Diagramms: JAXA

Pressurized Module

Das PM ist ein normales Labormodul wie Columbus und Destiny. Es ist das längste aller drei Labormodule. Gemessen an seiner Größe verfügt es jedoch über nur wenige Racks für Experimente. Von den 23 Racks im Inneren nehmen nur 10 Experimente auf. Sie sind an den vier Wänden installiert. Die Decke hat nur fünf anstatt sechs Racks, da an ihr die Einstiegsöffnung für das Logistikmodul ist.

Die Hülle besteht wie bei den anderen Modulen aus einer doppelwandigen Aluminiumhülle mit einem Schutzschild vor Weltraummüll. Im Inneren bleibt noch ein Raum von 2,20 m Breite und Höhe übrig. Von den Racks entfallen jeweils zwei auf die Stromversorgung, die Computerausrüstung und das Umweltkontrollsystem, das die Temperaturen zwischen 18 und 26 Grad Celsius und die Luftfeuchtigkeit zwischen 25 und 70 Prozent regulieren kann. Je ein Rack enthält das Steuerungssystem für den Manipulatorarm, die Steuerung mit einem Computerterminal, Platz für Vorräte und das Interorbit-Kommunikationssystem, mit dem mit der Bodenstation in Japan kommuniziert werden kann.

Die wesentlichsten Systeme für den Betrieb von Kibō (Strom, Umweltkontrolle und Computerausrüstung) sind in zwei Reihen angeordnet, wobei jeweils die Zweite einen Ausfall der Ersten übernehmen kann. Zwei Experimentracks waren beim Start bestückt, ein weiteres folgte 2010 mit dem zweiten HTV. Die NASA transferierte einige Racks in kino, sodass Ende 2010 sechs Racks belegt waren, vier von der NASA (nur Materialforschungsexperimente) nur zwei von Japan (Biologie und Plasmaphysik). Drei weitere NASA-Racks und Racks der JAXA sind vorgesehen, alle mit Materialforschungexperimenten.

Das Kommunikationssystem verfügt über einen direkten Kontakt zum Kontrollzentrum in Japan per Japans **D**ata **R**elay **T**est **S**atellite (DRTS). Von diesem Kontrollzentrum wird auch die Annäherung des HTV kontrolliert. Es erlaubt über 40 Minuten pro Orbit (7,8 Stunden pro Tag) die Datenübertragung mit jeweils 50 Mbit/s zur Erde. Mit 3 Mbit/s werden Kommandos zu Kibō übermittelt. Kibō hat zwei Kopplungsadapter. Einen Passiven an einem der beiden „Deckel" zum Ankoppeln an Harmony und einen Aktiven in der Decke um das ELM-PS anzukoppeln. Zusätzlich gibt es eine Luftschleuse am zweiten axialen Port. Über diesen können ORU's zwischen dem Druckmodul und dem EF transferiert werden. Dort befinden sich auch zwei Fenster über der Luftschleuse. Durch sie können die Astronauten den Manipulatorarm sehen und überwachen. An der Unterseite der Wand gibt es eine Befestigung um das EF an das PM anzukoppeln.

Kibō Pressurized Module	
Länge:	11,20 m
Durchmesser:	4,40 m außen, 4,20 m innen
Leergewicht:	14.800 kg
Startgewicht:	15.900 kg
Racks:	23, davon 10 für Experimente 1 Rack für einen Kühlschrank 1 Rack als Stauraum
Bestückte Racks beim Start:	4, davon 2 mit Experimenten
Stromverbrauch:	maximal 24 kW
Lebensdauer:	10 Jahre.
Kopplungsadapter:	1
Angekoppelte Module:	Harmony Kibō ELM-PS

Experiment Logistics Module – Pressurized Section

An einer Luftschleuse in der Decke des PM wird das ELM-PS angekoppelt. Es ist ein einfaches zylindrisches Modul mit einem CBM, dass als Lagerraum und zum Transport dient. Es hat an den vier Wänden acht Anschlüsse, die mit Racks zum Austausch von Experimenten und Ausrüstung von Kibō bestückt werden können, aber auch Lagerraum für Ausrüstungsgegenstände und Material stellen. Außen angebracht ist ein temporärer Fixierungspunkt für eine Palette. Sie wird vom HTV transportiert und mit dem Canadarm dort fixiert. Von dort aus ist sie zugänglich für den eigenen Manipulatorarm des EF. Ebenfalls befinden sich an der Außenseite des Moduls Befestigungsmechanismen für die Space Shuttle Bucht.

Geplant war der Einsatz zusammen mit dem Space Shuttle. Es wäre dabei wie ein MPLM vom Space Shuttle zur Erde zurückgebracht und neu ausgerüstet wieder in den Orbit gebracht worden. Es gibt aber zwei Unterschiede zwischen dem MPLM und dem EPM-PS: Das EPM-PS ist von vornherein für einen dauerhaften Betrieb an der ISS ausgelegt, während das MPLM nur für maximal sechs Monate im Orbit ausgelegt ist und in der Regel noch während der gleichen Shuttlemission zur Erde zurück gebracht wird. Auf der anderen Seite ist die Luftschleuse aber kleiner als die Tür des CBM. Gegenstände werden auf einen Tisch montiert und mit ihm zwischen Labor und Lagerraum transferiert. Dadurch gibt es Restriktionen in Größe und Gewicht der Ausrüstung. Die Luftschleuse auf dem PM dichtet zwar das Labormodul ab, aber sie erlaubt keinen Ausstieg ins All.

Kibō Experiment Logistics Module – Pressurized Section	
Länge:	4,20 m
Durchmesser:	4,40 m außen, 4,20 m innen
Leergewicht:	4.800 kg
Startgewicht:	8.488 kg
Stromverbrauch:	Maximal 3 kW
Racks:	8
Lebensdauer:	10 Jahre
Maximale Größe eines Ausrüstungsteils:	0,46 × 0,80 × 0,83 m
Maximales Gewicht eines Ausrüstungsteils:	300 kg

Exposed Facility

In dem Exposed Facility können Experimente untergebracht werden, die dem Vakuum ausgesetzt werden müssen. Es ist eine rechteckige Struktur, die mit einem speziellen Anschluss an dem PM angebracht wird. Auf ihr gibt es 12 Befestigungsmöglichkeiten. Davon werden zwei durch den Manipulatorarm und für eine kurzzeitige Lagerung belegt, so das netto noch zehn für Experimente und Ausrüstung bleiben. Wie im eigentlichen Labor kann davon die Hälfte von der NASA genutzt werden. Die Befestigungsstellen sind an den beiden Längsseiten (je vier), an der zur Befestigung gegenüberliegenden Querseite (je zwei) und der Oberseite der Palette (je zwei) untergebracht. Eine Anlegestelle an der Querseite ist durch das ELM-ES belegt. Es ist die Einzige, die 2.500 kg schwere Lasten aufnehmen kann. Auf der Palettenoberseite befinden sich neben den beiden Experimentanschlüssen noch Werkzeuge, das Thermalkontrollsystem und ORU's.

Das EF ist ausgelegt für Reparaturen während der Betriebszeit. Wesentliche Teile der Elektronik und des Arms stecken in funktionalen Einheiten, die als Ganzes ausgetauscht werden können (ORU: Orbital Replacement Units).

Kibō Exposed Facility	
Abmessungen:	5,20 m Länge, 5,00 m Breite, 3,80 m Höhe
Startgewicht:	4.038 kg EF + 2.453 kg ELM-ES
Orbitgewicht im Endausbau:	13.528 kg (mit ELM-ES)
Stromverbrauch:	562,5 W Eigenverbrauch, maximal 10 kW für Experimente
Experimentanschlüsse:	12, davon 10 für fest montierte Experimente
Experimente:	1,85 × 1,00 × 0,80 m, maximal 500 kg Gewicht
Lebensdauer:	10 Jahre

Ein eigenes Manipulatorsystem, das **J**apanese **E**xperiment **M**odule **R**emote **M**anipulator **S**ystem (JEMRMS) besteht aus zwei Armen mit jeweils sechs Freiheitsgraden – dem Hauptarm, der Experimente von dem Lagermodul übernimmt und auf das EF transportiert und fixiert und einem kleinen Arm, der auf dem Ende des Hauptarms angebracht wird und an dem Werkzeuge angebracht sind. Beide Arme haben am Ende und den Gelenken TV-Kameras, mit denen von der Konsole in Kibō aus ihre Tätigkeit überwacht werden kann. Zusätzlich erlauben die Fenster

Abbildung 49: Blick auf das Exposed Facility von Kibo aus

am Ende von Kibō einen freien Blick der Besatzung auf die EF und die Arme. Der Hauptarm dient zum Bewegen von größeren Experimenten. Er nimmt auch die Exposed Palette des HTV vom Befestigungspunkt am Logistikmodul auf und transferiert sie ins EF. Der kleine Arm dient dem Bewegen von kleinen Bauteilen wie den ORU-Einheiten. Gebracht werden die Experimente mit dem HTV.

Kibō JERM Arm		
	Großer Arm	**Kleiner Arm**
Abmessungen:	10,00 m Länge	2,20 m Länge
Gewicht:	780 kg	190 kg
Nutzlast:	maximal 7.000 kg Experimente: maximal 500 kg.	80 kg Feinkontrollmodus, 300 kg Normalmodus
Nutzlastabmessung:	1,85 × 1,00 × 0,80 m Größe	0,62 × 0,42 × 0,41 m
Positionsgenauigkeit:	50 mm, 1 Grad	10 mm, 1 Grad
Geschwindigkeit:	20-60 mm/s	25-50 mm/s
Kraft:	30 N	30 N

Am Ende des EF wird eine besondere Palette, die **E**xperiment **L**ogistics **M**odule-**E**xposed **S**ection (ELM-ES), angebracht. Sie selbst ist erneut fast so groß wie das EF und bietet weiteren Platz für drei große Experimente oder zwei größere Instrumente und maximal drei ORU. Das ELM-ES hat auch eine Logistikfunktion: Es kann vom EF abgetrennt und vom Space Shuttle zur Erde zurückgebracht werden.

Experiment Logistics Module-Exposed Section (ELM-ES)	
Abmessungen:	4,10 m Länge, 4,90 m Breite, 2,20 m Höhe
Gewicht:	1.200 kg
Gewicht im Endausbau:	2.500 kg
Stromverbrauch:	maximal 1 kW

Abbildung 50: Alle drei Komponenten von Kibo im Orbit © des Bildes: NASA

Abbildung 51: Unity und der erste PMA © des Fotos: NASA

Verschiedene Teile

Neben den großen Bauteilen beinhaltet die ISS auch zahlreiche Installationen, die separat gestartet und erst im Orbit montiert wurden oder die als separate Segmente gezählt werden, obgleich sie schon vormontiert wurden.

Pressurized Mating Adapters (PMA)

Es gibt auf der Station drei dieser Kopplungsadapter. Sie verbinden die Station mit Raumfahrzeugen, die keinen CBM Anschluss haben. Jeder PMA hat eine kegelförmige Form. An der Basis wird er auf einem CBM befestigt. An der Spitze hat jeder PMA einen passiven Kopplungsadapter, der kompatibel zu dem in den russischen Modulen ist.

- PMA-1 verbindet am Unity Knoten den westlichen Teil der Station mit dem russischen Teil und ist mit einem aktiven Kopplungsadapter bei Sarja verbunden.

- PMA-2 ist vorgesehen für die Ankopplung des Space Shuttles. PMA 1+2 wurden zusammen mit Unity gestartet. Seine Position wechselte mehrmals während des Zusammenbaus, weil wichtig war, dass er einfach zugänglich war. Im Endausbau blieb PMA-2 am Harmony Knoten. Er ist der einzige Adapter, der Verbindungsleitungen zum Space Shuttle bietet. Dies erlaubt es, das Space Shuttle länger angedockt zu lassen, da die ISS Energie an den Orbiter liefert. Weiterhin transformiert er die 120 V Wechselspannung auf die im Space Shuttle verwendete 28 V Gleichspannung. Auch können die Bordrechner des Space Shuttle an das Netzwerk der Station angeschlossen werden.

- PMA-3 war für die Ankopplung des CRV vorgesehen. Er bietet nun eine zweite Möglichkeit, ein Space Shuttle anzudocken. PMA-3 wurde mit STS-92 im Oktober 2000 zur Station gebracht. Auch seine Position wechselte im Laufe der Jahre. Im Endausbau sitzt PMA-3 am Tranquility Knoten. Er dient zugleich als Mikrometeoritenschutzschild.

- Weitere Adapter sind für die Ankopplung von Dragon und CST-100 geplant. Der erste ging beim Fehlstart beim Verbindungsflug CRS-7 verloren. Diese IDA (International Docking Adapter) haben einen Anschluss an die PMA und einen CBM Anschluss. Sie werden nicht an einem Modul, sondern auf PMA-2 und 3 angebracht.

PMA	
Länge:	2,20 – 2,58 m
Basisdurchmesser:	2,38 m
Spitzendurchmesser:	1,37 m
Innendurchmesser:	1,90 m Basis, 1,24 m Spitze
Startgewicht:	1.589 kg PMA 1 1.376 kg PMA-2 1.183 kg PMA-3

Joint Airlock Module (JAM) „Quest"

Dies ist die Luftschleuse für den US-Teil der Station. Bis zu ihrer Montage im Juli 2001 war es nur möglich, die Station durch das Swesda Modul zu verlassen. Dazu mussten russische „Orlan" Raumanzüge benutzt werden. Um die amerikanischen, größeren Raumanzüge mit einer anderen Atmosphäre zu benutzen, musste dieses Modul, das „Quest" (Suche) genannt wurde, ins All gebracht werden. Das aus Aluminium bestehende Modul beinhaltet auch die Hochdrucktanks für Stickstoff und Sauerstoff, mit denen Druckverluste in der Atmosphäre und beim Ausstieg ausgeglichen werden. Es ist an der Steuerbordseite von Unity angebracht.

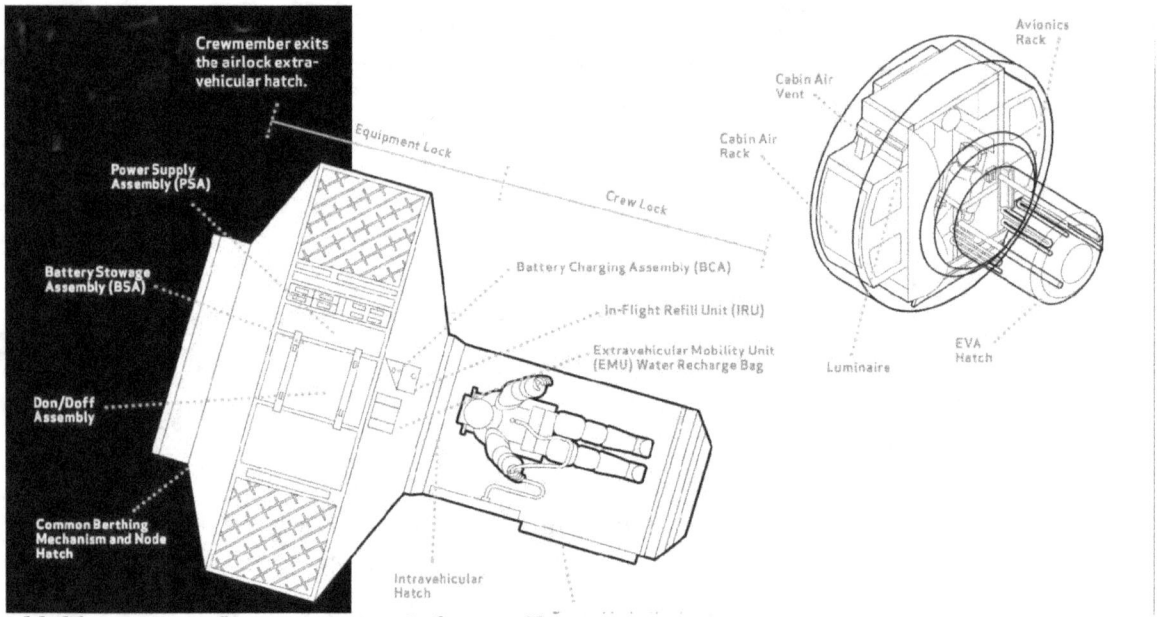

Abbildung 52: Aufbau von Quest © der Grafik: NASA

Joint Airlock Module (JAM)	
Länge:	5,50 m
Durchmesser:	4,00 m
Startgewicht:	6.064 kg
Orbitgewicht:	9.923 kg
Kosten:	164 Millionen $
Hauptauftragnehmer:	Boeing
Kopplungsadapter:	1
Angekoppelte Module:	Unity

Abbildung 53: Installation von Quest an der ISS © des Fotos: NASA

Canadarm2 und Dextre

Der Canadarm2, offiziell **S**pace **S**tation **R**emote **M**anipulator **S**ystem (SSRMS) genannt, ist Kanadas Beitrag zur ISS. Er basiert auf dem Arm, den die kanadische Weltraumagentur CSA für das Space Shuttle entwickelt hat. Da dieser die Bezeichnung „Canadarm" hat, wird sein Nachfolger folgerichtig „Canadarm2" genannt.

Er verfügt über drei Gelenke und sieben Freiheitsgrade. Der Arm besteht aus drei Teilen, die zusammen nur 1,8 t wiegen. Er wurde bei den Missionen STS-100 und STS-104 montiert. Von dem Arm, der seit 1981 im Space Shuttle eingesetzt wird, um Satelliten einzufangen, zu fixieren und auch Module an die ISS anzukoppeln, unterscheidet ihn die Fähigkeit, über ein System von Schienen über eine Strecke von 109 m an der Station entlang zu fahren. Er kann damit jeden Punkt des westlichen Teils der Station erreichen. Das Schienensystem verläuft entlang des Mastes. Er wird mittels Videokameras an den Gelenken und dem „Kopf", die ihr Bild ins Destiny Labor übertragen, gesteuert, auch wenn die Besatzung keinen Sichtkontakt zu dem Arm hat.

Der Canadarm assistiert bei Montagearbeiten an der ISS, er fängt aber auch das HTV, Cygnus und Dragon Raumschiff ein. Wenn ein Raumschiff sich bis auf 10 m an den Basispunkt genähert hat, ist es in der Reichweite des Arms. Dann koppeln die Astronauten die Frachter an einen freien Port am Harmony Knoten an.

Eine Ergänzung zum Canadaram2 ist die ebenfalls von Kanada gefertigte „Hand" Dextre. Es ist ein Roboter mit noch weitergehenden Möglichkeiten als der Canadarm2. Ein Torso nimmt zwei Arme auf. Jeder Arm hat sieben Gelenke und trägt an seinem Ende ein Multifunktionswerkzeug. Die Werkzeuge können durch ORU ausgewechselt werden. Dextre selbst wird am Ende von Canadarm2 befestigt, kann sich aber auch von ihm unabhängig über das mobile System entlang der ITS bewegen.

Dextre ist vielseitiger und beweglicher. Es kann Experimente und ORU aufnehmen und bewegen. Es soll mit den Kameras an der Außenhülle entlang fahren und die Station auf Alterungen und Beschädigungen untersuchen. Nicht zuletzt soll Dextre auch die Astronauten bei der Arbeit unterstützen. Dextre kann dafür vom SSRMS abgelöst und an vordefinierten Befestigungspunkten wieder abgesetzt werden. Der Canadarm hat dafür andere Vorteile – er hat einen größeren Radius und kann schwere Labormodule bewegen. Er ist sozusagen für die „Grobarbeit" zuständig.

Abbildung 54: Der Canadaarm2 und seine Befestigung an dem ITS © der Grafik: CSA

Abbildung 55: Die "Hand" der ISS: Dextre © des Fotos: NASA

Canadarm 2	
Länge:	17,70 m
Elemente:	2 × 3,50 m 2 × 3,35 m 1 × 3,00 m Hand (Dextre)
Freiheitsgrade:	6
Gewicht:	1.502 kg
Terminals zur Kontrolle und Steuerung:	300 kg Gewicht im Destiny Modul und der Cupola
Mobiles System	5,80 m Länge 1.450 kg Gewicht Bewegungsfreiheit: 109 m entlang des Mastes
Leistungsaufnahme:	2 kW
Maximale Last:	108 t

Dextre	
Länge:	3,50 m
Elemente:	zwei Arme von jeweils 3,25 m Länge
Freiheitsgrade:	7
Gewicht:	1.500 kg
Kosten:	200 Millionen CAN-$

European Robotic Arm

Der europäische Roboterarm ERA (**E**uropean **R**obotic **A**rm) hat zwei wesentliche Funktionen. Zum einen ergänzt er den Canadarm2. Er wird am russischen Nauka Modul befestigt werden. Aufgrund der Position an diesem Modul kann er die Kosmonauten bei Arbeiten im russischen Teil unterstützen und auch eigenständig arbeiten. Der Canadarm2 bewegt sich auf Schienen entlang des Mastes. Da die amerikanischen Module sich nahe am Mast befinden, kann er diese recht gut erreichen. Die russischen Module gehen vom Mast im 90°-Winkel ab und sind länger. Die meisten dieser Strukturen sind außerhalb der Reichweite des Canadarm2. Der europäische Roboterarm soll Kosmonauten wie ein Kran aufnehmen und schnell zu der Position bringen, wo sie arbeiten sollen. Darüber hinaus soll er mit vier Sets von Infrarot- und visuellen Kameras die russischen Module von Außen inspizieren.

Der zweite Grund ist, dass mit diesem System auch ein zweiter Manipulatorarm auf der ISS einsatzbereit verfügbar ist. So stände für bestimmte Einsatzszenarien ein Ersatz zur Verfügung.

Der ERA unterscheidet sich in seinem Mechanismus vom Canadarm. Er ist kürzer und leichter und kann nur kleinere Lasten bewegen. Da er keine Module bewegen muss, konnte er leichtgewichtiger konstruiert werden. Er hat zwei Endanschlüsse anstatt einem. Jeder Endanschluss kann durch ein ORU ausgetauscht werden gegen ein Werkzeug oder eine Befestigung. Halteklammern auf dem Arm erlauben es Astronauten, sich festzuhalten. Durch die beiden Endanschlüsse kann der ERA sich über ein System von Fixierpunkten an Nauka bewegen, ohne ein Schienensystem zu benötigen. Er bewegt sich folgendermaßen:

- Endpunkt 1 hängt an einem Fixierpunkt.
- Endpunkt 2 sucht sich einen neuen Fixierpunkt aus und rastet dort ein. Der Arm hängt nun an zwei Fixierpunkten.
- Dann kann der erste Endpunkt wieder gelöst werden. Der Arm hat eine neue Basis.

Daher ist der eigentliche Aktionsradius erheblich größer als die Länge des Arms. Ein besonderes Feature ist, das der Arm sowohl vom Inneren der Station aus, wie auch von einem mobilen Steuerungsgerät von einem Kosmonauten beim Außeneinsatz gesteuert werden kann. Obgleich der ERA für Europa technisches Neuland ist, war seine Entwicklung mit einem Budget von nur 20 Millionen Euro viel preiswerter als die des Canadarm2. Sie wurde 2002 begonnen und schon 2007 abgeschlossen. Gestartet wird er zusammen mit dem russischen Rasswet Modul. Nachdem Nauka 2011 folgt, wird der ERA auf dieses Modul transferiert.

Abbildung 56: Einsatz des ERA an der ISS. © der Grafik ESA/ D.Ducros

ERA	
Länge:	11,30 m
Reichweite:	9,70 m
Elemente:	2 × Endanschlüsse 2 × Handgelenke 2 × Gelenke 1 Ellenbogen
Freiheitsgrade:	6
Gewicht:	630 kg

ERA	
Maximale Last:	8.000 kg
Genauigkeit:	5 mm Positioniergenauigkeit 100 mm/s Geschwindigkeit
Stromverbrauch:	475 W nominal 800 W Peak
Materialien:	Kohlefaserbundwerkstoffe für die Strukturen Aluminium für die Gelenke
Anschlüsse zur Kontrolle:	1 im russischen Segment 2 Steuerungseinheiten Außen (für EVA)

Strela 1+2

Strela 1+2 (Стрела für „Pfeil" oder „Schwenkarm") sind russische Kräne, die am Pirs Modul befestigt sind. Sie werden, anders als die anderen Manipulatoren, nur bei Außeneinsätzen von den Kosmonauten gesteuert. Es sind einfache Teleskoparme, die nur ausgefahren werden können, aber keine beweglichen Glieder aufweisen. Mit ihnen ist der Großteil des russischen Segments erreichbar. Die Kräne mit ihren Handgriffen werden auch genutzt, damit sich an Ihnen Kosmonauten schneller über die Außenseite der Station bewegen.

Die Kräne wurden in Segmenten mit dem Space Shuttle zur Station gebracht und dort zusammengebaut. Strela 1+2 sind je 13,6 m lang. Für Strela 1 gibt es eine Verlängerung von 4,6 m.

57.Abbildung: EVA von Oleg Kononenko and Anton Shkaplerov am Strela

External Stowage Platforms

Es gibt eine Reihe von Möglichkeiten, an der ISS extern Gerätschaften und Experimente anzubringen. Japan und Europa haben spezielle Systeme für ihre Labore entwickelt. Der allgemeine Weg ist aber die Benutzung der **E**xternal **S**towage **P**latforms (ESP). Sie wurden aus den ICC-Paletten entwickelt. Diese Paletten wurden während der neunziger Jahre im Space Shuttle Programm eingesetzt. Alle ESP sind mit einem Befestigungssystem ausgerüstet, das es erlaubt, sie an der Stationsstruktur zu fixieren und wieder zu lösen. Es gibt keine Datenleitungen zu den ESP, aber sie können mit dem Stromnetz verbunden werden, um Heizelemente zu betreiben. Bestückt ist jedes ESP mit den standardisierten ORU-Bauteilen. Die ESP dienen zum Anbringen von Gerätschaften und Ersatzteilen. Es sind Gitter mit Anbringpunkten für den Truss. Es wurden bisher drei ESP gebaut.

- Die erste ESP wurde während der STS-102 Mission am Destiny Labor angebracht und erhielt einen Spannungsstabilisator und eine Einheit zur Kontrolle des Flüssigkeitsdrucks in den Versorgungsleitungen.

- Die zweite ESP wurde während STS-114 am S1-Segment befestigt und bot Platz für acht ORU Bausteinen, darunter weitere Kontrolleinheiten für Spannungen und Flüssigkeiten, Ersatzbatterien und ein Ersatzgelenk für den Canadarm2.

- Die bisher letzte ESP wurde von STS-118 am P6 Segment angebracht. Es enthält Ersatzteile wie Batterien, eine Ku-Band Ersatzantenne und einen Motor für den Bewegungsmechanismus des Canadarams.

Abbildung 58: Eine Express Palette wird in den Nutzlastraum versenkt. © des Fotos: NASA

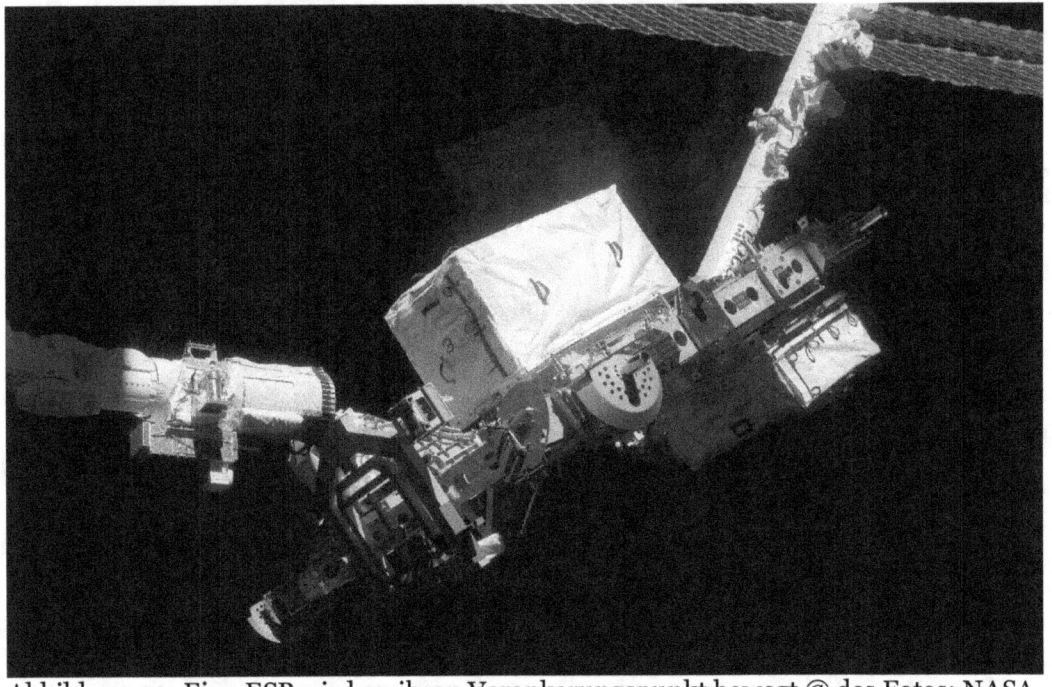
Abbildung 59: Eine ESP wird an ihren Verankerungspunkt bewegt © des Fotos: NASA

ExPRESS Logistics Carrier

Weitere Flüge mit den größeren Express Paletten ergänzen die ESP. Anders als die ESP verfügen sie über Verbindungen zu den Datenleitungen der Raumstation und können so auch Experimente aufnehmen. Die E**x**PRESS **L**ogistic **C**arrier (ELC) basieren auf den Express Paletten Sie nehmen voluminösere Ausrüstung und Experimente auf. Die ELC sind deutlich größer als die ESP.

Die Express-Paletten (**Ex**pedite the **Pr**ocessing of **E**xperiments to **S**pace **S**tation) wurden entworfen, um an der Außenseite der Station befestigt zu werden. Dies vereinfacht den Austausch von Experimenten gegenüber den ICC-Paletten bedeutend und macht keine Außeneinsätze von Astronauten nötig. Sie können vom Shuttle-Kran an ihren Befestigungspunkt an der ISS gehoben werden. Später kann sie die „Hand" der ISS (Dextre) dort aufnehmen und verschieben. Auch das Kibō Labor hat im Exposed Facility die Möglichkeit, Express Paletten aufzunehmen. Sie werden mit dem Strom- und Datennetz der Station verbunden und können so mit elektrischer Energie versorgt werden. Verfügbar sind ein Niedrigdatenmodus im MIL-1553 Standard und ein Hochdatenmodus. Kommandos werden nur über den MIL-1553 Bus übertragen. Allerdings benötigt jedes Experiment ein eigenes aktives Thermalkontrollsystem. Dieses wird nicht von den Paletten gestellt. Die ELC nehmen Experimente auf, aber auch Erssatzteile.

Die Express-Paletten wurden von der Agência Espacial Brasileira entwickelt und sind der brasilianische Teil der Station. Brasilien hat allerdings keine eigenen Express-Paletten eingesetzt. Heute fertigen EADS und Boeing diese Paletten. Da die NASA auch Racks innerhalb der ISS mit der Abkürzung „Express" belegt, wurden die Paletten inzwischen in „E**x**PRESS **L**ogistics **C**arrier" (ELC) umbenannt.

- STS-129 brachte bei der Mission ULF3 zwei ELC-Paletten zur Station, die am S1 und P1 Segment befestigt wurden. ELC-1 wog 6280 kg, ELC-2 6078 kg.

- STS-134, brachte neben dem AMR-Spektrometer und eine weitere ELC-Palette zur ISS. Sie wurde beim P3 Segment befestigt und wog 8361 kg.

- STS-133, der vorletzte Flug einer Raumfähre, brachte neben dem PMMdie ELC-4 mit einem Gewicht von 3735 kg.

Express Palette	
Länge:	2,30 m
Breite:	3,90 m
Leergewicht:	1.350 kg (ohne Befestigung am Shuttle)
Fracht:	4.400 kg
Experimente:	6
Fläche:	8,90 m²
Volumen:	30 m³
Datenverbindungen:	MIL-STD 1553B Bus (1 Mbit/s Daten und Kommandos) Ethernet (6 Mbit/s pro Experiment) High Data Link (Glasfasernetz) 95 Mbit/s für alle externen Experimente zusammen

Abbildung 60: Die Cupola vor dem Start © des Fotos: ESA

Cupola

Ein kleines, aber für den Betrieb der Station wichtiges Teil, ist die von der ESA gebaute Cupola. Das italienische Wort für „Dom" beschreibt auch sehr gut die Funktion der Cupola. Sie ist eine Aussichtsplattform, die an der Nadir Seite von Tranquility angebracht wird. Tranquility selbst ist am unteren Ende von Unity angebracht und ragt so am weitesten von den Druckmodulen nach unten weg. Von der Cupola aus hat die Besatzung somit einen unverstellten Blick auf die Unterseite der Station und die Erde. Zwei Astronauten haben in ihr Platz.

Das ist der Hauptzweck der Cupola: Nicht damit die Astronauten die Aussicht auf die Erde genießen können, sondern von hier aus können sie ankommende Raumfahrzeuge sehen und an ihren Kopplungspunkt dirigieren. Dazu wird die Cupola mit einem Bedienterminal für den Canadarm2 ausgerüstet. Damit kann dieser von der Cupola aus ferngesteuert werden. Vorher gab es im westlichen Teil der Station nur ein Fenster im Destiny Labor, das aber zur Erde schaute. Sarja und Swesda verfügten über 14 bzw. 9 Fenster, die allerdings klein sind und so ist der Ausblick dort beschränkt.

Die Cupola besteht aus einer ringförmigen Basis mit einem CBM Anschluss. Auf ihr befindet sich der Stumpf einer sechseckigen Pyramide. Sie ist aus Aluminium gefertigt und besteht aus einem Stück. Sechs Fenster an der Seite und eines oben erlauben einen Rundumblick. Sie bestehen aus verbundenem Silikat- und Borsilikatglas. Außen angebrachte Klappen schützen sie vor Mikrometeoriten und kleinen Weltraumschrottteilchen. Sie werden heruntergelassen, wenn die Cupola nicht benutzt wird, um ein Verkratzen der Scheiben durch Einschläge zu minimieren.

Damit ein Fenster während der Betriebszeit ausgewechselt werden kann, (z.B., wenn ein Einschlag von Weltraumschrott einen Krater hinterlassen hat) besteht es aus drei Schichten. Einer dünnen Inneren, die es vor Kratzern auf der Innenseite schützen soll und zwei äußeren von jeweils 25 mm Dicke. Eine der beiden äußeren Scheiben ist ausreichend, um die Dichtheit zu gewährleisten. So kann bei einem Außeneinsatz die äußere Fensterscheibe ausgetauscht werden, wenn sie beschädigt sein sollte.

Die Cupola wurde von der ESA für 20 Millionen Euro gebaut im Austausch für den Transport von fünf externen Nutzlasten für Columbus durch die NASA. Ein zweites, ursprünglich geplantes, Exemplar wurde schon 1999 gestrichen. Gestartet wurde sie mit Node 3, wechselte unmittelbar nach der Installation auf der ISS aber die Position von der Zenit Seite auf eine radiale Position, da an der Zenitseite PMA-3 angebracht wird.

Cupola	
Höhe:	1,50 m
Basisdurchmesser:	2,96 m
Startgewicht:	1.805 kg
Gewicht im Endausbau:	1.880 kg
Fenster:	7
Durchmesser des oberen Fensters:	80 cm
Kopplungsadapter:	1
Angekoppelte Module:	Tranquility

Abbildung 61: Blick aus der Cupola auf die Erde © des Fotos: NASA

Permanent Multi-Purpose Module

Der letzte Flug eines Space Shuttles zur ISS hat ein MPLM permanent an der Station hinterlassen. Vorschläge für die Umrüstung eines MPLM für eine permanente Ankopplung an die ISS gab es zuerst aus Europa. Die Veränderungen sind relativ überschaubar und bestehen aus einem verstärkten Mikrometeoritenschild, da der vorhandene für die Risiken ausgelegt war, die innerhalb eines Zeitraums von sechs Monaten wahrscheinlich sind. Die Umbaukosten sollten bei nur 20-40 Millionen Dollar liegen, also einem Bruchteil der Herstellungskosten. Vorgeschlagen wurde die Umrüstung des Donatello Moduls, da dieses noch nie im Weltraum war. Die NASA wies die Vorschläge zuerst ab, lenkte aber später ein. Allerdings wurde Leonardo umgerüstet, sodass Donatello keinen einzigen Einsatz absolvieren wird. Das umgerüstete Leonardo Modul wird nun PMM (**P**ermanent **M**ulti-Purpose **M**odule) genannt. Es ist das billigste Druckmodul der Station.

Um das Zusatzgewicht für den Mikrometeoritenschild aufzufangen, wird das MPLM ausgeweidet. Es werden Leitungen für Kühlflüssigkeiten und Pumpen etc. entfernt, da nicht geplant ist, Gefrierschränke mit dem Modul zu befördern. Es dient nur als Vorratsraum für Ersatzteile und Ausrüstung dienen. Wenn ein Raumtransporter anlegt, kann die Ausrüstung zuerst in das PMM transferiert werden. Der nun leere Transporter kann wieder ablegen und die Kopplungsstelle freimachen. Analog kann im PMM auch Müll zwischengelagert werden. Da nach dem Ausmustern der Shuttles viel mehr unbemannte Transporter die Station anfliegen werden, kann die Fracht so schneller umgeschlagen werden. Es gab zuerst Bedenken, ob bei der Mission nicht zu viele ORU-Teile zur Erde zurückgebracht werden müssen und so eine Rückführung des MPLM notwendig ist. Doch dies war nicht gegeben. PMM wurde zuerst am erdzugewanderten Port von Unity installiert. Am 29.5.2015 wurde es nach vier Jahren an den vorderen Port von Tranquility umgesetzt. Damit stehen nun zwei Ports für HTV, Cygnus und Dragon zur Verfügung die sich von unten der Station nähern.

	PMM
Länge:	6,40 m
Durchmesser:	4,60 m
Racks	16
Volumen:	31 m³
Angekoppelt an:	Tranquility

Alpha Magnetspektrometer (AMS)

Ursprünglich war geplant, die Beförderung des Alpha Magnetic Spectrometer (AMS) ebenfalls zu streichen. Das AMS knüpft an die Anfänge der Teilchenforschung an. Bevor es möglich war, Elementarteilchen in Beschleunigern zu „erzeugen", bestand die einzige Möglichkeit, die kosmische Strahlung zu untersuchen.

In den vergangenen Jahrzehnten wurden die Detektoren in der Teilchenphysik immer leistungsfähiger und größer. Obwohl zahlreiche Forschungssatelliten zur Untersuchung von hochenergetischen Strahlen gestartet wurden, war es bisher nicht möglich, einen modernen Teilchendetektor ins All zu bringen, weil er zu groß und schwer wäre.

Das AMS besteht aus einem Kern mit einem Magneten. Ursprünglich war ein supraleitender Magnet geplant, der auf 1,8 Kelvin gekühlt wird. Das Kühlmittel (superflüssiges Helium) ermöglichte in diesem Fall einen Betrieb von drei Jahren. Da sich allerdings herausstellte, dass die Verdampfungsrate höher ist als geplant, beschloss das Experimentteam ihn durch einen normalen Magneten zu ersetzen. Dadurch verschob sich der Starttermin von September 2010 auf Februar 2011.

Der Magnet erzeugt ein sehr starkes Magnetfeld, dass die Bahn geladener Teilchen krümmt. Aufgrund der Ablenkung kann die Masse und Energie der Teilchen bestimmt werden. Zentraler Detektor ist ein Silizium Streifendetektor von 6,5 m² Fläche. Geladene Teilchen erzeugen einen Strom in dem Halbleitermaterial. Dadurch wird der Ort des „Einschlags" mit einer Genauigkeit von 0,01 mm bestimmt. Acht Ebenen erlauben es, den Weg durch den Detektor zu rekonstruieren.

Seitlich eintretende Teilchen werden von einem Szintillationsdetektor erfasst. Die Flugzeit wird durch ein Flugzeitmassenspektrometer bestimmt und die Masse der Teilchen durch einen Tscherenkow Zähler. Ein elektromagnetisches Kaloriemeter bestimmt die Energie der Teilchen.

Diese Detektoren ergänzen sich gegenseitig und erlauben es, sehr unterschiedliche Teilchen zu detektieren. So soll AMR nach Antimaterie suchen, die Menge der Dunklen Materie im Universum bestimmen, schwere Atome im galaktischen Medium detektieren oder allgemein die kosmische Strahlung untersuchen – von energiereichen Myonen bis zu Eisenkernen.

Die große Datenmenge von 300.000 Messkanälen wird durch die interne Elektronik auf die wesentlichen Daten der Ereignisse reduziert und so die Datenrate von 10 Gbit/s auf 2 Mbit/s verringert. Zwei Startracker Kameras halten fest, wie AMS relativ zum Sternhimmel orientiert ist, um den Ursprung von Ereignissen zuordnen zu können. Diese Kameras nehmen den Sternenhimmel auf und bestimmen die Position von Sternen im Bildfeld. Dadurch ist die Ausrichtung des Experiments zum Aufnahmezeitpunkt bekannt. Zur Aufrechterhaltung der 1,8 K für den Betrieb des supraleitenden Magneten und für die Elektronik benötigt AMS 2 kW Leistung von der ISS.

AMS (genauer gesagt AMS-02) basiert auf einem Vorläuferexperiment AMS-01. AMS-01 flog 1998 für zehn Tage bei der Mission STS-91 mit. Der erfolgreiche Probeflug dieses Experiments führte zu dem Wunsch, einen Teilchendetektor wie in einem Teilchenbeschleuniger permanent im All zu haben.

Die Kosten für das Projekt explodierten jedoch von 33 auf 1.500 Millionen Dollar. Mehrmals war das Projekt kurz vor der Einstellung. Die Anforderungen an die Technik wurden beträchtlich unterschätzt. Schlussendlich musste der Detektor leicht sein und er musste über Jahre im All die Innentemperatur von 1,8 K halten können. Das führte zu technischen Problemen, welche die Kosten rapide anstiegen ließen.

Abbildung 62: Das AMS Experiment © des Diagramms: NASA

Gerade diese Investitionen führten aber dazu, dass das Experiment nun doch zur ISS gelangen soll. Im Jahre 2006 strich die NASA den Flug, der AMS-02 ins All bringen sollte. Eine Eingabe an den US-Kongress, für dieses Experiment einen weiteren Shuttle Flug anzusetzen, passierte jedoch beide Häuser und Präsident Bush genehmigte am 15.8.2008 den zusätzlichen Flug für die NASA. Das AMS wurde von 41 Instituten in Europa und Asien unter der Leitung des CERN gebaut. Etwa 500 Wissenschaftler sind an dem Experiment beteiligt. Das Experiment war für mindestens drei Jahre Betrieb ausgelegt, bei Drucklegung arbeitete es schon vier Jahre und hat mehr las 60 Milliarden Ereignisse gezählt. Je mehr es sind desto besser, denn was zählt ist die Statistik über viele Ereignisse, da sich so andere Einflüsse herausmitteln. So weicht der Protonenfluss oberhalb von Energien von 300 GeV deutlich von bisherigen Experimenten ab und Heliumkerne mit hoher Energie kommen genauso häufig wie Protonen vor. Bei niedrigen Energien ist das Proton dagegen viermal häufiger vertreten (kein Wunder, entstand beim Urknall vor allem Wasserstoff, der Heliumanteil hat sich durch die Kernfusion in den Sternen seitdem erhöht, aber das Element ist trotzdem noch das mit am Abstand häufigste im Universum).

Alpha Magnetic Spectrometer AMS-02	
Länge:	2,76 m
Breite:	4,90 m
Höhe:	3,87 m
Gewicht:	6.760 kg
Davon Detektoren:	2.600 kg
Davon Magnet:	2.460 kg
Davon Struktur:	1.420 kg
Davon Befestigung am Shuttle Nutzlastraum	270 kg
Betriebsdauer:	3 Jahre
Stromverbrauch:	2 kW
Datenrate:	2 MBit/s

Bigelow Expandable Activity Module (BEAM)

1997 begann bei der NASA dafür die Entwicklung des Transhab (Transition Habitat, da es auch für den Transport von Besatzungen zum Mars geeignet wäre). Dieses war der Prototyp eines "aufblasbaren Moduls". Im Jahre 2000 gab es einen Kongressbeschluss, der in der Resolution 1654 endete, der es der NASA verbot das Transhab weiter zu entwickeln, sie dürfte aber die Ergebnisse an die Privatwirtschaft lizenzieren. So kam Bigelow Aerospace an die von der NASA entwickelte Technologie eines aus Gewebe bestehenden Moduls. Bigelow verfolgt seitdem das Projekt einer „aufblasbaren" Raunstation und hat schon zwei Prototypen kleinerer Module im Weltraum getestet. Mindestens 180 Millionen Dollar hat Robert Bigelow, Firmengründer und Inhaber in Bigelow Aerospace investiert, mehr als 500 Millionen Dollar werden es bis zur ersten nutzbaren Raumstation, BA-330 sein.

Die aufblasbare Hülle besteht aus drei funktionellen Teilen: dem äußeren Mikrometeoriten- und Weltraummüllschutzschild, dem mittleren Teil der für strukturelle Integrität sorgt und einem inneren Teil, der die Hülle gasdicht verschließt.

Die drei "Blasen", der inneren Schicht, welche die Station luftdicht verschließen bestehen aus Gorefasern (Polyurethan/Sarah), die nach dem Weben verschmolzen wurden. Jede Blase ist dann noch von Kevelarfasern umhüllt, zur Verstärkung und damit sie nicht direkt aneinander reiben. An der Innenseite gibt es einen zusätzlichen Schutz vor Beschädigung und Abrieb.

Der Mittelteil verleiht der Hülle Steifigkeit und verhindert ein Platzen bis zu einem Druck von 4 Bar. Sie besteht aus Kevlarfasern, die miteinander kreuzförmig verwoben sind. Sie soll für 10 Jahre die strukturelle Integrität aufrechterhalten. Die Druckdichtheit von 4 Bar ergibt einen Sicherheitsfaktor von 4 gegenüber der normalen Atmosphäre von 1 bar.

Die Außenschicht besteht ganz außen aus einer Mehrschichtenisolation, Dies ist dieselbe wie bei den anderen Modulen. Außen ist eine Schicht aus Beta-Cloth zum Schutz vor atomaren Sauerstoff. Sie ist innen aluminiert, um Licht zu reflektieren. Es folgen zwischen zwei auf beiden Seiten aluminierten und verstärktem Kaptongewebe, 20 Schichten aus beidseitig verspiegelter Mylarfolie. Der Effekt ist der gleiche wie bei einer Rettungsfolie - die hohe Rückstrahlfähigkeit spiegelt die IR-Strahlung nach innen und schützt so vor Auskühlung.

Abbildung 63: Das BEAM Modul im zusammengefalteten Zustand

Danach kommt der Mikrometeoritenschutzschild. Bei den anderen Modulen besteht dieser aus einem Metallschild, der die Mikrometeoriten zum Platzen bringt und einem Leerraum, der sie verteilt und der äußeren verstärkten Hülle. Bei dem Transhab besteht er aus vier Schichten jeweils aus Nextel, verstärkt mit Kevlar und einer dicken Schaumschicht. Sie soll dem Einschlag eines 1,7 cm großen Aluminiumstücks mit 7 km/s standhalten.

Beim Transhab sollte die gesamte Hülle 12.000 Pfund (5.400 kg) wiegen. Es sind insgesamt 60 Schichten mit einer Gesamtdicke von 40 cm. Inwieweit Bigelow an dieser Konzeption etwas verändert hat, weiß man nicht, die Firma gibt sich, wie viele andere „neue" private Raumfahrtfirmen sehr zugeknöpft, was technische Informationen angeht. Der prinzipielle Vorteil des aufblasbaren Moduls ist die Gewichtsersparnis: Das Transhab wiegt in etwa so viel wie das PMM, ist aber mit 7,28 m Durchmesser und 12,19 m Länge wesentlich größer. Bezogen auf die Oberfläche ist das Flächengewicht um den Faktor 3 kleiner. Für die Standardracks gibt es allerdings das Befestigungsproblem. Durch das Konzept der aufblasbaren Station können sie nicht an der

Außenhülle befestigt werden. Bigelow sieht in seinen Stationsplänen daher einen festen Zylinder in der Mitte vor in der man die Experimente und andere Einrichtungen befestigt. Man hat dann relativ viel Volumen, aber im Endeffekt nicht mehr Racks, als bei einem konventionellen Konzept. Für ein Marstransfermodul, als welches das Transhab entwickelt wurde, ist der Gewichtsvorteil aber der wichtigere Punkt.

Bigelow konnte die NASA gewinnen, ein Versuchsmodul für die ISS zu bauen. Die Firma hat schon zwei kleine aufblasbare Module „Genesis I+II" 2006 und 2007 gestartet, seitdem wurde es aber ruhig und die Firma musste sogar Mitarbeiter entlassen – es gab keinen Markt und auch kein Transportsystem zu einer eigenen Raumstation. Mit den beiden kommerziellen Raumschiffen CST-100 und Dragon hat sich das geändert. Bigelow hat mit Boeing und SpaceX Transportaufträge abgeschlossen. Das BEAM getaufte Modul erlaubt es der Firma die Technologie weiter an Bord der ISS zu testen, sie bekommt Reputation und Unterstützung der NASA. Die NASA profitiert auch, denn das Modul wird nur 17,8 Millionen Dollar kosten – das letzte Modul PMM war da zehnmal teurer und auch der Start war aufwendiger. Das BEAM wird zusammengefaltet im Trunk der Dragon transportiert werden, von dort an das ISS-Modul an den Tranquility Knoten umgesetzt werden. Zuletzt wird es entfaltet. BEAM ist ein reines Storagemodul. Vergleichen mit seiner Masse ist der zusätzliche Stauraum gering, doch dies liegt an der allgemeinen Gesetzmäßigkeit, dass das Volumen in der dritten Potenz zur Länge/Durchmesser zunimmt, die Fläche aber nur im Quadrat und dem unabhängig von der Größe immer gleichen Zusatzgewicht des CBM-Adapters. Diesen wird Sierra Nevada für weitere 2,6 Millionen Dollar fertigen. Nach zwei Jahren wird man das BEAM ablösen und es wird in der Atmosphäre verglühen.

BEAM	
Länge:	1,74 m verpackt, 3,65 m entfaltet
Durchmesser:	2,03 m verpackt, 3,20 m entfaltet
Volumen:	16 m³
Startgewicht:	1.360 kg
Kopplungspunkt:	Tranquillity

Gestrichene Module

Im Laufe der über zwölf Jahre Aufbauzeit der ISS änderte sich die Konfiguration der ISS mehrmals. Sie wurde dabei immer kleiner. Am stärksten betraf dies Russland, das anfangs gleichberechtigter Partner der USA war, mit ebenso vielen eigenen Druckmodulen. Nach und nach wurden diese gestrichen. Aber auch die USA mussten wegen der ausufernden Kosten Module streichen. Unverändert blieb der Anteil Europas und Japans. Zuletzt musste nach dem Verlust der Columbia die Flugzahl begrenzt werden, wodurch das schon gebaute Zentrifugenmodul am Boden blieb.

Habitation Module

Das US-Habitation-Modul war als Wohnraum für die Astronauten gedacht. Das 8,80 m lange Modul mit einem Durchmesser von 4,80 m hätte den Raum für vier weitere Schlafkabinen, eine Dusche, Toilette und eine Küche gestellt, es wäre auch das einzige reine Wohnmodul in der Station gewesen, da die beiden russischen Module auch andere Aufgaben haben und es durch Lüfter dort recht laut ist. Damit wäre eine Besatzung von sieben Personen möglich gewesen.

Am 14.2.2006 gab die NASA bekannt, dass sie das Habitation Modul nicht zur ISS bringen wird und es für Experimente am Boden nutzen will. Bis dahin war die Hülle mit einem Gewicht von 3.855 kg fertiggestellt worden. Nun sollen auf der Erde Experimente mit bestehenden und neu zu entwickelnden Lebenserhaltungssystemen in dem druckdichten Modul durchgeführt werden. Begründet wurde der Schritt damit, dass auch das CRV gestrichen wurde, das als einziges Rettungsboot eine Besatzung von sieben Astronauten hätte evakuieren können. Da allerdings heute die Regelbesatzung aus sechs Astronauten besteht, also nur einem weniger, halten dies viele Experten für eine Schutzbehauptung. Es galt einfach, die Kosten zu begrenzen. Die Astronauten erhalten nun drei weitere Schlafkabinen im Harmony Knoten. Eine Toilette und eine Dusche wurden im Tranquility Knoten installiert. Zudem wird ab 2018 mit Aufnahme der kommerziellen Flüge die Besatzung wieder auf sieben Personen ansteigen.

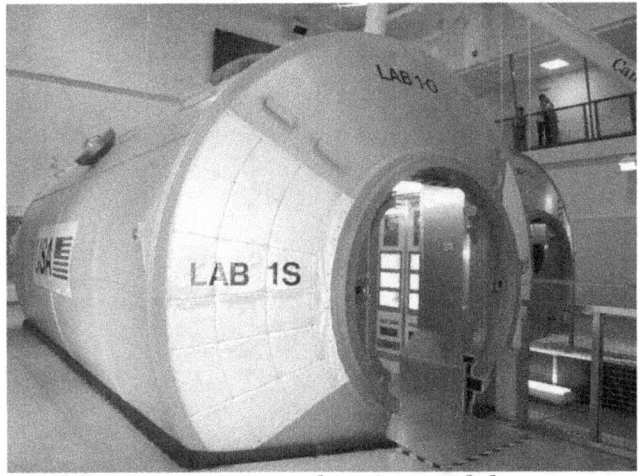

Abbildung 64: Das US-Habitation Modul

Centrifuge Accommodation Module (CAM)

Dieses Modul wurde von Japan als Ausgleich für den Transport des Kibō Labors gebaut. Das Kernstück ist eine Zentrifuge. Sie ist am Ende des Moduls angebracht und füllt den verfügbaren Innendurchmesser fast aus. Sie dient dazu, bis zu acht Proben einer Beschleunigung von 0,01 bis 2 g auszusetzen. Damit sollten Schwerelosigkeitseffekte besser isoliert werden und biologische Proben konnten entweder unter Schwerelosigkeit oder unter simulierter Gravitation untersucht und die Ergebnisse verglichen werden. 1 g entspricht der mittleren Schwerebeschleunigung am Erdboden (9,81 m/s²).

Von den vierzehn Racks waren zehn für Experimente vorgesehen, wobei der Schwerpunkt auf den „Life Sciences" also Medizin und Biologie lag. Dafür gibt einen 680 kg schweren abgeschlossenen Behälter, der bei einer Temperatur von 18-27 Grad gehalten werden kann. In diesem befinden sich zwei Habitate (eigene Lebensräume) in einem 0,5 m³ großen Raum. Jedes Habitat weist eine eigene Atmosphäre und Umweltbedingungen unabhängig von der Station auf. Ein Habitat konnte maximal 87 kg an „Nutzlast" sprich Tiere, Einrichtung und Umgebung für die Tiere aufnehmen. Es war der einzige Teil der ISS, der für höhere Lebewesen wie Mäuse vorgesehen war. Auch Versuche mit Pflanzen, Drosophila oder Fischen waren vorgesehen.

Mit dem Wegfall des CAM leidet nicht nur diese Forschungssparte. Es macht es auch schwierig, Ergebnisse auf die Erde zu übertragen. Es ist viel einfacher, ein Experiment an Bord der ISS einmal ohne und einmal mit künstlicher Schwerkraft durchzuführen, als das Experiment nach dem Abschluss in einer anderen Umgebung auf der Erde komplett neu durchzuführen und dann zu vergleichen – unterschiedliche Umgebungen bedeuten immer auch neue Fehlermöglichkeiten. Zudem erlaubte die Zentrifuge auch Beschleunigungen unter 1 g, Bedingungen, die es auf der Erde nicht gibt. Mit den 10 Racks wurde auch ein Viertel der Experimente an Bord verloren. Es gab zahlreiche Bitten und Petitionen, dieses sehr wichtige Modul ins All zu befördern. Selbst die eigene interne Untersuchungskommission der NASA stufte es von den vier Labors als das wichtigste ein. Die NASA ignorierte diese Empfehlungen.

Japan fertigte die Struktur vertragsgemäß als Kompensation für die Beförderung seines Labors mit dem Space Shuttle. Zu einer Bestückung mit Experimenten kam es nicht mehr. Das CAM ist heute in Japan neben dem japanischen Kontrollzentrum ausgestellt. (Siehe S.49).

Centrifuge Accommodation Module (CAM)	
Länge:	8,90 m
Durchmesser:	4,40 m
Startgewicht:	10 t (ohne Racks)
Racks:	10
Zentrifuge:	2,50 m Durchmesser, 1.875 kg Gewicht
Stromverbrauch:	3.150 W

Russische Forschungsmodule / Universal Docking Module

Die „Russian Research Modules" waren die ersten Module, die gestrichen wurden. Anfangs waren noch drei vorgesehen, beim Start von Sarja waren es noch zwei, und im Jahre 2001 wurde das Zweite gestrichen. Übrig blieb das Letzte – das MLM-1 „Nauka" (siehe S. 89). Es handelt sich dabei um Weiterentwicklungen der Forschungsmodule der Mir. Sie wären am russischen Teil der Station angebracht worden. Die Forschungsgebiete umfassten Geowissenschaft, Astronomie, Biologie und Medizin. Die Forschungsmodule sollten auch die Wohnquartiere für vier Astronauten stellen. Das amerikanische Habitation Module wurde erst gebaut, als klar war, dass die Unterkunft im russischen Segment wegfallen würde.

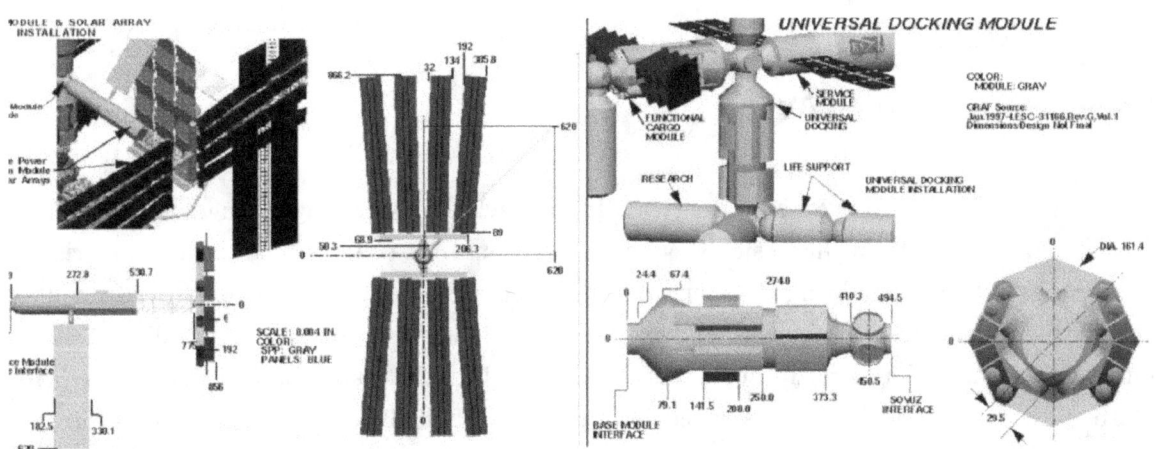

Abbildung 65: Science Power Plattform und Universal Docking Module

Angekoppelt sollten sie an ein „Universal Docking Modul" werden, welches Selbst wiederum an Swesda angedockt wäre. Dieses Docking Modul hätte wie Swesda über weitere Koppeladapter verfügt. Ohne diese wären nicht genug Kopplungspunkte für Sojus und Progress übrig geblieben. Wahrscheinlich war auch ein Nachbau von Swesda als Docking Modul geplant. Da von den drei Researchmodulen nur noch Nauka übrig blieb, wurde auch dieses Dockingmodul gestrichen.

Science Power Platform

Die Science Power Platform (SPP) (russisch: Научно-энергетическая платформа) war ein Modul, welches die weiteren russischen Forschungsmodule mit Strom versorgen und aufgrund der Position fernab der Längsachse die Rollachsensteuerung der Station verbessern sollte.

Das Modul bestand aus einer Druckhülle und einem, an einem Gitterrohrmast ausfahrbaren Solarzellenausleger mit acht Solarpaneelen, die wie Blütenblätter vom Ende des Moduls weg ragen sollten. Geplant war ursprünglich ein Start nach Fertigstellung des westlichen Teils der ISS. Der Start mit einem eigenen Antrieb wie Swesda und Sarja mit einer Zenit Trägerrakete wurde verworfen, um Kosten zu sparen. Nun sollte ein Space Shuttle das Modul starten. Dadurch konnte der eigene Antrieb entfallen. Als Gegenleistung konnte der Innenraum von der NASA mit Fracht gefüllt werden. Obwohl das Modul schon ab 2001 nicht mehr in den US-Skizzen für die ISS auftauchte, wurde die Einstellung der Entwicklung erst 2008 bekannt gegeben. Aus dem schon fertiggestellten Rumpf entstand das Rasswet Modul. (S.87).

Crew Return Vehicle (CRV)

Das CRV wurde schon für Freedom entwickelt, als nach dem Challenger Unglück klar wurde, dass die Space Shuttles nicht so sicher waren, wie gedacht. Es sollte im Falle einer Havarie die Besatzung in Sicherheit bringen, aber auch bei medizinischen Notfällen einen Astronauten wieder zurück zur Erde bringen. Nach verschiedenen Planungen entschloss sich die NASA für einen Gleiter nach dem Prinzip des Auftriebskörpers. Die ESA hatte ähnliche Vorarbeiten für Hermes betrieben und so kam es zu einer Zusammenarbeit. Beim CRV sollte die DASA den

Hitzeschutzschild entwickeln und hatte einen Prototyp bis zur Einstellung des Projektes fertiggestellt.

Tests einer verkleinerten Version, vor allem zur Erprobung der Auftriebseigenschaften, fanden mit dem Versuchsflugzeug X-38 von 1997 bis 2001 statt. Das CRV sollte nach den ursprünglichen Planungen mit einem Space Shuttle zur ISS gebracht werden, sobald die Besatzungsstärke drei überschreitet. Es war klein und leicht genug, um in den Nutzlastraum des Orbiters zu passen. Es wäre dann mit einer Antriebsstufe bei einem Notfall abgebremst worden. Diese Deorbitstufe würde abgetrennt werden und das CRV sollte rein aerodynamisch gebremst landen. Für die Lageregelung gab es kleine Triebwerke, die MMH katalytisch zersetzten. Das Hydrazin würde durch Stickstoff in Druckgasflaschen gefördert. Ein Stabilisierungsfallschirm wird in 8 km Höhe entfaltet, der trapezförmige 685 m² große Hauptfallschirm in 7 km Höhe. Die Landung sollte an Land erfolgen.

Abbildung 66: Testflug des X-38 © des Fotos: NASA

Das CRV war für kurze Betriebszeiten von maximal neun Stunden ausgelegt. Bei einem medizinischen Notfall wäre eine Landung innerhalb von drei Stunden möglich gewesen. Daher bestand die Stromversorgung nur aus Batterien. Es gab kein regeneratives Lebenserhaltungssystem. Kohlendioxid wurde chemisch durch Lithiumhydroxid gebunden und Sauerstoff aus Druckgasflaschen nachgeliefert. Das CRV war also eine bewährte und einfache Konstruktion, beschränkt auf den Einsatzzweck als Rettungsboot, nicht für den Besatzungstransport.

Doch die Kosten liefen rasch aus dem Ruder. Ursprünglich waren Entwicklungskosten von 1,1 Milliarden Dollar geplant, bald war jedoch von 3-5 Milliarden Dollar die Rede. Diese Kostenexplosion führte dann zur Streichung des CRV.

Nun müssen immer zwei Sojus Kapseln an der ISS angedockt sein, um die Besatzung zur Erde zurückzubringen. Geplant war die Produktion von drei bis vier CRV während der Lebensdauer der Station.

Ein ähnliches Modell, das X-37B hat die US-Air Force von der NASA übernommen. Seit 2010 fanden vier Starts on zwei Orbitern statt, wobei die Missionsdauer von 224 auf 675 Tagen anstieg. Die vierte Mission ist bei Drucklegung des Buches noch nicht beendet.

Crew Return Vehicle (extrapoliert vom X-38, nach ESA Angaben)	
Länge:	9,15 m
Durchmesser:	4,42 m
Länge Deorbit Stufe:	1,83 m
Kabinenvolumen:	11,8 m³
Gesamtgewicht:	14.062 kg
Davon CRV	11.340 kg
Davon Rückkehrstufe:	2.722 kg
Antrieb:	katalytische Zersetzung von MMH 922 und 111 N Schub
Landung:	innerhalb eines Radius von 9 km, mit 16,5 km/h Geschwindigkeit

Die Forschung

An Bord der ISS gibt es über 30 Racks mit Instrumenten und Experimenten. Viele davon nehmen wiederum kleinere Messgeräte auf, die zu klein sind, um ein ganzes Rack zu füllen. Standardisiert sind z.B. Einschübe im Shuttle Middock Locker Format (MDL). Die Express Racks, die es in allen drei Labors gibt, nehmen nur solche Module auf. Dazu gibt es noch die Möglichkeit, auf der Außenseite der ISS, am Exposed Facility von Kibō und an der Außenseite von Columbus Instrumente anzubringen. Weiterhin gibt es Experimente, die keine eigene Hardware benötigen, wie z.B. Spiegelreflexkameras oder physiologische Untersuchungen an den Astronauten. Eine detaillierte Beschreibung aller Experimente würde den Rahmen dieses Buches sprengen. Im Folgenden werden daher nur kurz die Installationen, geordnet nach Nationen, angerissen. In allen drei Labors wird vor allem biologisch/medizinische Forschung betrieben und Materialien unter Schwerelosigkeit untersucht. Die Schwerpunkte variieren allerdings von Labor zu Labor. Die Forschung auf der ISS teilt sich wie folgt auf:

Forschungsgebiet	Prozentualer Anteil
Humanphysiologie + Biologie	45 %
Materialforschung, Fluidphysik und physikalische Chemie	35 %
Technologie, Telekommunikation	5 %
Extraterrestrik	5 %
Erderkundung.	5 %
Industrielle Forschung	5 %

Zu den Experimenten zählen auch Racks, die nötig sind, um Gegenstände zu verstauen oder Proben zu kühlen. Bis Expedition 34 wurden rund 49 t (Gerätschaften und Verbrauchsgüter) für die Forschung transportiert und rund 11 t wieder zur Erde zurückgebracht. Als die Station 2011 fertiggestellt wurde, waren die Hälfte der Racks noch nicht belegt. Auch 2015 sind noch einige Racks, vor allem in Kibō ungenutzt. Belegt sind:

- In Kibō vier von zehn Racks,
- in Columbus acht von zehn Racks und
- in Destiny 12 von 13 Racks.

NASA

Die NASA hat ihre Experimente an Bord von Destiny, Columbus und Kibo. 19 der 23 ihr zustehenden Racks waren 2013 belegt. Mindestens 50% ihrer Ressourcen muss die NASA nach einem Kongressbeschluss an andere Non-Profit Organisationen oder die Wirtschaft abgeben.

- **Minus Eighty-Degree Laboratory Freezer for ISS** (MELFI2): ein Gemeinschaftsexperiment von ESA (50%), NASA und JAXA (je 25%). Genau genommen handelt es sich um einen überdimensionalen Gefrierschrank. Er enthält vier Dewargefäße von jeweils 75 l Volumen, die voneinander isoliert und individuell gekühlt werden. Eine Temperatur von bis zu -80°C ist möglich. Genutzt werden derzeit drei Temperaturen: -80, -28 und +4 Grad Celsius. Gedacht ursprünglich als Stauraum, um Proben zu kühlen, bevor sie mit einem Shuttle zurück zur Erde gebracht werden, wurde es nun permanent im Destiny Labor installiert. Benutzt wird es von allen ISS Partnern.

- **Materials Science Research Rack-1 (MSRR-1):** das zentrale Labor für Materialwissenschaften. Das MSRR-1 enthält als zentrales Element eine Vakuumkammer mit einem Ofen, in dem Proben erhitzt werden können. Dort werden Proben zuerst aufgeschmolzen und dann kontrolliert abgekühlt. Die Proben werden am Boden in Kartuschen vorbereitet, die von den Astronauten nur noch in den Ofen eingebracht und entnommen werden müssen. Die Nachuntersuchung erfolgt nach Rückführung zur Erde. Derzeit ist im MSRR-1 nur ein Experiment untergebracht, das von dem DLR entwickelte **M**aterials **S**cience **L**aboratory (MSL). Es war für Columbus vorgesehen, wurde aber ins Destiny Labor verschoben, da dort mehr Platz verfügbar war. Der Experimentbetrieb wird vom Columbus Kontrollzentrum aus gesteuert.

- **Fluids and Combustion Facility**: zwei Racks, die der Untersuchung von Flüssigkeiten und Verbrennungsvorgängen dienen. Das erste Rack, das **C**ombustion **I**ntegrated **R**ack (CIR) enthält eine optische Werkbank, eine Verbrennungskammer mit einem Innenvolumen von 100 l, sowie Behälter und Steuerungen für den Fluss von Oxidator und Treibstoff. Um das Vakuum zu simulieren, kann die Kammer bis auf 0,02 bar evakuiert werden. Die Abgase können mit einem Gaschromatographen untersucht werden. Das **F**luids **I**ntegrated **R**ack dient dagegen dem Untersuchen des Verhaltens von Flüssigkeiten. Beobachtet werden Phänomene wie das Verhalten in Kapillaren, die Bildung von Blasen, Gelen, Kolloiden und das Benetzen von Oberflächen. Die Flüssigkeit kann in einem abgeschlossenen Experimentcontainer eingebracht werden oder von der Anlage gefördert werden. Zur Untersuchung des Verhaltens gibt es verschiedene Lichtquellen. Zentrales Instrument ist ein Mikroskop in einem abgeschlossenen Behälter, das mittels Handschuhen von außen oder von der Erde ferngesteuert werden kann.

- **Express: EXpedite the PRocessing of Experiments to Space Station Rack:** Dies sind insgesamt sieben Racks an Bord (vier in Destiny, zwei in Columbus eines in Kibo), deren Forschungsgebiet nicht festgelegt ist. Sie sind variabel bestückbar mit Experimenten. Standardisiert sind die Anschlüsse für die Stromversorgung, Kühlung (Wasser/Luft), Vakuumentlüftung und den Anschluss an das Datennetz und die Computersteuerung. Sie sind dadurch flexibel und können während der Laufzeit der ISS mehrere verschiedene Experimente aufnehmen. Ein Experiment kann mindestens drei Monate, aber auch mehrere Jahre betrieben werden. Die Racks sollen Experimente der Industrie und von Universitätsinstituten aufnehmen. In wie weit ihre Kapazität ausgenutzt wird, wurde nicht veröffentlicht. Weiterhin werden die Racks auch zur Lagerung von Teilen genutzt.

- **HRF-1+2**: Zwei Racks nehmen das **Human Research Facility** auf. HRF-1 beinhaltet ein Ultraschallgerät und ein Gerät zur Messung der Masse eines Astronauten aufgrund der Beschleunigung durch zwei Federn. Dazu kommt ein tragbarer Computer, eine Workstation und Platz für das Verstauen von mobilen Untersuchungsgeräten. HRF-2 beinhaltet eine Zentrifuge zur Trennung von Flüssigkeiten wie Blut mit einer Umdrehungszahl von 500-5.000 U/min und einem Komplex namens **P**ulmonary **F**unction **S**ystem (PFS), der verschiedene Instrumente der NASA und ESA enthält, wie ein Gerät zur Untersuchung der ausgeatmeten Luft (Stickstoff und Wasserdampfgehalt), ein Gerät zur Bestimmung der Lungenfunktion, einen Gaschromatographen zur Bestimmung des Metabolismus durch Analyse der Stoffwechselabbauprodukte, einen Gasvorrat und ein Abgabe- und Dosierungssystem für die Experimente. Beide Experimente wurden von Destiny nach Columbus transferiert.

- **Window Observatotial Research Facility**: Destiny hat als einziges Labor ein Fenster. An dieser Stelle befindet sich dieses Rack, das es erlaubt Gerätschaften vor dem 50 cm großen Fenster zu fixieren. Lange Zeit war hier eine normale Spiegelreflexkamera montiert. Die NASA bezeichnete Sie als Erdbeobachtungsexperiment, doch die Instrumente, die dafür vorgesehenen sind, werden inzwischen an den Truss montiert. Da stört kein Fenster den Blick.

ESA

Die ESA hatte zur Zeit der Fertigstellung der ISS deutlich mehr Racks in Betrieb, als ihr nominell zusteht. Zudem ist die ESA auch bei Experimenten im Destiny Labor beteiligt.

- **Biolab:** Hier werden Experimente mit Mikroorganismen, Zellkulturen und kleinen Pflanzen durchgeführt. Eine 60-cm-Zentrifuge erlaubt einen Vergleich von Untersuchungen bei 0 und 1 g. Die Versuchsdauer liegt zwischen einem Tag und drei Monaten. Neue Organismen können mit Transportern zur ISS gebracht werden.

- **European Physiology Modules Facility (EPM):** verschiedene Experimente, welche die Auswirkungen von Langzeitflügen auf den menschlichen Körper untersuchen. Neue Erkenntnisse werden über den Abbau von Knochenmasse und das Weltraumadaptionssymptom (Übelkeit- und Gleichgewichtsstörungen) erhofft.

- **The Fluid Science Laboratory (FSL):** Nimmt Instrumente auf, die das Verhalten von Flüssigkeiten unter Schwerelosigkeit untersuchen. Erhofft werden Erkenntnisse, wie Verschüttetes besser aufgenommen werden kann und wie optische Linsen besser gefertigt werden können. Es gibt zwei Container, die abwechselnd mit Proben bestückt werden und im Rack untersucht werden.

- **The European Drawer Rack (EDR):** ein modulares System das eine Rehe von Experimenten aufnimmt. Es verwendet Standard-Container und Anschlüsse. Es gibt vier Einschübe von 57 l Größe und drei mit 72 l Größe. Damit kann dieses Rack bis zu sieben mittelgroße Experimente aufnehmen. Typischerweise werden drei bis vier Experimente parallel betrieben. Bisher ist es mit zwei Experimenten bestückt: Eines untersucht die Kristallisation von Proteinen und das andere das Verhalten von Systemen mit unterschiedlichen Oberflächen wie Emulsionen, Tropfen etc.

- **Microgravity Science Glovebox (MSG):** Ein Rack, in dem Astronauten durch Handschuhe Proben in einem hermetisch abgeschlossenen Innenraum bearbeiten können. Das Spektrum geht von Materialwissenschaften, Kristallwachstum, biologischen Experimenten bis zu fluiddynamischen Experimenten. MSG wurde schon 2002 gestartet und im Destiny Labor installiert und 2008 nach Start von Columbus in dieses überführt.

- **The European Transport Carrier (ETC):** Nimmt Werkzeuge auf, und dient als Stauraum.

- **Muscle Atrophy Research and Exercise System (MARES):** ein ESA-Experiment, das den Effekt des Muskelabbaus untersucht. Es besteht aus einem Stuhl, auf dem der Astronaut befestigt wird und an dem an sieben Punkten der Extremitäten durch einen Motor die Muskelkraft bestimmt werden kann. Erhofft werden auch Erkenntnisse, wie der Muskelabbau durch sportliche Übungen reduziert werden kann.

An der Außenseite der Station gibt es zwei Experimente, die bei einem Außenbordeinsatz bei der Mission 1E angebracht wurden:

- **The European Technology Exposure Facility (EuTEF):** trägt verschiedene Experimente, die dem Vakuum ausgesetzt werden müssen. Dazu gehören Messungen der Strahlenbelastung, die Bestimmung der Häufigkeit von Mikrometeoriten und Weltraumschrott im Submillimeterbereich. Untersucht wird die Auswirkung des Weltraums auf Proben. Gemessen werden Konzentration und Schäden durch atomaren Sauerstoff. Montiert ist auch eine Erdbeobachtungskamera. Insgesamt sind an EuTEF neun Experimente mit einer Gesamtmasse von 350 kg angebracht.

- **SOLAR:** Eine Plattform die drei Instrumente zur Untersuchung von Phänomenen trägt, die von der Sonnenaktivität abhängig sind. Die Experimente messen im UV bis zum fernen Infrarot (200 nm bis 100 µm) die solare Strahlung, jeweils in verschiedenen Spektralbereichen.

Im ersten Jahr des Betriebs von Columbus wurden 100 Experimente durchgeführt – das sind dreimal so viele wie die ESA bis dahin insgesamt auf der ISS durchgeführt hat. Insgesamt sind 180 Wissenschaftler an der Forschung im Labor beteiligt.

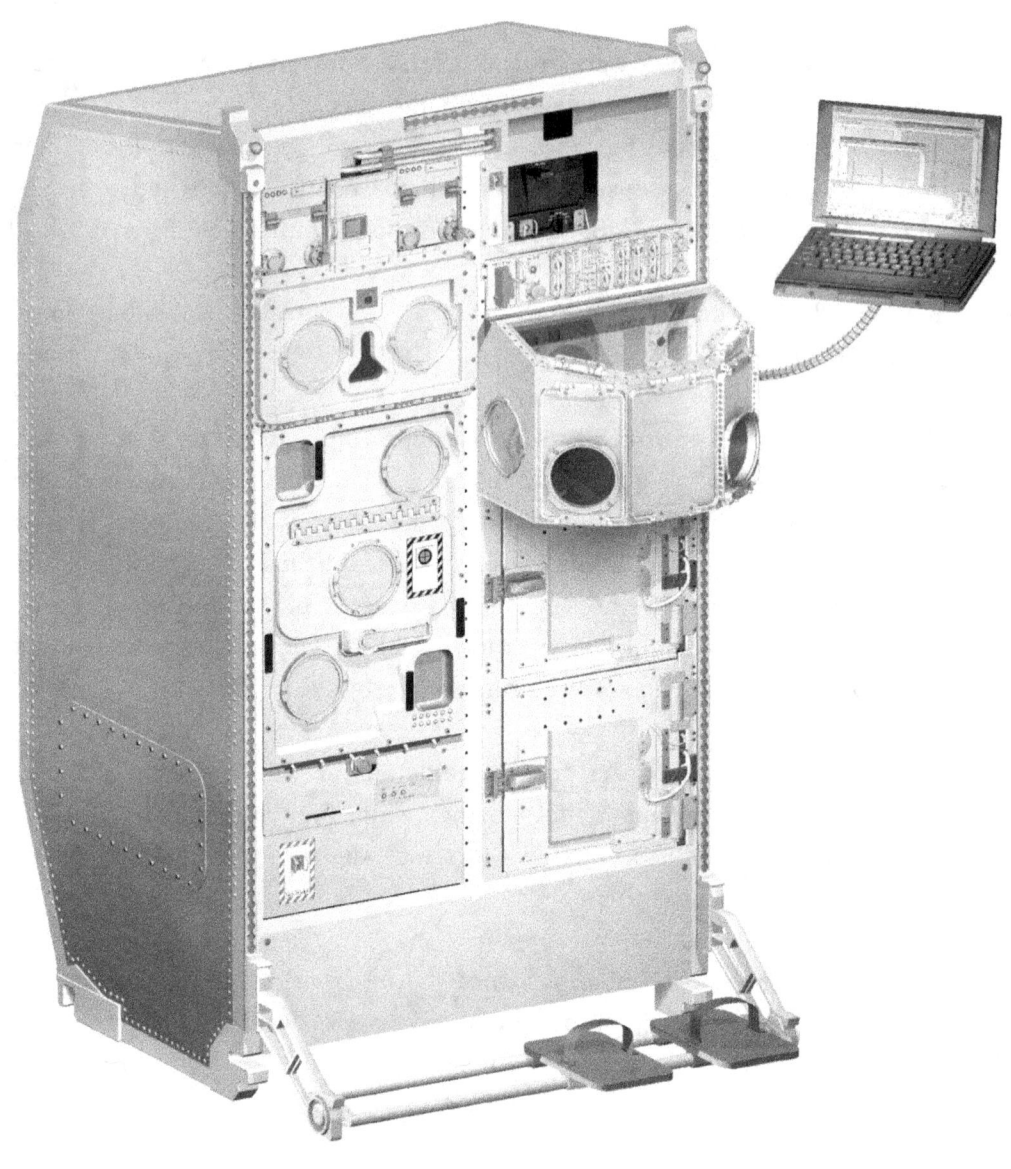

Abbildung 67: Das Biolab Experiment © des Diagramms: ESA

JAXA

Da Kibō das schwerste Labor der ISS ist, war es nur möglich, mit zwei bestückten Racks zu starten. Weitere Experimente werden zukünftige HTV Versorgungsmissionen an Bord bringen. Die zweite HTV-Mission brachte zwei weitere Racks zur ISS. Bisher dominierte bei der JAXA die biologische Forschung.

- **Ryutai** (japanisch für „Flüssigkeiten") ist ein Mehrzweckrack für verschiedene Experimente, die von der Größe eines Schuhkartons bis zu der halben Rackgröße reichen. Die Experimente untersuchen Flüssigkeitsphänomene, insbesondere Kristallisationen. Beim Start ist es bestückt mit vier Experimenten und Unterstützungsgeräten: Einem Experiment um das Verhalten von Flüssigkeiten in der Schwerelosigkeit zu untersuchen, einem Mikroskop, bei dem man das Kristallwachstum unter definierten Temperatur- und Konzentrationsbedingungen untersuchen kann. Eine Heatpipe stellt ein Heizelement für das Kristallwachstum zur Verfügung und eine Datenverarbeitungseinheit verarbeitet Bilder aus den Experimenten und anderen Teilen des Labors.

- **Saibo** (japanisch für „lebende Zelle") ist ein Rack für die Zellbiologie. Es ist wie Ryutai modular aufgebaut für die Aufnahme verschiedener Experimente. Beim Start ist es mit einer Handschuhbox mit einem HEPA-Filter und einem Mikroskop ausgerüstet. Damit sollen Zellkulturen untersucht werden. Diese können in einem Inkubator herangezogen werden, der auch künstlicher Schwerkraft ausgesetzt werden kann.

- **KOBAIRO** Rack: Nimmt derzeit ein einziges Experiment auf, den Gradient Heating Furnace. Dies ist ein Ofen für die Materialforschung in einer Vakuumkammer. In drei Zonen kann man 500 bis 1600 °C als Temperatur einstellen. (Eine Zone nur 1150 °C) und die Proben mit variabler Geschwindigkeit von 0,1 bis 200 mm/Stunde durch den Ofen bewegen. Ein Temperaturgradient von bis zu 150 °C/cm ist realisierbar. So kann man unterschiedliche Erhitzungsprofile realisieren. Um die Besatzung zu entlasten, verfügt die Vakuumkammer über einen automatischen Probengeber der bis zu 15 Proben aufnimmt und automatisiert durch den Ofen führt. Standardisierte Cartridges nehmen bis zu 6 kg auf. Dieses Experiment profitiert von der ausgezeichneten Stromversorgung der ISS, denn es zieht alleine 5,3 KW Leistung. KOBAIRO wurde mit dem zweiten HTV zur Station gebracht.

- Das **Multi-Purpose Small Payload Rack (MSPR)** soll einen Laborarbeitsplatz auf der Erde nachbilden. Es besteht aus drei teilen. Oben einem Work Volumen, einen Bereich, der zum Labor abgeschottet werden kann, einem Workdesk, an dem Man arbeiten oder Experimente vorbereiten kann und einem Basisteil, in dem Experimente untergebracht sind. Diese können leicht ausgewechselt werden. Das entspricht in einem Labor den Bereichen Abzug – Arbeitsplatz – Schrank. Im Work Volume werden Experimente zur Beobachtung installiert. Es hat 350 l Volumen und nimmt z.B. ein Wasserhabitat auf (umgangssprachlich: ein Aquarium mit 3,5 l Wasser). Auf dem 0,5 m² großen Tisch kann gearbeitet oder der Laptop-Rechner abgestellt werden. Er ist der einzige Tisch in Kibo und kann zusammengeklappt werden, wenn er nicht benötigt wird. Unten gibt es den Bereich für kleine Experimente, der Experimente von maximal 60 l Volumen aufnehmen kann und eine davon unabhängige Verbrennungskammer, die an das Abgassystem der Station angeschlossen ist. MSPR wurde mit dem zweiten HTV zur Station gebracht. Installiert sind derzeit das Wasserhabitat und die Verbrennungskammer.

- **Minus Eighty-Degree Laboratory Freezer for ISS** (MELFI1+2): Zwei baugleicher Gefrierschränke zu dem Gegenstück in Destiny.

Abbildung 68: Kibo vor dem Start © des Fotos: NASA

Die Rolle der Forschung auf der ISS

Die Forschung auf der ISS begann erst richtig, nachdem Mitte 2009 die Besatzungsstärke von sechs Astronauten erreicht war. Von den sechs Personen sind zwei vollständig mit der Überwachung und Servicearbeiten auf der Station beschäftigt, ein dritter zu 50%. Das bedeutet, dass bei der Dreimannbesatzung nur ein Astronaut zur Hälfte seiner Arbeitszeit forschen konnte. Daher wirkt sich auch die Reduzierung der Besatzungsstärke von sieben auf sechs auf die Forschung aus. Bedenkt man, wie groß die Raumstation ist und dass in jedem Labor etwa drei Astronauten arbeiten können, so hätte die ISS ohne Probleme genügend Arbeit für zwölf Astronauten geboten. Immerhin werden die neuen US-Systeme die ab 2017 verfügbar sind die Besatzungsstärke wieder auf sieben Personen erhöhen. Zehn wären möglich gewesen, wenn man die sieben Plätze die jede Kapsel bietet, voll ausgenutzt hätte.

Als die Planung der ISS begann, war die früher sehr heftige geführte Diskussion um die Rolle der Forschung in der bemannten Raumfahrt weitgehend abgeklungen. Die Diskussion ist so alt wie die bemannte Raumfahrt selbst und sie dreht sich um zwei Kernpunkte: „Rechtfertigt die Forschung die hohen Kosten der bemannten Raumfahrt?" und „Gibt es Dinge, die nur bemannt durchgeführt werden können?". Heute gibt es einen Konsens darüber, dass die Forschung nicht die 100 Milliarden Euro, die für die ISS ausgegeben werden, rechtfertigt und ihr Betrieb soziokulturell begründet werden muss. Zu dieser Einsicht ist auch Jesco von Puttkamer in seinem Buch „Von Apollo zur ISS" gekommen. Jesco von Puttkamer war im deutschsprachigen Raum als einer der prominentesten Befürworter der bemannten Raumfahrt bekannt. In seinen früheren Büchern hat er in ganzen Kapiteln den volks- und privatwirtschaftlichen Nutzen der bemannten Raumfahrt ausgemalt, selbst noch, als die Space Shuttle Flüge nach dem Verlust der Challenger entscheidend teurer wurden und es keine kommerziellen Flüge mehr gab.

Soziokulturell bedeutet, dass die Bevölkerung sich mehr für Menschen interessiert und bei gleichen Ergebnissen eine Forschung durch Astronauten mehr Aufmerksamkeit erhält als eine durch Roboter durchgeführte. Vereinfacht gesagt, man kann sich mit einem Satelliten nicht identifizieren, mit einem Astronauten dagegen schon: Menschen wollen andere Menschen sehen. Dazu kommt der internationale Charakter der Station, der verbindend wirken soll. Die NASA hat dieses Prinzip schon verinnerlicht und veröffentlicht in den Begleitinformationen über die Space Shuttle Flüge mehr über die Astronauten, ihre Arbeit und ihren Lebenslauf als über die eigentliche Mission. Das ist auch bei der ISS so, selbst bei US-Kernmodulen, wie dem Destiny Labor. Der vereinheitlichende Gedanke stand vor allem im Vordergrund, als man die Station aufbaute. Die Astronauten betonen ihn auch heute noch, so sind in der Regel zwei bis drei Russen, zwei bis drei Amerikaner und ein ESA oder ein JAXA-Astronaut auf der Station. In der breiten Öffentlichkeit wird die ISS heute dagegen nicht mehr so wahrgenommen, da in den letzten Jahren Konflikte zwischen Russland und den USA und Europa zeigen, dass die Hoffnung, durch die Zusammenarbeit im All werde man auch auf der Erde mehr zusammenarbeiten, sich nicht erfüllt hat. Soziokulturell bedeutet aber auch: man nimmt die Arbeit der Astronauten nicht in der Öffentlichkeit nach. Alexander Gerst ist ein Paradebeispiel für die Art wie Astronauten wahrgenommen werden: er war sehr medienwirksam. Doch wie wurde er wahrgenommen? Hat er über seine Forschung berichtet? Nein, es ging um den Alltag an Bord der Raumstation, Schülerexperimente oder Fotos oder Gedanken zur Erde.

Der zweite Punkt wird dagegen noch kontrovers diskutiert. Es ist unbestritten, dass die Tätigkeitsbereiche, die Astronauten sinnvoll durchführen können, immer kleiner werden. Auf den ersten Raumstationen und bei einer Reihe von Space Shuttle Flügen standen noch astronomische Untersuchungen und Erdbeobachtungen auf dem Forschungsprogramm. Die Überlegung war, dass Astronauten zur rechten Zeit auf den Auslöser drücken können, wenn sich z.B. ein Sonnensturm bildet oder das beobachtete Gebiet auf der Erde wolkenfrei ist. Bedingt durch das Ersetzen von Film durch digitale Medien und die Möglichkeiten ein Livebild an die Bodenstation zu senden, wo ein Beobachter das gleiche wie der Astronaut tun kann, spielt dies heute keine Rolle mehr. Bei der letzten Space Shuttle Mission für die Erderkundung war es die einzige Aufgabe der Astronauten, die Bänder zum Aufzeichnen der Daten zu wechseln – dies erledigen in Rechenzentren auf der Erde schon seit 20 Jahren Roboter. Auch auf der ISS ist dem so. Die Experimente sind hochgradig automatisiert, mit Kameras und Sensoren bestückt und werden von Kontrolleuren, die über Datenleitungen an die Missionskontrollen angeschlossen sind, ferngesteuert. Die einzige Aufgabe der Astronauten ist es die Experimente zu montieren, bei Störungen zu reparieren oder Probenbehälter aufzufüllen bzw. hergestellte Werkstücke oder Kristalle zu verstauen und mit einer Sojus oder Dragon zur Erde zurückzubringen.

Betrachtet man die Möglichkeiten und Limitationen der ISS, so ist klar, dass die ISS unbemannte Forschung nicht ersetzen kann. Hier die Möglichkeiten unterschieden nach Disziplinen.

Astronomie:

Die ersten Planungen der USA für eine Raumstation umfassten auch ein bemanntes Teleskop. Bei dem damaligen Stand der Technik war dies sinnvoll. Die Astronauten hätten den Film ausgewechselt und das Teleskop und seine Ausrichtung überwacht. Als dann Skylab startete, war ein wichtiger Punkt die Sonnenforschung. Die Sonne ist nicht dauernd aktiv und die Astronauten können so ein Foto machen, wenn sich etwas tut. Heute spielt die Astronomie auf der ISS keine große Rolle mehr. Es gibt Limitationen, die dagegen sprechen. Die offensichtlichste Einschränkung ist, dass man die ISS nicht genau im Raum ausrichten kann. Bei Erdbeobachtungen hat sie einen Fehler von einer Bogensekunde, etwas Ähnliches gilt auch für den Blick ins All. Eine Bogensekunde ist die Auflösung eines 12 cm großen Teleskops – größere Teleskope würden also keinen Sinn machen. Die Aufnahmen wären verschmiert. (Das Hubble-Weltraumteleskop macht Aufnahmen mit einer Auflösung von 0,04 Bogensekunden). Daneben besteht die Gefahr, das die Gase der Transporter die optischen Oberflächen treffen und beeinträchtigen. Aus diesem Grund verzichten die meisten astronomischen Satelliten auf Triebwerke. Es gibt nur wenige Experimente für die dies keine Einschränkungen sind, wie die SOLAR-Kamera an der Außenseite von Columbus. Aber auch sie hat keinen Platz in der ersten Reihe. Anders als Satelliten zur Beobachtung der Sonne wie SOHO oder SDO kann das Instrument die Sonne nicht dauernd beobachten. Dies liegt an der Umlaufbahn und der räumlichen Ausrichtung der ISS. In sechs Jahren Betrieb gab es nur zweimal die komplette Beobachtung der Sonne durch SOLAR über eine Sonnenrotation (25 Tage).

Erdbeobachtung:

Auch die Erdbeobachtung war eine wichtige Domäne der frühen Raumstationen. An Bord von Skylab erprobte man Multispektralkameras. Russland nutzte ihre Saljut Stationen vornehmlich zum Fotografieren der Erde. Selbst Anfang der Achtziger setzte man noch bei Spacelabmissionen Kameras ein. Später kamen Radargeräte hinzu. Der Höhe- und Endpunkt war die Shuttle Radar Topographie Mission (SRTM) Ende der Neunziger Jahre. Solange Film als „Detektor" genutzt wurde, war der Nutzen klar: Es konnte in einer bemannten Mission viel mehr Film belichtet werden, größere Instrumente (die auch ein kleineres Gesichtsfeld hatten) machten so Sinn und Astronauten konnten überwachen, ob es sinnvoll war eine Aufnahme zu machen oder die Szene mit Wolken bedeckt ist. Die Einführung von CCD-Detektoren änderte alles: War ein Bild misslungen, so konnte man es erneut machen, ohne Film zu verschwenden. Bei Radargeräten konnte man die hohe Nutzlast des Space Shuttles nutzen. Zudem lieferte die SRTM-Mission so viele Daten, dass man sie damals nur auf Band sichern konnte. Heute verfügen Satelliten über Phased-Array Antennen und hohe Sendeleistungen, sodass auch dieser Vorteil weggefallen ist. Trotzdem konnte man 2014 (nur 16 Jahre nachdem die ISS fertiggestellt wurde) die ersten Erdbeobachtungsexperimente vorweisen:

Für die Erdbeobachtung wird das DLR das Packet MUSES 2015 an der Außenseite von Columbus installieren. Die NASA will bis 2018 sieben weitere Instrumente installieren. Die meisten Instrumente sind Multispektralscanner. Sie haben sehr viele (100 und mehr) Spektralkanäle, aber eine nur geringe Auflösung. Dazu kommen Sensoren, die schon an Bord von Satelliten flogen und z.B. Blitze registrieren. Man nutzt also schon entwickelte Hardware. Damit umschifft man die wichtigsten Nachteile der Station (Bodenauflösung auf 1 m beschränkt) und nutzt ihre Vorteile (eine hohe Datenrate ist nutzbar, diese wird benötigt für viele Spektralkanäle). Was bleibt ist eine für die Erdbeobachtung schlecht geeignete Umlaufbahn. Die meisten Nutzer wollen ein Gebiet nicht einmalig erfassen, sondern langfristig überwachen, um z. B. Erntevorhersagen zu treffen, indem man Felder regelmäßig überwacht. Dafür muss man eine Szene möglichst oft unter den gleichen Belichtungsbedingungen erfassen. Erdbeobachtungssatelliten befinden sich in sonnensynchronen Umlaufbahnen. Diese erlauben das erneute Erfassen je nach Systemauslegung alle 2-18 Tage bei gleichem Sonnenstand (Schattenwurf). Die ISS befindet sich in einer 51,7 Grad geneigten Bahn und überfliegt alle dreieinhalb Tage dasselbe Gebiet, aber unter wechselnden Lichtbedingungen. Erst nach 62 Tagen liegen wieder dieselben Bedingungen vor. Für Untersuchungen auf langsame Veränderungen wie die menschliche Bebauung reicht das noch aus, doch man braucht Jahre, um eine Datenbasis aufzubauen die genügend Szenen enthält.

Technologische Erforschung:

Neben Experimenten, die einen wissenschaftlichen Hintergrund haben, betreibt man bei der bemannten wie unbemannten Raumfahrt auch technologische Forschung. Früher gab es dazu eigene Satelliten, die nur neue Verfahren, Hardware oder Technologien erhoben sollten, heute geht man eher den Weg, bei einer normalen Mission ein zusätzliches Experiment oder Backupsystem mitzuführen und zu erproben. So setzte die NASA über ein Jahrzehnt K-Band Sender im Kommunikationssystem ihrer Raumsonden zusätzlich ein, bevor das K-Band das X-Band als primäres Frequenzband verdrängte. Hier bietet die ISS drei große Vorteile: Zum einen gibt es viel mehr Flüge zur ISS. Das reduziert die Zeit zwischen der Planung und dem Vorliegen von Resultaten. So kann man schneller etwas umsetzen. So flog nur wenige Jahre, nachdem die ersten 3D-Drucker auf Basis von Kunststoffen entwickelt wurden, 2014 einer zur Raumstation. Es gibt geringere Beschränkungen in der Masse, sodass es auch mehr Gelegenheiten für die Erprobung von Technologien gibt. Zuletzt kann man die Gerätschaften wiederzurückbringen. So sieht man Veränderungen das ist vor allem wichtig für Werkstoffe, die man so auf die Einflüsse des Weltalls untersuchen kann, aber auch optische Oberflächen.

An der ISS wird technologische Forschung betrieben. Leider ist bei genauer Betrachtung der Nutzen vor allem für die bemannte Raumfahrt gegeben. Es gibt nur wenige Ergebnisse, die auch unbemannte Missionen nutzen. Meistens geht es um die Erprobung neuer Verfahren oder Technologien die den Astronauten zugutekommen oder den Betrieb der ISS optimieren.

Materialwissenschaften:

Die Schwerkraft beeinflusst alle Vorgänge auf der Erde. So erschein es schon immer interessant zu sehen, ob die Ausschaltung der Schwerkraft nicht nur neue Erkenntnisse vermittelt, sondern sogar eine Produktion im Weltraum wirtschaftlich sinnvoll wäre. Schmelzen und erstarren Metalle oder Legierungen so bewirkt die Schwerkraft eine Trennung nach der Dichte. So ist es auf der Erde unmöglich, eine Legierung aus Blei und Aluminium herzustellen. Aber auch wenn man zur Reinigung Materialen aufschmilzt, so können andere Kräfte wirksam werden die sonst von der Schwerkraft überdeckt werden. Zu den Festkörpern gehören nicht nur anorganische Werkstoffe, sondern auch Proteinkristalle, die man zu Analysezwecken sehr rein herstellen muss.

Bei Flüssigkeiten gilt dasselbe. So bilden sich bei nicht mischbaren Flüssigkeiten Schichten. Jeder weiß das Öl auf Wasser schwimmt. Darüber hinaus bilden sie Kugeln, da diese die kleinste Oberfläche haben. Das kann interessant sein, wenn man einen flüssigen Stoff in exakter Kugelform erstarren lassen will. Eine solche Anwendung war die erste kommerzielle Nutzung des Space Shuttles für die Weltraumproduktion in den frühen Achtzigern.

Selbst Gase bilden durch die Schwerkraft Schichten – deswegen steigen Wasserstoff- und Heliumballons auf, deswegen bilden sich leicht Schichten mit kohlendioxidreicher Luft in Kellern.

Die Materialwissenschaften haben einen Boom und Abstieg hinter sich. Erstmals wurden sie bei Skylab durchgeführt. Damals waren sie ein neues Forschungsgebiet und die Materialforschung beschränkte sich auf wenige Experimente und vor allem Festkörperphysik. Die Ergebnisse waren so positiv, dass Hoffnung über eine Fertigung im Weltraum aufkam. So konnte man einen Galliumarsendi-Einkristall herstellen, der zehnmal größer als auf der Erde war. Andere gezüchtete Kristalle waren erheblich reiner als irdische Gegenstücke. Mit dem Spacelab begann man dann mit der Fluiduntersuchung. So ist die Schwerkraft viel stärker als die Van-der-Waals Kräfte die zwischen unpolaren Flüssigkeiten wirken. Man konnte so viele Vorhersagen überprüfen.

Was sich nicht erfüllte, war der Traum der Fertigung im Weltraum. Zum einen gab es nur wenige Produkte, welche die hohen Transportkosten rechtfertigen – könnte man, wie die Alchemisten im Mittelalter glaubten, an Bord der ISS Blei in Gold umwandeln, es wäre unwirtschaftlich. Bei Drucklegung liegt der Goldpreis mit 35.500 $/kg weitaus niedriger als der Transport eines Kilo Bleis mit dem preiswertesten Frachter zur ISS. Zum Zweiten gab es oft Alternativen. Andere Technologien führten dazu, dass man heute in Labors reinere Proteinkristalle als auf der ISS züchten kann und Galliumarsenid als Halbleiter konnte die Erwartungen, die man an das Material hatte, nicht erfüllen. Nach wie vor bestehen die Chips aus Silizium. So ist die Materialforschung heute noch Grundlagenforschung, die vor allem dazu dient, Postulate experimentell zu überprüfen.

Kritiker weisen darauf hin, dass diese Experimente schon hoch automatisiert sind und die Rolle der Astronauten sich auf die Entnahme und das Bestücken von Proben, das Beobachten und Ein- und Ausschalten beschränkt. Tätigkeiten, die über Telemanipulatoren durchgeführt werden, z.B. in Hochsicherheitslabors in der Virologie oder beim Aufarbeiten von radioaktivem Material. In der Tat erprobte das DLR schon bei der D-2 Mission eine Bedienung der Experimente durch einen Roboter und die NASA plante zeitweise einen Einsatz der Hand „Dextre" bei der letzten Hubble-Servicemission als Ersatz für einen bemannten Einsatz. Das DLR ist in dieser Hinsicht Vorreiter und hatte auch an der ISS einen ferngesteuerten Roboter im Einsatz (ROKVISS **Ro**botik-**K**omponenten-**V**erifikation auf der **ISS**) – nur diesmal vom Computer gesteuert.

Medizin und Biologie:

Übrig bleiben zwei große Gebiete, das sind die Lebenswissenschaften Biologie und Medizin. Im wesentlichen dreht sich die Forschung an Menschen und Organismen auf der ISS darum, zu untersuchen, wie sich die Schwerelosigkeit auf den Menschen auswirkt und wie die schon bekannten Phänomene, wie der Abbau von Knochen- und Muskelmasse auf Langzeitmissionen minimiert werden können. Diese Forschung ist wiederum nur notwendig, wenn bemannte Raumfahrt durchgeführt wird, wodurch sich die „Schlange in den Schwanz beißt". Das gilt übertragen auch für Experimente an Tieren, die vor allem durch die JAXA durchgeführt werden. Viele Erkenntnisse, die man durch die bemannte Raumfahrt gewann und die auch für die irdische Medizin von Bedeutung sind wie z.B. bei Personen, die sehr lange im Bett liegen müssen oder es nicht verlassen können, konnte man auch durch „Bedrest"-Studien gewinnen, bei denen Personen das Bett wochen- oder monatelang nicht verlassen durften. Dafür muss man nichts ins All fliegen. Erst im Zeitraum nach 2016 ist seitens Roskosmos geplant mit einem

Kosmonauten eine Marsmission nachzufliegen, das bedeutet etwa 250 Tage Aufenthalt auf der Raumstation, rund 500 bis 550 Tage auf der Erde und dann ein weiterer Flug über 250 Tagen Dauer. Das simuliert den Flug zum Mars, das Warten auf die nächste Startgelegenheit und den Rückflug. Allerdings liegt die Schwerebeschleunigung bei nur 38% der irdischen. Eine vollständige Simulation ist auf der Erde aber prinzipiell nicht möglich. Dies ist das einzige Unternehmen, bei dem die ISS einen Beitrag für eine weitere bemannte Erforschung des Sonnensystems leistet, Ansonsten bleibt die Aufenthaltsdauer hinter den schon auf der Mir aufgestellten Rekorden zurück.

Gerne wird darauf verwiesen, dass die Forschung an der ISS-Grundlagenforschung ist. Dem ist sicher so. Allerdings rechtfertigt dies nicht die Summen, die für die ISS aufgewendet werden. Grundlagenforschung wird alleine in Deutschland von Tausenden Wissenschaftlern an Universitätsinstituten und Max-Planck-Instituten durchgeführt, mit einem Bruchteil des jährlichen Beitrags Deutschlands zur ISS. Auch der Vergleich mit anderen Raumfahrtprojekten hinkt. Natürlich ist Forschung im All immer teurer als auf der Erde. Doch für diese Kosten gab es auch eine enorme Erweiterung der Erkenntnisse. Das Hubble-Weltraumteleskop brachte uns das Universum näher – für einen Bruchteil der Kosten der ISS. Das gesamte planetare Forschungsprogramm der USA, beginnend von den ersten Mondsonden bis zu den aktuellen Missionen, kostete nicht so viel wie die ISS. Vergleicht man die bisherigen Ergebnisse der bemannten Raumfahrt mit den Ergebnissen der Planetenforschung in den letzten 50 Jahren, so wird das Missverhältnis deutlich.

Es gibt allerdings noch Experimente, die nichts mit der ISS und diesen Kerngebieten zu tun haben. Experimente, die den erdnahen Raum und die solare Strahlung erforschen oder Bilder der Erde anfertigen. Diese Experimente sind in der Tat Nutznießer der ISS. Die bemannte Raumfahrt nimmt gerne jedes Experiment mit, das integriert werden kann, um ihre Existenzberechtigung zu beweisen. Das führt dazu, dass Instrumente, die bei den Ausleseverfahren für wissenschaftliche Satelliten keine Chance hatten, in die Endauswahl zu gelangen, zur ISS gebracht werden. Dabei ist dies oftmals sogar billiger als eine unbemannte Mission, da Start und Satellit nicht finanziert werden müssen. Das führte schon in der Vergangenheit zu paradoxen Ereignissen. So war die billigste Möglichkeit den Geodäsiesatelliten GFZ-1 zu starten, ihn mit einer Progress zu MIR zu transportieren und durch die Müllluke zu „entsorgen". Heute werden so Cubesats ausgesetzt die im Inneren eines Frachters (anstatt auf der Oberstufe angebracht) zur ISS gebracht werden. Die NASA will sogar einen weiteren „Cubesat-Deployer" zu den schon zwei vorhandenen installieren.

Vorteile der ISS

Natürlich hat die ISS auch Vorteile für die Forschung. Diese werden klar, wenn man weiß, wie sonst es zu einer Mission kommt: Wissenschaftler oder Gremien (Max-Planck Institute, internationale Vereinigungen) schlagen einer Weltraumorganisation eine Mission vor. Diese lässt diese untersuchen, wie die Mission ablaufen könnte, ob sie technisch umsetzbar ist und wie sie finanzierbar ist. Eventuell beschließt man die Umsetzung und dann sucht man in einem langjährigen Prozess nach sinnvollen Experimenten und Instrumenten. Ein Institut wird beauftragt das Instrument zu entwickeln, wobei es meist starke Limits bei dem Gewicht, Datenrate oder Abmessungen gibt. Das Raumgefährt wird gebaut, instrumentiert und schließlich gestartet. ESA und NASA starten so pro Jahr wenige Missionen mit vielleicht 10-20 Instrumenten pro Jahr.

Die ISS ist nun schon im Orbit. Sie hat 25 externe Plätze für Experimente, die nicht im Innenraum angebracht werden können. Jeder Platz kann Experimente aufnehmen die bis zu 0,25 m² Fläche brauchen und einige Kilowatt an Strom können die Experimente verbrauchen. Die Masse eines Experiments kann durchaus einige Hundert Kilo betragen. Vergleicht man dies mit den Beschränkungen bei Experimenten auf Satelliten, so ist das wie der Vergleich mit einem Kombi und einem Truck hinsichtlich Beförderungsvermögen. In der Station gibt es 33 Racks. Jedes kann Experimente bis zur Größe einer Telefonzelle aufnehmen, die bis zu 750 kg wiegen. Nur wenige Anlagen sind so groß. Meistens wird ein Rack in 3 bis 6 Einschübe aufgeteilt und jeder Einschub eventuell noch in kleinere Kästen. Die Zahl der Experimente, die durchgeführt werden können, ist also viel größer als bei jeder unbemannten Mission. So verwundert es nicht, dass man auch 2015 noch nicht alle Plätze ausgenutzt hat. Immerhin, bis 2024 - so kündigte die NASA an - will man alle 25 externen Plätze besetzt haben.

Für einen Forscher bedeutet dass: die ISS ist, wenn die Forschung dort durchgeführt werden kann, leichter erreichbar als eine unbemannte Mission. Es gibt zudem weniger Restriktionen bezüglich der Masse und der Abmessungen. Als Nebeneffekt hat die ISS eine dauernde Funkverbindung über die TDRS-Satelliten der NASA, das erlaubt dem DLR z.B. die Echtzeitüberwachung der Experimente in einem eigenen Kontrollzentrum. Bei Satelliten gibt es die Daten nur, wenn er eine Bodenstation passiert. Von dort wandern sie dann auf Server und müssen von den Wissenschaftlern heruntergeladen werden.

Die Anforderungen für externe Nutzlasten ähneln denen für Experimente auf Satelliten, was die Umweltbedingungen angeht. Experimente im Innern der Station profitieren von der Abschirmung durch die Hülle und einer gleichmäßigen Umgebungstemperatur. Auf der anderen

Seite kommen durch die Benutzung durch den Menschen zusätzliche Sicherheitsprüfungen hinzu.

Wichtig für viele Forscher ist der finanzielle Aspekt. Es muss kein Satellit für die Experimente entwickelt werden, es fallen auch keine Startkosten an. Bei einem typischen Satelliten betragen diese das Mehrfache der Kosten für die Experimente. Für ein Experiment auf der ISS fallen nur die Kosten für dieses an und hier gibt es finanzielle Unterstützung seitens der Raumfahrtagenturen, die ein eigenes Budget für die ISS haben, das unabhängig von dem der unbemannten Raumfahrt ist. Die ISS ist so zugänglicher als die unbemannte Raumfahrt.

Die Betrachtung im wissenschaftlichen Kontext

Wie kann man feststellen, ob die Forschung auf der ISS bedeutend ist oder nicht? Nun Forschung kann man sicher nicht in der Form „Ergebnisse pro Million Euro" bemessen. Das geht alleine schon deswegen nicht, weil je nachdem wie viel Technik im Spiel ist, die Kosten unterschiedlich hoch sind. Auch auf der Erde haben wir teure Forschungseinrichtungen wie z. B. das CERN.

Aber die Wissenschaftsgemeinde hat Kriterien wie man die Wichtigkeit einer Forschung, aber auch das Renommee eines Forschers bewertet. Es ist das nicht unumstrittene Prinzip „publish or perish". Was zählt ist, was publiziert wurde. Genauer gesagt: wo es publiziert wurde und wie wichtig es andere finden. Es gibt zahlreiche Zeitschriften und Journale, in welchen Forscher ihre Ergebnisse publizieren können. Dazu wird ein Reviewprozess durchlaufen, der unwichtige oder nicht ganz saubere Ergebnisse ausfiltern soll. Wie bei anderen Zeitschriften gibt es eine Hierarchie: Ein Artikel in der „Times" ist sicher bedeutender als einer im „Hintertupfinger Käsblättle". So zählen zu der ersten Garde der Zeitschriften, die für naturwissenschaftliche Forschung wichtig sind die Publikationen „Science" und „Nature".

Fast noch wichtiger ist, wie andere Forscher die Aufsätze einstufen. Hat jemand etwas Wichtiges entdeckt, so werden andere Wissenschaftler das aufgreifen, überprüfen oder zur Basis weiterer Untersuchungen machen. Sie veröffentlichen ihre Erkenntnisse und verweisen auf den Originalaufsatz, man spricht dann vom „Zitieren einer Publikation". Je öfter eine Publikation zitiert wird, desto bedeutender ist sie. Man hat nun einmal in einem Zeitraum die Veröffentlichungen und Zitate der Forschung der ISS genommen und als Vergleich die bekannten Veröffentlichungen und Zitate wichtiger astronomischer Satellitenprojekte wie XMM oder das Hubble Space Teleskop. Die ISS konnte bis Ende 2013 789 Publikationen verzeichnen. Klingt eindrucksvoll, doch der 100-mal billigere Röntgensatellit XMM Newton kommt auf 3.233 Veröffentlichungen und das Hubble-Space-Teleskope auf 12.839 Stück. Dabei kostet selbst dieses Schmuckstück der unbemannten Raumfahrt nicht einmal ein Zehntel der ISS. Jedes Jahr produziert das HST so viele Publikationen wie die ISS in zehn Jahren. Was noch ist, war das die Veröffentlichungen der ISS-Forschung meistens in Zeitschriften der „nachgeordneten" Ränge, also nur mit regionaler und auf Teilgebiete beschränkter Bedeutung waren.

Wenn man sich die pure Zahl der Experimente ansieht, erhält man einen anderen Eindruck. Vom Beginn bis zur Expedition 34, also während der ersten 14 Jahre wurden 1.502 Experimente durchgeführt, die sich wie folgt aufteilen:

1502 Experimente lesen sich beeindruckend. Doch schaut man sich die Liste durch, so schrumpft sie schnell zusammen. Zum einen haben viele technologische Experimente die Aufgabe die Forschung oder den Betrieb an Bord der ISS oder zukünftiger Missionen zu verbessern. Wenn es keine bemannte Raumfahrt gäbe, wären sie nicht nötig. Auch bei der Humanforschung geht es meist darum zu erforschen, wie sich die Schwerelosigkeit auf den Menschen auswirkt und man ihre negativen Folgen verringern kann. Auch hier wäre dies nicht nötig gäbe es keine bemannte Raumfahrt. Die „Educational Activities" dienen nicht so sehr darum Bildung zu vermitteln, als vielmehr Begeisterung für die bemannte Raumfahrt zu wecken. Echte Forschung

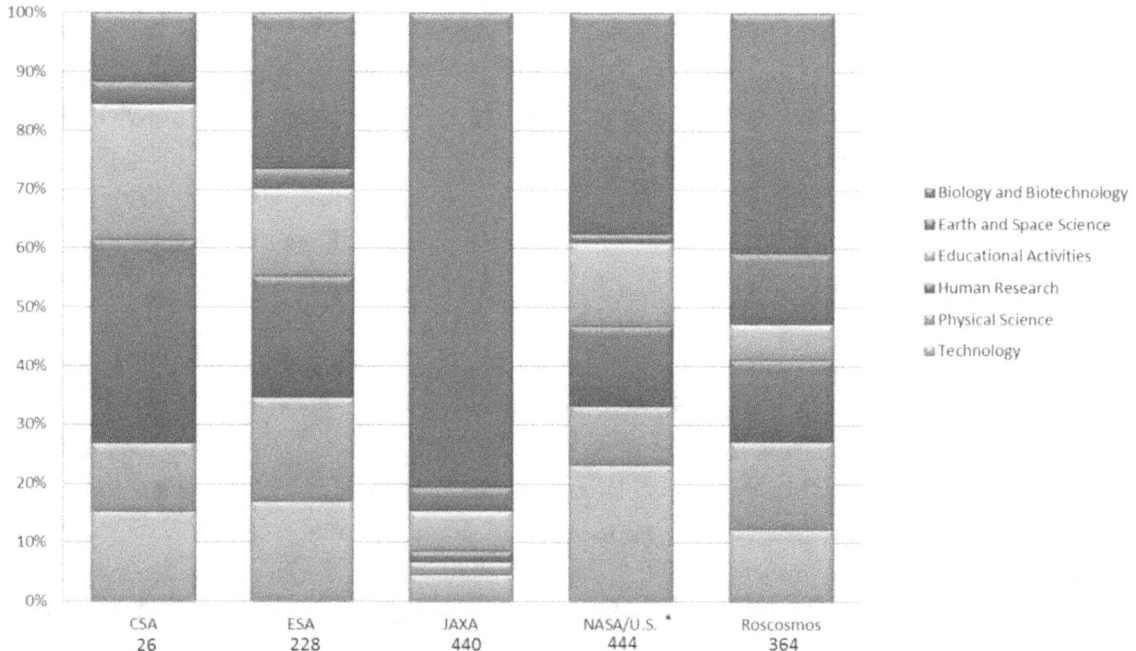

Abbildung 69: Verteilung der Experimente nach Disziplinen

sind sie genauso wenig wie eine Unterrichtsstunde an der Schule. Das zeigt schon die Problematik: Um diese hohe Zahl an Untersuchungen zu erhalten, zählt man alles dazu, selbst Dinge, die woanders Gegenstand eines Versuchs in einer Unterrichtsstunde in der Unterstufe sind. Trotzdem nimmt die Öffentlichkeit die ISS mehr durch die privaten Aktivitäten der Astronauten wahr, die in Blogs ihre Erlebnisse ausdrücken, Bilder publizieren oder wie Chris Hadfields Version von Major Tom auf Youtube stellen. Bei Drucklegung hat dieses Video mit über 26 Millionen Abrufen sicher mehr erreicht als zahlreiche „Educational Activities".

Untersucht man die Experimente genauer, so findet man sehr viele, deren wissenschaftlicher Nutzen doch eher zweifelhaft ist. So reicht das Fotografieren der Erde durch die Astronauten mit normalen Spiegelreflexkameras aus, um als Experiment eingeordnet zu werden. Verglichen mit den Möglichkeiten eines kommerziellen Forschungssatelliten ist das bescheiden. Das man nicht viele Experimente braucht, um viele Publikationen zu erzeugen beweisen andere Missionen. Das Hubble-Weltraumteleskop hat gerade einmal vier Instrumente. Sie wurden dreimal während der Mission gewechselt. Andere Satelliten oder Raumsonden haben Experimente, die gar nicht gewechselt werden können. Es kommt also nicht auf die schiere Zahl der Instrumente an, sondern ihre Qualität.

Billig ist die Forschung an Bord der Station mit Sicherheit in der Summe nicht. Alleine für Alexander Gerst fielen am deutschen Kontrollzentrum 30.000 Stunden Arbeitszeit zur Unterstützung seiner Mission an.

Die Zukunft der Forschung auf der ISS

NASA und ESA planten ursprünglich, die Kapazitäten ihrer Labors zu vermieten. Dadurch sollte der Betrieb der Station finanziert werden. Es zeigte sich, dass die Nachfrage bei der Industrie vollkommen überschätzt wurde. Für den Betrieb eines Standardracks über ein Jahr, eingeschlossen 86 Crewstunden Arbeitszeit, verlangte 2001 die NASA 20,8 Millionen Dollar. Dazu kam noch der Transport und Rücktransport der Anlagen mit dem Shuttle zu Preisen von jeweils 10.000 $ pro Kilogramm. Die Vermietung aller 33 Racks und vier Express Paletten hätte so rund 790 Millionen Dollar pro Jahr eingebracht. Dazu kämen noch 715 Millionen Dollar für den Transport von Experimenten (bei einjährigem Betrieb einer Anlage), sodass diese Summe die damals geplanten jährlichen Betriebskosten der ISS gedeckt hätte.

Die Nachfrage wurde allerdings gewaltig überschätzt. Sie war von Seiten der Industrie nicht nur gering, sie war absolut nicht vorhanden. Die ESA rief nun ein „Utilization" Programm ins Leben, das die zukünftigen Experimente finanziert. Bei der NASA war dagegen das Budget für Experimente rückläufig. Die Augustine-Kommission wies darauf hin, dass schon 2009 die Mittel für Microgravity Research, Material Science und Life Sciences erhöht werden müssen, wenn ab 2016 die zweite Generation von Instrumenten installiert werden soll. So verwundert es auch nicht, dass der ESA Anteil an den Experimenten sehr hoch ist. Von den durchgeführten Experimenten kamen:

Zeitraum	Gesamt	NASA	ESA	Roskosmos	JAXA	CSA
1998 – April 2009	402	185	112	83	19	3
	100,00%	46,20%	27,90%	20,60%	4,70%	0,80%
1998- März 2013	1502	444	228	364	440	26
	100%	29,5%	15,1%	24,2%	29,3%	1,7%

Wie man sieht haben die Experimente mit der Fertigstellung der Station deutlich zugenommen. In vier Jahren hat sich die Zahl der durchgeführten Untersuchungen fast vervierfacht. Auffällig ist, dass die JAXA enorm zulegte. Das liegt daran, das ihr Labor als Letztes hinzukam. Erst danach konnte die eigentliche Forschung beginnen. Der ESA-Anteil sank dagegen, noch deutlicher der NASA Anteil, die JAXA hat sie fast eingeholt. Das spiegelt in Maßen auch das finanzielle Engagement der Staaten bei der Forschung wieder.

Die NASA belegt derzeit weder die ihr zustehenden Racks im Columbus, noch im Kibō Labor. Auch von ihren eigenen sind sechs Racks für die Forschung von Dritten vorgesehen. So vermisst derzeit auch niemand das Zentrifugenmodul, obwohl es im Ursprungskonzept als das wichtigste Forschungsmodul an Bord der ISS galt. Doch es ist Besserung in Sicht: Es wird der NASA-Forschungsetat für die ISS um 42% gesteigert. Das sind 2 Milliarden Dollar mehr im Finanzjahr 2011-2016.

Die ESA hat das entgegengesetzte Problem: 2011 wurde das ISS-Budget gekürzt. Frankreich und Italien senkten ihre Beiträge deutlich. Der Neueinstieg Englands und die Erhöhung des deutschen Anteils konnten dies nicht auffangen. Da bestimmte Verpflichtungen fix sind, wie die Versorgung mit den ATV wirkt sich dies deutlich auf die Forschung aus.

Das Problem, dass man nach Wegfall des Space Shuttles nur begrenzt Nutzlast wieder zur Erde bringen kann, hat sich mit den Starts der Dragon erledigt. Sie können die rund 1.000 kg an Gütern, die pro Jahr anfallen, ohne Probleme transportieren.

Aber auch 2015 ist man noch weit davon entfernt, die Station voll zu nutzen. Nicht alle Racks sind belegt, das gleiche gilt auch für die außen angebrachten Paletten oder Experimentvorrichtungen. Arbeit gibt es auch mehr als genug. Denn auch wenn Alexander Gerst und die Crewmitglieder der Expeditionen 40+41 mit 80 Stunden wissenschaftlicher Arbeit pro Woche einen neuen Rekord aufstellten, so sind dies nur 13 Stunden pro Besatzungsmitglied und Woche. Ein siebter Astronaut, den es ab 2018 geben wird, könnte Vollzeit an den Experimenten arbeiten und daher die Crewstunden deutlich erhöhen. Hier zeigt sich auch der Nachteil der ISS: Sie ist so komplex, dass die Hälfte der verfügbaren Zeit (Ruhepausen, Schlaf, Essenszubereitung und Sport schon abgezogen) nur auf den Erhalt des Status entfallen. 2014 teilte die NASA die 24 Stunden Crewzeit wie folgt auf:

Dauer	Aktivität
13 h	Nicht-Arbeitszeit
11 h	Arbeitszeit
Davon 2 h	Besprechungen und Planungen
Davon 2,5 h	Körpertraining
Davon 160 min (41% der restlichen 6,5 h)	Forschung und Unterstützung der Forschung
Davon 105 min (27% der restlichen 6,5 h)	Beobachtung, Ankopplung, Be- und entpacken von Frachtern
Davon 55 min (14% der restlichen 6,5 h)	Hausarbeiten und Status der Station erhalten
Davon 23 min (6% der restlichen 6,5 h)	EVA Operationen
Davon 15 min (4% der restlichen 6,5 h)	Training und Übungsmaßnahmen
Davon 15 min (4% der restlichen 6,5 h)	Routinearbeiten (Verstauen, PR-Aktivitäten, Meetings)
Davon 12 min (3% der restlichen 6,5 h)	Medizinische Checks und Überwachungen
Davon 7 min (1% der restlichen 6,5 h)	Hardware und Software Upgrades der Station

Die NASA rechnet also mit gerade mal 2 Stunden 40 Minuten Forschungstätigkeit pro Astronaut und Tag. So muss es nicht verwundern, wenn die Forschung auch nur 10% der Operationskosten ausmacht (S.52).

„You got no Bucks without Buck's Roger"

Dieses Zitat stammt vom Spielfilm „The Right Stuff" und gibt sehr gut das Problem der NASA wieder die ihre Mittel vom US-Kongress genehmigen lassen muss. Dadurch, dass die Apparate heute weitgehend automatisiert sind, wären unbemannte Missionen eigentlich eine Alternative.

Doch es gibt recht wenige – zumindest wenn man wie bei der bemannten Raumfahrt die Möglichkeit haben will, die Ergebnisse wieder in den Händen zu haben.

Die USA starteten in den sechziger Jahren die BIOS-Satelliten, um den Einfluss der Gravitation auf Organismen bis hin zu Rhesusaffen zu testen. Die Versuche wurden eingestellt, als die USA ihre erste Raumstation Skylab starteten. Sie gelten heute als Grundlagenforschung, um festzustellen, ob lange Aufenthalte in der Schwerelosigkeit gefährlich für den Menschen sind und nachdem man Menschen länger im All hatte als die Tiere, waren sie überflüssig.

Russland startete seit 1985 die Foton Raumflugkörper. Sie sind eine modifizierte Version der Zenit-Aufklärungssatelliten, die wiederum auf die Wostok-Raumschiffe zurückgehen. Die neueste Generation Foton-M setzt nach wie vor die Wostok-Kapsel ein, aber ein Servicemodul des Yantar Satelliten. In der Wostokkpasel befinden sich die Experimente. Sie wird nach einer Mission von bis zu 60 Tagen Dauer mit einem Retroantrieb abgebremst und landet ähnlich wie eine Sojus in der kasachischen Steppe nach einem ballistischen Wiedereintritt und zuletzt einer Fallschirmlandung.

Es gab von 1985-1999 zwölf Starts der Foton und seit 2002 vier der neuen Foton-M Serie. Typisch bei der Foton-Serie sind 850 kg Nutzlast bei 6.840 kg Startmasse. Das ist gemessen an der Startmasse relativ wenig und liegt auch an dem Missionsprofil und der Kapsel. Experimente können wegen der hohen Beschleunigung beim Wiedereintritt von 8 bis 9 g und der harten Fallschirmlandung nur an der Hülle angebracht werden, die wegen ihrer Kugelform nicht geeignet ist, große Experimente aufzunehmen. Trotzdem dürften die Kosten einer Foton Mission im Bereich derer einer Progress oder bemannten Mission liegen, also einem Bruchteil der jährlichen Kosten der ISS, von deren Aufbaukosten ganz zu schweigen.

SpaceX offeriert seit Jahren eine Nutzung ihrer Dragon als Labor. Diese als „Dragonlab" bezeichnete Mission würde in der Kapsel der Dragon über 3 t Experimente mitführen und nach Beeidigung der Mission mit der Kapsel zur Erde zurückführen. Eine Dragon bietet mehr Stauraum und auch mehr Nutzlast als die Foton. Sie kann auch zwei Racks im Standardformat mitführen und die Belastungen beim Wiedereintritt sind geringer als bei der Foton. So sollte man einen Run auf diese Mission annehmen – doch SpaceX konnte keine Nutzer für seine Dragonlab gewinnen.

Solange es das Space Shuttle gab, gab es auch Programme die Nutzlasten bei einem Start im Weltall aussetzten und bei einem späteren Flug wieder bargen. Bei diesen Missionen gab es keine druckdichte Kapsel. Vielmehr wollte man so der Verhalten von Materialien oder Oberflächen im Weltall über längere Zeiten untersuchen wie z.B. Die Beschädigung durch Mikrometeoriten oder das Erblinden optischer Oberflächen durch freie Radikale. Dazu kamen Grundlagenforschungen z. B. an Ionenantrieben oder Experimente, die keine Atmosphäre benötigen. Dies waren Missionen wie der LDEF-Satellit oder die europäische Eureca-Plattform.

Seit einigen Jahren startet die US-Air-Force das X-37B, einen unbemannten Raumgleiter, der als größere Version als Rettungsvehikel für die Station vorgesehen war. Bisher erfolgten vier Flüge, die einige Monate bis über ein Jahr dauerten. Über den Zweck ist nichts bekannt, doch dürften es kaum Werkstoffforschung oder biologische Forschung als vielmehr Sensoren- oder Elektroniktests sein.

Auch in Europa gab es Überlegungen für eine Vermischung von unbemannter und bemannter Raumfahrt. In den frühen Achtzigern plante die CNES die Raumstation Solaris. Anders als spätere Raumstationen war diese unbemannt geplant. Sie sollte aus einer 5 t schweren Station mit einem Servicemodul bestehen, das von einer Ariane 4 gestartet werden sollte. Ein zweites Telemanipulationsmodul, das automatisch oder vom Boden gesteuert werden konnte, sollte dann das dritte Element, einen automatischen Transporter, ankoppeln. Das letzte Element wäre dann ein Telekommunikationssatellit, wie der spätere Artemis der einen dauernden Funkkontakt ermöglichen sollte. Damit war das System dem Jupiter/Exliner System, das Boeing für die Versorgung der Station vorschlägt vergleichbar, nur das es hier noch ein Rückkehrgefährt gab. Diese Station sollte völlig unbemannt arbeiten. Wichtigstes Forschungsgebiet waren die Materialwissenschaften, so wurde die Untersuchung des Kristallwachstums als Ziel genannt. Solaris sollte 5-10 Milliarden Franc kosten, das waren damals etwa 900 bis 1.800 Millionen Euro, heute inflationskorrigiert etwa die doppelte Summe.

Als die ESA Columbus beschloss, floss das Solaris Konzept mit in die Konzeption ein. So sollte die ursprüngliche Version von Columbus von der Raumstation abdockbar sein. Ein Servicemodul wäre dazu angekoppelt worden, das das Raumlabor mit Strom versorgt, die Kommunikation übernimmt und die Lageänderungen bis zum Wiederankoppeln durchführt. Eine weitere Plattform, der Free Flyer sollte alleine in deutlich größerer Höhe und in einer sonnensynchronen Bahn die Erde umkreisen. Er hätte primär der Erdbeobachtung gedient. Beide wären von Hermes besucht worden. Astronauten hätten Proben geborgen und Experimente ausgetauscht. Bei Columbus wäre auch ein kurzzeitiger bemannter Betrieb abgekoppelt von Freedom möglich gewesen. Ansonsten wurde als Vorteil herausgestellt, das die Station nicht bemannt war, denn dadurch waren die Störungen der Mikrogravitation viel geringer. Dies war wichtig für die Materialforschung.

Man sieht: Ansätze für die Verbindung von unbemannter und bemannter Forschung gab es schon immer. Die Umsetzung hinkt den Möglichkeiten hinterher. Dabei ist heute mit den automatisierten Experimenten eine unbemannte Station noch attraktiver als früher. Viele Experimente können autonom arbeiten und selbst die Fragestellungen, die regelmäßige Betreuung wie das Wechseln von Proben benötigen, könnten heute durch Roboter betreut werden. Astronauten könnten die Stationen regelmäßig besuchen, Proben bergen, neue mitbringen und Experimente austauschen und reparieren. Ein solcher Betrieb wäre viel preiswerter als die ISS. Es würden ein Großteil der Versorgungsflüge wegfallen und auch die Aufbauflüge drastisch sinken. Damit einher ginge eine entsprechende Kostenreduktion. Solange es aber die ISS als Konkurrenz gibt, deren Aufbau und Unterhalt aus dem Budget „bemannte Raumfahrt" finanziert wird, wird eine unbemannte Station sich nicht durchsetzen. Dasselbe Problem hat auch die private Raumstation des Mäzen Bigelow: Ihr Start ist seit Jahren ausgesetzt, weil es keine Kunden gibt.

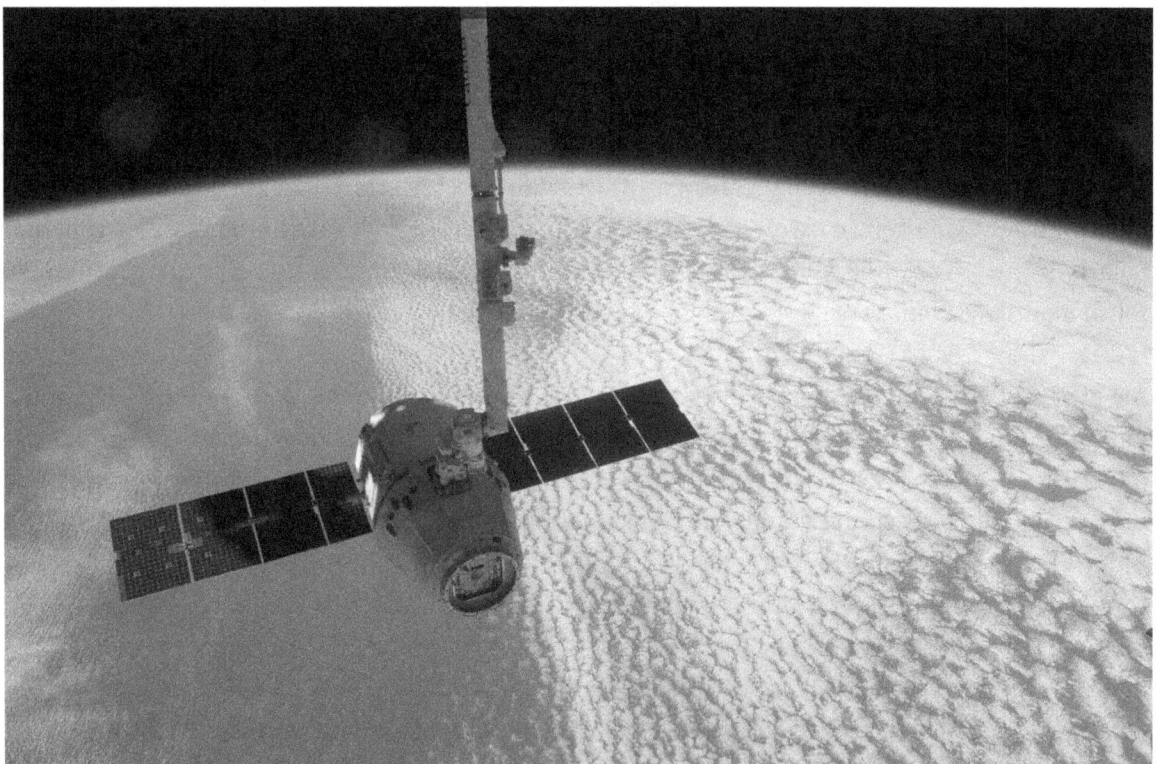

Abbildung 70: Die Dragon könnte auch unbemannt als "Dragonlab" eingesetzt werden.

Kontrollzentren

Da keine der beiden großen Weltraumnationen Russland und USA auf ein eigenes Kontrollzentrum verzichten wollte, gibt es zwei Hauptkontrollzentren für die ISS in Houston (MCC-H) und Moskau (MCC-M, MCC: Mission control centre). Die Aufteilung folgt auch den Stationsteilen: Moskau kontrolliert den Betrieb seiner Module und Houston den westlichen Teil. Auch bei einer Ankopplung von Raumfahrzeugen spiegelt sich diese Aufteilung wieder. Beide Kontrollzentren arbeiten jedoch eng zusammen.

Dazu gibt es noch die Kontrollzentren in Oberpfaffenhofen für das Columbus Labor (COL-CC) und in Tokio für das Kibō Labor. (JEM-CC). Sie koordinieren die Arbeit an den Experimenten in den jeweiligen Laboren. Das japanische Kontrollzentrum ist zudem für den Betrieb des HTV zuständig, während Europa sich hier für ein eigenständiges Kontrollzentrum entschied. Dies ist auch Ausdruck dessen, dass keiner der beiden am ATV/Columbus beteiligten Nationen auf ein eigenes Kontrollzentrum verzichten will. Da bei der Entwicklung des ATV Frankreich den höchsten Anteil hatte, kam das Kontrollzentrum (ATV-CC) nach Toulouse. Das das Columbus Kontrollzentrum (COL-CC) nach Oberpfaffenhoffen kam, stand dagegen nie zur Debatte – um einen ist Deutschland der Hauptfinanzier von Columbus, zum anderen wurden von dort aus schon die Spacelab Missionen Deutschlands und der ESA geleitet.

Abbildung 71: Blick ins MCC-H in Houston © des Fotos: NASA

Die ISS und Flüge zu Mars und Mond

Früher wurde als Argument für den Betrieb der ISS auch das Argument gebracht, dass sie als Sprungbrett ins All fungieren sollte. Module für eine Mond- und Marsexpedition sollten an der ISS zusammengebaut werden, bevor die Astronauten sie besteigen und zu ihrer Reise aufbrechen.

Davon ist inzwischen keine Rede mehr. Zum einen ist der Betrieb der ISS so teuer, dass es viel einfacher und preiswerter ist, die Module auf der Erde vorzumontieren und mit einer Schwerlastrakete ins All zu befördern. Zum anderen zeigte der ISS Aufbau selbst, wie aufwendig und kostspielig EVA-Operationen sind. Als Letztes kann dies die ISS in der derzeitigen Form gar nicht leisten, da sie keine Weltraumfabrik ist.

Im Jahr 1989 wurde unter dem Präsidenten George H.W. Bush eine Studie für eine Marsexpedition aufgelegt. Sie basierte auf der Nutzung der ISS für die Vorbereitung und den Zusammenbau der Module. Die NASA berechnete für die Durchführung dieses Plans Kosten von mindestens 400 Milliarden Dollar. Damit war das Projekt gestorben. Alle späteren Pläne verzichteten bewusst auf die ISS – und wurden gerade deswegen billiger.

Das Constellation Programm zeigt noch eine andere Problematik: Ohne einen Wettlauf der politischen Systeme gibt es nicht die Mittel für die bemannte Raumfahrt, die notwendig sind, um gleichzeitig zwei große Projekte durchzuführen. Die Raumstation und die Rückkehr zum Mond sind nach den Ergebnissen der Augustine-Kommission nicht parallel zu finanzieren. Das gleiche dürfte für ein Mond- und parallel durchgeführtes Marsprogramm gelten. Die ISS ist nicht nur nicht nötig für den Schritt zu ferneren Himmelskörpern – sie bindet auch die Finanzmittel, die dazu notwendig sind.

Da nach Fertigstellung der ISS ihr Betrieb mehr und mehr Routine wird, die neuen Unternehmungen, selbst wenn sie nur wie eine Wiederholung von Apollo wirken, jedoch „neu" sind und damit mehr öffentliches Interesse erregen, hat die ISS einen schlechten Stand. Die Station hat hier das gleiche Problem wie das Space Shuttle – wenn die sensationellen Berichte ausbleiben, sinkt das Interesse an dem Projekt. Ohne eine nachhaltige öffentliche Unterstützung fließen aber nicht die Summen, die für die bemannte Raumfahrt notwendig sind. Auch hier schließt sich wieder der Kreis zur Raumstation: Verwirklicht wurde sie erst, als Russland mit ins Boot kam, da dies in die damalige politische Landschaft passte und damit das Projekt enormen Auftrieb bekam.

Keeping it Up-To-Date

Wie jedes Gerät veraltet und verschleißt auch die Raumstation. Wenn die zweite Auflage dieses Buchs erscheint, haben die ersten Module schon 17 Jahre auf dem Buckel. Man hat sich daher schon bei der Konzeption Gedanken gemacht, wie man sie aktuell halten kann. Wie dies im russischen Teil geschieht, ist nicht bekannt, doch getan hat man etwas, denn nach einer bedeutend geringeren Frist mussten die Kosmonauten in der Mir schon mit Algen kämpfen, die sich an den Wänden und Fenstern ausbreiteten (man kann ja nicht „mal lüften"). Die westlichen Module wurden so konstruiert, dass es möglichst wenig Stellen gibt, in denen sich Vegetation festsetzen oder vermehren kann. So wurde darauf geachtet, dass sich nirgendwo Kondenswasser ansammeln kann, es keine versteckten Ecken gibt. Dazu kommt natürlich auch der Arbeitseinsatz der Astronauten: Die Hälfte des Arbeitstages sind sie nur damit beschäftigt die Station aufzuräumen, zu reinigen, zu reparieren. 2014 hat die NASA ihr Segment nach Untersuchungen als qualifiziert für einen Betrieb bis 2028 erklärt, von den Partnermodulen erhielt nur Columbus diese Würdigung. Es gab bis Ende 2014 zwölf Ereignisse, die den Betrieb der Station gefährdeten, davon entfielen sechs auf den Zeitraum bis 2010 und sechs auf die folgenden fünf Jahre. Das zeigt, dass die Ausfälle langsam aber sicher zunehmen.

Die Geschichte zeigt, dass die Maßnahmen richtig waren, sie müssen es aber auch sein, denn ein Ersatz eines Moduls ist nicht vorgesehen. Doch die Module sind nur die Bausubstanz. Viel wichtiger ist die Inneneinrichtung. In den westlichen Modulen werden überall einheitliche Racks eingesetzt. Sie können komplett ausgewechselt werden oder auch nur Teile davon. Dies ist wie ein modulares Regalsystem. Es gibt an der Wand Anschlüsse für Strom, Wasser, Gase. Die Austauschbarkeit ist besonders bei den Laboren wichtig, da die Experimente veralten bzw. nach erfolgten Untersuchungen einem neuen Experiment weichen müssen. So konnte man auch das Lebenserhaltungssystem nachrüsten und so kann man, wenn man die Besatzung wieder aufstocken will, in Racks weitere Schlafkojen anlegen. Denkbar wäre so eine Aufrüstung des PMM als Wohnquartier.

Auch außerhalb der Station können Teile ausfallen. Hier befinden sich die Solarzellen mit ihren Subsystemen, Radiatoren, Kommunikationseinrichtungen. Diese sind so ausgelegt, dass man sie bei einer EVA auswechseln kann. Die Batterien sind z.B. für eine Sollbetriebszeit von 5 Jahren ausgelegt. Raumtransporter können ORU (Orbital Replacement Units) mitführen (Dragon, HTV). Sie werden vom Canadararm entnommen und an dem Mast befestigt. Dazu gehören auch Ersatztanks für Kühlflüssigkeiten, mit denen man die Verluste durch kleinere Lecks bei den Radiatoren ausgleichen kann. Die Solarzellen sind so ausgelegt, dass sie bei Betriebsbeginn eine nominell viel höhere Leistung liefern, als die Station braucht. Sie müssen also nicht ersetzt werden.

Gefährlich wäre nur eine Kollision mit Weltraummüll. Sie ist inzwischen wahrscheinlicher als ein Meteoritentreffer. Hier nutzt der Station ihre niedrige Bahnhöhe – sie muss zwar dauernd angehoben werden, doch Müll gibt es aus dem gleichen Grund kaum in dieser Höhe. Ohne aktive Bahnanhebung würde ein Trümmerstück in 400 km Höhe innerhalb von zwei Jahren verglühen. So sind aktive Ausweichmanöver, die von den angekoppelten Progress oder ATV durchgeführt werden, selten. Etwa ein bis zweimal pro Jahr kommt dies vor und selbst dann hält man einen Sicherheitsabstand von mehr als einem Kilometer. Die NASA geht von einem Trefferrisiko mit Druckerverlust von 1:42 in einem Zeitraum von 6 Monaten aus. Das entspricht über die Betriebszeit bis 2020 einem Risiko von 1:4. Bisher gab es einen Vorfall am 28.6.2011 als ein Stück „Orbit Debris" der Station bis auf 340 m nahe kam und damit so nahe, das die Besatzung in ihre Sojusraumschiffe gehen mussten. Sie dienen als Rettungsraumschiffe. Allen anderen Bruchstücken konnte man rechtzeitig vorher ausweichen.

Die Mir wurde beschädigt durch die Kollision mit Progress M-34. Daraus hat man gelernt. Die Progress setzen das Kurs-Radar ein, dass man damals einsparen wollte. Die ATV nutzen sogar drei Annäherungssysteme, obwohl eines genügen würde. Transporter, die an den US-Teil andocken, stoppen 12 m vor der Station. Auch dies ist eine Vorsichtsmaßnahme. Dann übernimmt sie der Arm. Die Stoppposition kann man durch GPS-Navigation genau bestimmen. Zusätzlich setzen die Transporter optische Sensoren zur Entfernungsmessung und Positionsbestimmung ein. In allen Fällen kann die Besatzung durch ein Panel mit Steuerknöpfen die Annäherung abbrechen und die Triebwerke der Transporter direkt aktivieren, welche durch Umkehrschub die Frachter von der Station entfernen. So geht die NASA davon aus, das angesichts dieser Sicherheitsmaßnahmen die Module „ewig" leben und sie plant keinen Ersatz der Module.

Die Rolle der ISS für die bemannte Raumfahrt

Als man Freedom plante, verwies die NASA auf die Rolle der Station für die weitere bemannte Raumfahrt. Diese wird zu entfernteren Zielen führen. Das Nächste ist der Mond, das damals wie heute prominenteste Langzeitziel ist der Mars und inzwischen denkt man auch an Besuche von kleinen, erdnahen Asteroiden.

Freedom sollte mit sehr vielen Arbeitseinsätzen im All aufgebaut werden. Von Freedom aus hätte man dann die Hardware für diese Missionen zusammengebaut und gestartet. Heute ist man schlauer. Die ISS erforderte erheblich weniger EVA als Freedom, trotzdem erwiesen sie sich als sehr aufwendig, teuer und komplex. Planungen der NASA für die Rückkehr zum Mond sahen keine Arbeit im All vor. Stattdessen startet man komplette Teilsysteme mit einer Schwerlastrakete und ähnliche Pläne hat man auch für die Marslandung.

Doch es gibt weitere Aspekte. Der wichtigste Aspekt für alle Missionen jenseits des Erde-Mond-Systems ist der Faktor Zeit. Eine Marsmission kann bis zu 33 Monate dauern. Eine so lange Mission stellt neue Herausforderungen:

- Die Dauer ist dreimal länger als der längste bemannte Aufenthalt im All (und sechsmal länger als die bisher längste ISS-Mission)
- Es ist nach dem Start keine Versorgung möglich. Der Ressourcenverbrauch sollte also gering sein, Kreisläufe sollten möglichst geschlossen sein.
- Um Güter aus der Gravitation der Erde zu bringen, braucht man viel Energie. Oftmals noch mehr Energie, um zu landen oder wieder zur Erde zurückzukehren. Das verringert die Nutzlast deutlich.

Die ISS könnte nun genutzt werden, um diese Unternehmen zu vereinfachen, indem man an Bord der Station Technologien entwickelt die man dafür braucht. Das könnte sein:

- Geschlossene Lebenserhaltungssysteme, die den Wasser- und Gasverbrauch reduzieren. Hier gibt es deutliche Fortschritte gegenüber der Mir und auch dem ersten Bauabschnitt der ISS, von einem geschlossenen System ist man jedoch noch weit entfernt. Zudem fallen die modernen Aufbereitungsanlagen öfters aus.
- Längere Aufenthaltszeiten um einen Marsaufenthalt zu simulieren. Diese Problematik geht man ab 2015 an. Erstaunlicherweise stehen hier die Russen hinter den Vorschlägen. Zuerst wird es eine Langzeitbesatzung geben, die ein Jahr an Bord der Station bleiben.

Dann wird eine Besatzung ein Jahr an Bord bleiben, zur Erde zurückkehren und nach Ablauf einer typischen Marsmission erneut die ISS besuchen. Das soll den Flug zum Mars, die Landung auf dem Himmelskörper und die Rückkehr zur Erde simulieren, zumindest was die Zeit ohne Gravitation angeht. Diese Mission ist für 2020 geplant. Dazu gehört auch die Simulation der Kommunikationsverhältnisse: Entfernt sich eine Besatzung von der Erde, so sind keine Realzeitgespräche mehr möglich, weil das Signal immer länger braucht, um die Erde zu erreichen (bis zu 22 Minuten). Eine derartige Simulation ist nicht geplant. Im Gegenteil: Die Astronauten werden in bis zu vier Kontrollzentren von Hunderten von Missionsspezialisten kontinuierlich überwacht.

- Erprobung von Technologien, die man bei solchen Missionen braucht. So wird man wegen des hohen Energieaufwandes wahrscheinlich von chemischen auf Ionenantriebe wechseln. Diese braucht man für die Aufrechterhaltung der Bahn der ISS nicht. Der Test eines leistungsfähigen Triebwerks an Bord der ISS wurde mehrfach vorgeschlagen, ist aber bisher noch Zukunftsmusik, auch weil der Stromverbrauch für die Triebwerke für eine Marsmission so hoch ist, das selbst die ISS es nur kurzzeitig betreiben kann. Das betrifft auch andere Technologien wie leichtgewichtige Hitzeschutzschilde, solarthermische Stromversorgung (höherer Wirkungsgrad als Solarzellen, liefern zudem Heizenergie für die Zeit auf der Nachtseite der Erde). Die heutigen Module sind sehr massiv. Will man die Erde verlassen, so wird man sicher nicht über 400 t für eine Raumstation transportieren können. Mit den Anforderungen technischer Art an das Equipment für Mars- oder Mondlandung hat die ISS nichts zu tun. Die Erprobung von BEAM ist ein erster Schritt in diese Richtung. Noch wichtiger wäre der Einsatz künstlicher Schwerkraft z.B. durch eine Zentrifuge. Die ISS-Besatzungen können nach der Landung nicht einmal alleine ihre Kapseln verlassen. Bei einer Marsmission hievt sie keiner raus sondern sie müssen im Gegenteil gleich nach der Landung ihr Quartier beziehen und da stehen einige Arbeiten an. Der bisher nur wenig reduzierte Muskel- und Knochenschwund kann eventuell durch künstliche Schwerkraft reduziert werden. Dazu muss man aber Erfahrungswerte über tägliche Dauer und Stärke haben.

Die ISS in Zahlen

Die ISS	
Gewicht:	419.600 kg
Abmessungen: Nur Teile unter Druck:	74 m Spannweite × 110 m Länge x 30,5 m Höhe 51m Länge x 30,5 m Höhe
Wohnvolumen:	936 m³, davon 407 m³ bewohnbares Volumen
Druckmodule:	9
Stromversorgung	120 kW maximal, 84 kW minimal 30 kW nomineller Verbrauch, 46 kW maximal für Nutzlasten
Aufbauflüge:	22 Space Shuttle Aufbau-Missionen 13 Space Shuttle Logistik-Missionen 3 Proton (Sarja, Swesda, Nauka) 2 Sojusstarts (Piers und Poisk)
Versorgungsflüge bis zur Fertigstellung:	36 Sojus und Progressstarts 1 HTV 2 ATV Flüge
EVA Einsätze:	160 mit 1.920 h Dauer
Computer:	52, 100 Netzwerkdosen
Sensoren:	400.000
Umfang der Software:	1,5 Millionen Codezeilen
Bahnhöhe (im operationellen Betrieb)	370 – 460 km
Inklination:	51,6 Grad
Beteiligte Nationen:	16
Beteiligte Firmen:	500
Beschäftigte am Programm:	>100.000
Kosten:	135 Millionen $
Planungszeitraum:	1984 – 1993
Aufbau	1998 – 2011
Betrieb:	2009 – 2020

Die Versorgungssysteme der ISS

Die Internationale Raumstation wird nach den derzeitigen Planungen mindestens bis 2020 in Betrieb bleiben. Während dieser Zeit werden sie unzählige Besatzungen besucht haben. Sie brauchen die gleichen Dinge zum Leben, wie wir hier auf der Erde. Daher benötigt man ein Versorgungssystem für die ISS. Um den Bedarf an Fracht zu bestimmen, muss die Menge des Versorgungsgutes bekannt sein. Jeder Mensch braucht:

- Luft zum Atmen
- Nahrung zum Essen
- Wasser zum Trinken und für die Hygiene

Und er produziert:

- Urin
- Fäkalien
- Kohlendioxid
- Abfall

Zu der Station müssen weiterhin laufend Ersatzteile für defekte Teile gebracht, durchgeführte Experimente gegen neue Anlagen ausgetauscht und Proben und Ergebnisse zurück zur Erde gebracht werden. Weiterhin gibt es Müll, der entsorgt werden muss. Das alles zusammen ergibt den Versorgungsbedarf.

Die Bahn der ISS ist ein Kompromiss zwischen leichter Erreichbarkeit von der Erdoberfläche und dem Aufwand, diese Bahn stabil zu halten. Je höher die Bahn ist, desto kleiner die Nutzlast der Raketen, die die Besatzungen und Versorgungsgüter bringen. Je näher ein Körper der Erde ist, desto stärker wird er von der noch dünnen, oberen Atmosphäre abgebremst. In der Bahnhöhe der ISS ist die Luftreibung noch so groß, dass die Station in weniger als zwei Jahren in der Atmosphäre verglühen würde, wenn Sie nicht laufend angehoben würde. Dazu wird Treibstoff benötigt. Der Bahnhöhenverlust ist variabel und hängt von der Sonnenaktivität und der Bahnhöhe ab. Während des Aufbaus befand sich die ISS in 340 bis 378 km Höhe. Danach in 407 km Höhe. Die Extremwerte des Höhenverlustes liegen bei 50 bis 700 m pro Tag. Durchschnittlich verlor die ISS während der Aufbauzeit rund 100-200 m pro Tag an Bahnhöhe. Eine Bahnhöhe von 340 km sollte nicht zu lange unterschritten werden, da dann die Station innerhalb von 90 Tagen ohne Anhebung soweit absinkt, dass danach kein Transporter sie wieder in eine sichere

Entfernung anheben kann. Von 2003 bis 2008 ließ man die Station sinken, dies war eine Maßnahme um die Nutzlast des Space Shuttles zu maximieren. Danach hoben vor allem die ATV sie an. Der zweite Transporter, Johannes Kepler wartete bis das letzte Shuttle abkoppelte, um sie innerhalb weniger Tage um 40 km anzuheben. Alleine für das Verhindern des Absinkens verbrauchte man von 1998 bis Ende 2013 rund 80 t Treibstoff, das ist ein Viertel der Masse der ISS.

Die Frachtmengen, die zur ISS transportiert werden, sind beträchtlich. Die Mir erforderte noch 10-12 t Nachschub pro Jahr. Würde die ISS wie die Mir betrieben werden, so benötigt sie 32 t allein an Verbrauchsgütern. Dazu kämen noch weitere 10-13 t Fracht pro Jahr, um Experimente und defekte Teile zu ersetzen.

Das Wasser macht dabei den größten Anteil aus. Daher wird an Bord der ISS das Wasser wieder aufbereitet, indem Brauchwasser destilliert wird. Dieser Kreislauf ist geschlossener als bei der Mir. Es gibt also weniger Verluste.

Da kein Raumfahrzeug absolut dicht ist, gibt es Leckverluste – Gas dringt durch die Luken, Wände, Schweißnähte oder bei Außenarbeiten aus der Station. Diese Verluste sind bei der ISS mit ihren vielen Modulen erheblich höher als bei der Mir. Die Luft muss daher laufend ergänzt werden. Dazu kommt der von der Besatzung verbrauchte Sauerstoff. Dieser kann durch die Elektrolyse von Wasser gewonnen werden. Da das Wasser einfacher zur Station gebracht werden kann und keine Druckgasflaschen benötigt, wird diese Vorgehensweise bevorzugt. Das entstehende Kohlendioxid wird durch Molekularsiebe abgetrennt und ins All entlassen.

Die Nahrung wird regelmäßig von der Erde zur ISS gebracht. Der größte Teil ist haltbar gemacht durch Gefriertrocknen, Erhitzen in Dosen oder von sich aus haltbar, wie Kekse oder Dauerwurst. Beliebt bei der Besatzung sind allerdings Frischwaren oder persönliche Gegenstände, die ebenfalls von den Transportern befördert werden.

Pro Astronaut fallen ohne Regeneration 14,6 kg an Verbrauchsgütern pro Tag an, 5,3 Tonnen pro Jahr. Ein Teil ist unvermeidlich, wie der Bedarf an Nahrung oder die Leckverluste, die nur mit einem sehr hohen Aufwand vermindert werden können. Bei anderen Teilen ist es einfacher, Ressourcen einzusparen: Wasser kann zurückgewonnen werden, indem Hygienewasser aufbereitet und erneut einsetzt wird. Das Gleiche gilt für Urin und Fäzes, die erhitzt werden, um das Wasser herauszudestillieren. Verglichen mit der Mir sind die Aufbereitungskreisläufe bei der ISS geschlossener. Ein noch weitgehendes System zur Aufbereitung auf Basis des Sabatierprozesses, das auch den Sauerstoff aus dem Kohlendioxid zurückgewinnt, wurde 2011 installiert, fiel aber in der Folge immer wieder aus. Für eine Marsexpedition wird mit einem deutlich höheren Verbrauch gerechnet – etwa 30 kg pro Tag und Person. Umgekehrt lag der Verbrauch beim Apolloprogramm mit primitiveren Hygienemöglichkeiten auch schon bei 9-10 kg pro Person und Tag.

Die Versorgung war, solange der Space Shuttle als primäres System für den Mannschaftstransport vorgesehen war, kein Problem. Vier Versorgungsflüge waren pro Jahr geplant. Die Space Shuttles hätten neben der neuen Besatzung bis zu 37.600 kg Fracht transportieren können. Dazu wären dann noch vier Progress Transporter mit 8.800 kg Treibstoff und einmal pro Jahr ein HTV/ATV gekommen. Zusammen ergab dies eine Versorgungskapazität von 55-60 t pro Jahr – deutlich mehr als tatsächlich benötigt wird.

Nach der Ausmusterung der Shuttles klafft eine Versorgungslücke. Die erste Maßnahme war ein neues System zur Wasserdestillation im Tranquility Knoten. Es liefert anders als das russische System auch Sauerstoff. Dadurch sinkt der Bedarf an Wasser und Gasen um 2.850 kg pro Jahr. Pro Person werden nur noch 6 kg pro Tag oder 13.100 kg für die Normbesatzung von sechs Personen benötigt. Der zweite Hauptposten ist der Treibstoff. In 350 km Höhe sinkt die Station um 250 m pro Tag ab, so werden 8,6 t Treibstoff pro Jahr benötigt, um die Bahnhöhe aufrechtzuerhalten. Die Anhebung der Bahn von 350 auf 400 km Höhe (vor allem durch das zweite ATV Johannes Kepler) hat den jährlichen Treibstoffbedarf der ISS von 8.600 kg auf 3.600 kg pro Jahr reduziert. Er ist jedoch stark von der Sonnenaktivität abhängig. Steigt sie an, so dehnt sich die Ionosphäre der Erde aus und bremst die Station stärker ab. Weiterhin wurde die Crew von sieben auf sechs Astronauten reduziert. So entfiel ein Siebtel der Nahrungsmenge und des Wassers.

Die NASA hat sich entschlossen, die Lücke durch den Wegfall der Shuttles mit zwei neuen Frachtraumschiffen zu schließen, der Cygnus und Dragon. Die mehrfache Auslegung bewährte sich als zwischen Oktober 2014 und Juni 2015 drei Transporter Fehlstarts hatten und die ISS trotzdem weiter betrieben werden konnte.

Die Verträge rund um die ISS

Die Vereinbarungen der einzelnen Nationen über den Bau und den Betrieb der ISS sind komplex. Sie betreffen sowohl die Beiträge, welche die einzelnen Raumfahrtagenturen beisteuern, wie auch die Verteilung der Ressourcen und des Raums.

Russland bekam einen Sonderstatus. Russland hat das exklusive Nutzungsrecht an dem von Russland gestarteten Modul Swesda. Sollte Russland noch sein Forschungsmodul Nauka starten, so würde es auch dieses alleine nutzen. Russland nutzt dies aus für die Beförderung von Weltraumtouristen, die sich nur in Swesda aufhalten dürfen, da die NASA dies auf ihrem Teil der ISS nicht duldet. Die ISS besteht somit aus einem westlichen und einem russischen Teil.

Für den westlichen Teil gibt es einen Verteilungsschlüssel. Dieser Schlüssel legt die Verteilung der Ressourcen fest: Strom, Anteil an der Datenrate und Crew Zeit. Er beträgt:

- 76,6% für die NASA (amerikanische Raumfahrtagentur)
- 12,8% für die JAXA (japanische Weltraumorganisation)
- 8,3% für die ESA (europäische Raumfahrtagentur)
- 2,3% für die CSA (kanadische Weltraumagentur)

Dieser Barter Vertrag ist wesentlich älter als die ISS. Der gleiche Verteilungsschlüssel wurde schon für die Raumstation Freedom Ende der achtziger Jahre festgelegt. Entsprechend diesem Anteil müssen die beteiligten Nationen sich am Unterhalt beteiligen. Dies erfolgt durch erbrachte Leistungen. Er wurde nur um Leistungen für Russland erweitert, so war ein Viertel der Fracht des ersten ATV, Jules Verne, für den russischen Teil der Station bestimmt. Bei den Labors wurden die Racks aufgeteilt. Gezählt wurden nur Racks mit Experimenten.

Die Anzahl dieser – für die Forschung verfügbaren – Racks beträgt:

- 10 im Columbus Labor der ESA,
- 10 im Kibō Labor der JAXA,
- 13 im Destiny Modul der USA.

Die NASA kann die Hälfte der Racks in dem japanischen und europäischen Modul nutzen. Dazu kommen alle eigenen Racks im Destiny Modul. Nach Nationen aufgeteilt, ergibt sich daher folgende Rack Benutzung:

- Europa 5 Racks (15,1%)
- Japan 5 Racks (15,1%)
- USA 23 Racks (69,9%)

Das Missverhältnis zuungunsten der USA beruht auf dem Verzicht auf den Ausbau und den Start des Zentrifugenmoduls mit 10 weiteren Racks. Dieses von der JAXA, als Kompensation für den Start von Kibō, gebaute Modul hätte die NASA exklusiv nutzen können. Die USA müssen von ihren Racks noch Kanada und Italien Raum einräumen. Kanada ist direkt an der Raumstation durch den Manipulator beteiligt, Italien indirekt durch ein bilaterales Abkommen mit der NASA.

Nachschubsysteme für die ISS

Die ISS sollte nach den ursprünglichen Planungen von folgenden fünf Systemen versorgt werden, jedes mit eigenen Fähigkeiten:

- Progress Raumtransporter
- Sojus Kapsel
- Space Shuttle
- ATV
- HTV

Bei der Auslegung dieser Systeme gab es verschiedene Aspekte zu berücksichtigen. Zum einen die Beteiligung der Nationen an der ISS. So lastet die Hauptaufgabe für den Nachschub auf den USA, da die USA am meisten zur Finanzierung beitragen. Wichtig ist aber auch, dass jedes Versorgungsgut von mindestens zwei Systemen transportiert werden kann. Damit ist der Ausfall eines Transports nicht kritisch. So teilen sich die Teilaufgaben auf die Transporter auf:

	Space Shuttle	Sojus	Progress	ATV	HTV	Dragon	Cygnus
Treibstoff			+	+			
Reboost	(+)		+	+			
Wasser	+		+	+	(+)	(+)	(+)
Gase			+	+	(+)		
Nahrung	+		+	+	+	+	+
Racks	+				+	(+)	+
Personen	+	+					
Müll	+		+	+	+	+	+

	Space Shuttle	Sojus	Progress	ATV	HTV	Dragon	Cygnus
Fracht zur Erde	+					+	
Paletten/ORU	+				+	+	

(+) Transport möglich, aber unter Einschränkungen.

Die NASA plante, nachdem die Raumfähren ins Museum wandern, den Transport durch drei neue Systeme sicherzustellen:

- Das Cygnus Raumschiff von OSC ist nur für den Transport von Fracht unter Druck vorgesehen.
- Die Dragon Kapsel soll Fracht unter Druck und ohne Druckausgleich transportieren. Sie kann auch als erstes System nach Ausmusterung des Space Shuttles größere Mengen an Fracht zurück zur Erde bringen.
- Das Orion Raumschiff sollte das Space Shuttle bei dem Transport von Mannschaften zur ISS ersetzen und die Sojus ergänzen. Mittlerweile ist das Programm nicht mehr für ISS Transporte vorgesehen. Stattdessen soll im Rahmen des CCDev Programms (Commercial Crew Development) ein „kommerzieller" Transport durch die CST100 und Dragon erfolgen.

Die Menge der von den US-Transportern gebrachten Fracht steigt in den nächsten Jahren an, auch weil HTV und ATV in die Bresche gesprungen sind, als es nach dem Ausmustern des Shuttles eine Lücke gab. Bis 2018 soll es 5-6 CRV-Flüge pro Jahr geben. Diese Frequenz soll dann beibehalten werden. Von 2017 bis 2024 geht die NASA nach den derzeitigen Ausschreibungen für den nächsten Versorgungsvertrag von 14 – 17 t Fracht im Druckmodul und in etwa derselben Menge an Müll + Rückkehrfracht aus. Dazu kommen noch 1,5 bis 4 t Fracht ohne Druckausgleich. Zum Vergleich: CRS-1 umfasst 40 t im Zeitraum zwischen 2012 und 2017, also nur rund 8 t pro Jahr.

Alle Frachter sind flexibel in der Art und Menge des mitgeführten Frachtguts. Die maximale Zuladung wird diktiert durch das Startgewicht, das die Trägerrakete vorgibt. Wie die Nutzlast jedoch verteilt wird, ist variierbar.

Es gibt meistens zwei Sektionen: einen druckstabilisierten Teil und einen Teil, der nicht unter Druck steht. Die Besatzung kann den ersten Bereich betreten und Fracht entladen. Der zweite

Teil dient zur Versorgung mit Wasser, Treibstoff und Gasen. Diese werden durch Überdruck in die Tanks der russischen Module gepumpt. Gase werden direkt in die Atmosphäre entlassen. Die ISS hat ein Innenvolumen von rund 900 m³. Erlaubt man ein Ansteigen des Drucks um 50 hPa, das ist in etwa die maximale Schwankung des irdischen Luftdrucks, so

1.Abbildung: Sojus Docking Adapter. Rechts: Rasswet

kann man 50 kg Gas auf einmal entlassen. Die ISS hat eine normale Atmosphäre wie auf der Erde, bestehend aus 20% Sauerstoff und 80% Stickstoff. Als Gase werden daher Druckluft und reiner Sauerstoff mitgeführt. Da der Sauerstoff von der Besatzung „verbraucht" wird (umgesetzt zu Kohlendioxid) muss der Gehalt regelmäßig erhöht werden.

Das HTV, die Dragon und das Space Shuttle können auch Paletten oder Ersatzteile die außen angebracht werden transportieren. Diese müssen dann vom Arm der Station an der Außenseite der Station oder dem Kibō Labor befestigt werden. Ein Transporter ganz ohne Druckbehälter wäre denkbar, eine solche Option war ein Ausbauszenario des ATV. Unterteilt können die Transporter nach Ankopplungspunkt werden. Bedingt durch die unterschiedlichen Systeme haben beide Methoden Vor- und Nachteile:

- Die russischen Adapter wurden schon bei Mir verwendet. Sie haben Leitungen, durch die Wasser und Treibstoff transferiert werden können. Weiterhin befinden sich an den Kopplungsadapter aktive Radartransponder des Kurs-Systems. Damit ist eine automatische Kopplung möglich und diese wird auch bei den bemannten Missionen bevorzugt (ab 150 m Entfernung von der Station übernimmt die automatische Ankopplung mittels Kurs die Steuerung auch bei Sojus Flügen). Ihre für Besatzungen ausgelegten Luken haben aber einen kleinen Durchmesser, durch sie passen keine Standardracks. Ein Kopplungspunkt am Ende von Swesda erlaubt den Reboost der Station, da der Schubvektor durch den Schwerpunkt geht. An sie docken Progress, Sojus und ATV an.

- Der Hauptvorteil der CBM (**C**ommon **B**ethering **M**echanism) Anschlüsse auf dem US-Teil ist, dass der Durchmesser der Luke 1,27 anstatt 0,70 bis 0,80 m beträgt. Sperrige Ausrüstung kann so zur Station gebracht werden. Nur durch diese Luken passt ein Rack. Sie wurden ursprünglich entwickelt, um die einzelnen Module miteinander zu verbinden. Diese Anschlüsse haben keine Möglichkeit Wasser oder Treibstoff zur ISS zu transferieren und ein Reboost ist unmöglich, da alle Kopplungsstellen so liegen, dass der Schubvektor nicht durch den Schwerpunkt der ISS verläuft. Das US-System hat keinerlei Möglichkeit zur automatischen Ankopplung. Die Module müssen in die Nähe (etwa 10 bis 12 m) zum Ankopplungspunkt manövriert und dann vom Canadaarm2 eingefangen werden. Ihn steuern die Astronauten und koppeln dann den Frachter an. Das Abkoppeln erfolgt dann umgekehrt auch hier werden die Verbindungen gelöst, der Arm zieht das Modul weg und entlässt es dann. Dass der Arm durchaus ausfallen kann, zeigte sich schon kurz nach der Installation des Canadarm2, als im Mai/Juni 2001 sich Gelenke nicht bewegen ließen und einen Außeneinsatz zur Reparatur nötig machten. Die CBM haben wie die anderen Kopplungsadapter zwei Bauformen. Auf der ISS sind aktive CBM, an den Transportern dagegen passive.

- Das Space Shuttle hatte einen eigenen Ankopplungspunkt. Der Verbindungsadapter leitete sich von Designs ab, die man schon bei Apollo-Sojus verwendete und in ähnlicher Weise auch die Sojus einsetzt (er wurde schließlich für die Ankopplung an die Mir entwickelt). Auch durch ihn passen keine sperrigen Gegenstände. Die Position war aber so, dass das Shuttle die ISS anheben kann. Das wurde jedoch nur während der Anfangszeit so gemacht. Später war dies zu ineffektiv und Treibstoff verbrauchend. Für die kommerziellen Mannschaftstransporter wird dieser weiter benutzt und um den IDA ergänzt. Dadurch ergibt sich, dass an einem CBM Anschluss zwei Adapter angebracht sind. Der Erste reduziert den Druckmesser auf 800 mm, der Zweite weitet ihn wieder auf den CBM-Anschluss auf.

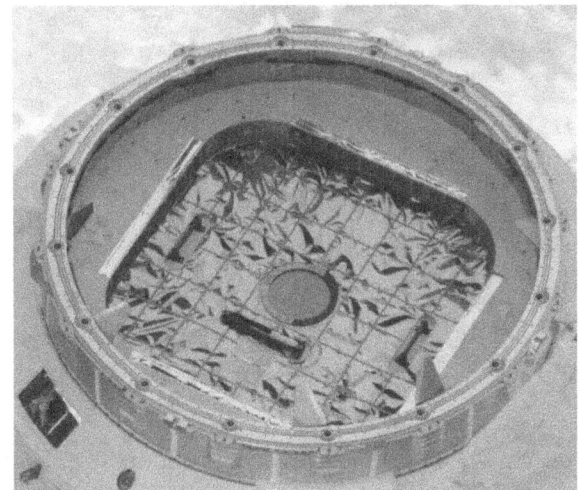

2.Abbildung: CBM Adapter einer Dragon

Der Progress Raumtransporter

Die Progress (russisch: Пporpecc für „Fortschritt") Raumtransporter sind heute in der vierten Generation im Einsatz. Die UdSSR setzte sie erstmals 1978 ein, um bei Saljut 6 die Arbeitsdauer zu erweitern. Die ersten Raumstationen, Skylab und Saljut 1-5 waren mit einem Vorrat an Verbrauchsgütern gestartet worden. Das war unwirtschaftlich. Waren sie verbraucht, so war die Raumstation nutzlos. Daher markiert der Start von Progress 1 auch eine Wende im russischen Raumfahrtprogramm. Immer längere Aufenthalte auf den Raumstationen wurden möglich. Gastbesatzungen konnten Saljut und später Mir besuchen. Die Raumstationen wurden nun größer und aus mehreren Modulen aufgebaut. Die Progress Transporter lieferten auch den Treibstoff, um den Orbit regelmäßig anzuheben.

Der Progress Transporter ist ein umgebautes Sojus Raumschiff, bei dem alle Systeme entfernt wurden, die für eine Besatzung erforderlich sind. Kein Teil des Raumschiffs übersteht einen Wiedereintritt. Der Transporter besteht aus drei Sektionen:

Der vorderste Teil von Progress ist das unter Druck stehende **Frachtmodul** (Progress GO russisch: Грузовой отсек) mit der Luftschleuse und dem Kopplungsadapter zur ISS. Hier befindet sich die Fracht, die unter Druck stehen muss, also Nahrung, Kleidung, Werkstoffe, aber auch Wasser und Gase in Behältern. Der aktive Docking-Adapter vom Typ „SSWP-M 8000" koppelt an einen passiven des Typs „SSWP G4000" an. Es ist der gleiche Typ, den auch ATV und Sojus einsetzen. Diese Sektion ist aus der Orbitalsektion der Sojus Kapsel entstanden. Sie besteht aus einer Kugel mit zwei vorne und hinten angebrachten Zylinderstümpfen. Der Vordere enthält die Systeme zum Ankoppeln und hat eine Länge von 0,50 m bei einem maximalen Durchmesser von 1,35 m.

Der hintere Zylinder ist kürzer und verbindet das Frachtmodul mit der folgenden **Tanksektion** (Progress OKD, russisch: Отсек компонентов дозаправки). Diese enthält die Treibstoffe, welche zur ISS umgepumpt werden. Diese Trennung verhindert eine Kontamination des Druckteils mit den giftigen Treibstoffen, falls es ein Leck gibt. Bei dem Sojus Raumschiff befindet sich hier die Wiedereintrittskapsel. Auch wenn die Form identisch ist, so handelt es sich bei der Tanksektion um eine leichtgewichtige Struktur, anders als die massive Kapsel der Sojus. Sie muss weder einen Innendruck aufrechterhalten, noch enthält sie einen Hitzeschutzschild. Daher wiegt sie nur 800 anstatt 2.900 kg. Durch diese Gewichtseinsparung ist es möglich, die Fracht zu befördern. Die Tanksektion verfügt über sechs Triebwerke, welche zur Lageregelung und als Back-up für die Steuertriebwerke in der Servicesektion dienen. Sie werden durch die katalytische Spaltung von Wasserstoffperoxid angetrieben.

Der letzte Teil ist das von der Sojus weitgehend unverändert übernommene **Servicemodul**. Es befördert den Progresstransporter zur ISS und bringt ihn nach beendeter Mission zum Verglühen. Diese Sektion (Progress PAO, russisch: Приборно- агретный отсек) enthält auch die Solarzellen, welche den Strom liefern, und Batterien für den Betrieb im Erdschatten. Das Servicemodul besteht aus einem Zylinder mit einem Durchmesser von 2,15 m an der Basis und einem Adapter zur Trägerrakete, welcher einen maximalen Durchmesser von 2,72 m aufweist. Verändert wurde die Befestigung. Da das Servicemodul nicht vor dem Wiedereintritt abgekoppelt wird, wurde der Gitterrohradapter, der bei der Sojus eingesetzt wird durch eine feste Verbindung ersetzt.

14 Triebwerke dienen der Feinsteuerung der Bewegung, vier weitere Triebwerke der Veränderung der Rollachse. Der Hauptantrieb ist das Triebwerk KTDU-80 mit 3,92 kN Schub. Alle Systeme sind redundant ausgelegt. Von den 2.654 kg, welches das Servicemodul wiegt, entfallen alleine 305 kg auf die beiden Haupttriebwerke. Mit dem Servicemodul kann der Frachter die Bahn der Station anheben, allerdings verfügt er über nicht sehr viel Reboosttreibstoff.

Bei den Progresstransportern entfällt das Rettungssystem SAS der Sojus, so kann die Trägerrakete mehr Nutzlast zur ISS bringen.

Ankopplung

Die Ankopplung der Progress geschieht mit dem Kurs System. Das Kurs System sendet Radarimpulse von verschiedenen Antennen aus. Eine parabolische Richtantenne empfängt die reflektierten Impulse. An den Ankopplungsstellen gibt es einen passiven Teil, der dafür sorgt, dass Interferenzen minimiert werden und sich die Signalqualität erhöht. Aufgrund der Laufzeitunterschiede, Signalstärke und Empfangsrichtung kann der Bordcomputer die relative Position, Ausrichtung und Geschwindigkeit von Progress und Kopplungsstelle berechnen.

Das erste System, das zur Ankopplung eingesetzt wurde, war Igla. Es arbeitete auch mit Radiowellen um Abstand und Geschwindigkeit zu bestimmen, war aber noch nicht fähig, automatisch anzukoppeln und musste manuell gesteuert werden. Kurs wurde für die Ankopplung von Buran an die Mir entworfen. Es wurde ab 1985 eingesetzt. Es arbeitet vollautomatisch, auch bei den

Sojus Flügen. Nachdem es sich bei den Sojus Raumschiffen über vier Jahre bewährte, wurde es auch bei den Progressfrachtern eingesetzt.

Als Back-up gibt es eine manuelle Steuerung im Swesda Modul, das TORU-System (**T**elerobotically **O**perated **R**endezvous **U**nit). Bisher wurde zweimal ein Frachter manuell an die ISS angekoppelt. An dem Swesda Modul gibt es eine Zielmarkierung mit einem Kreuz. Eine Videokamera im Frachter nimmt die Markierung auf, wobei das Kreuz in der Mitte gehalten werden muss. Dieses Bild, ergänzt durch eingeblendete Informationen, über die mittels Kurs ermittelte Geschwindigkeit und Position, wird über UHF Funk zur ISS übertragen, wo in der Swesda ein Kosmonaut an dem Kontrollpult von TORU die Annäherung verfolgt und gegebenenfalls korrigiert. Die ersten Versuche das Kurs System durch TORU zu ersetzen führten zur Kollision von Progress M34 mit dem Spektr Modul der MIR. Seitdem ist TORU nur ein Backupsystem.

3.Abbildung: Progress M-52

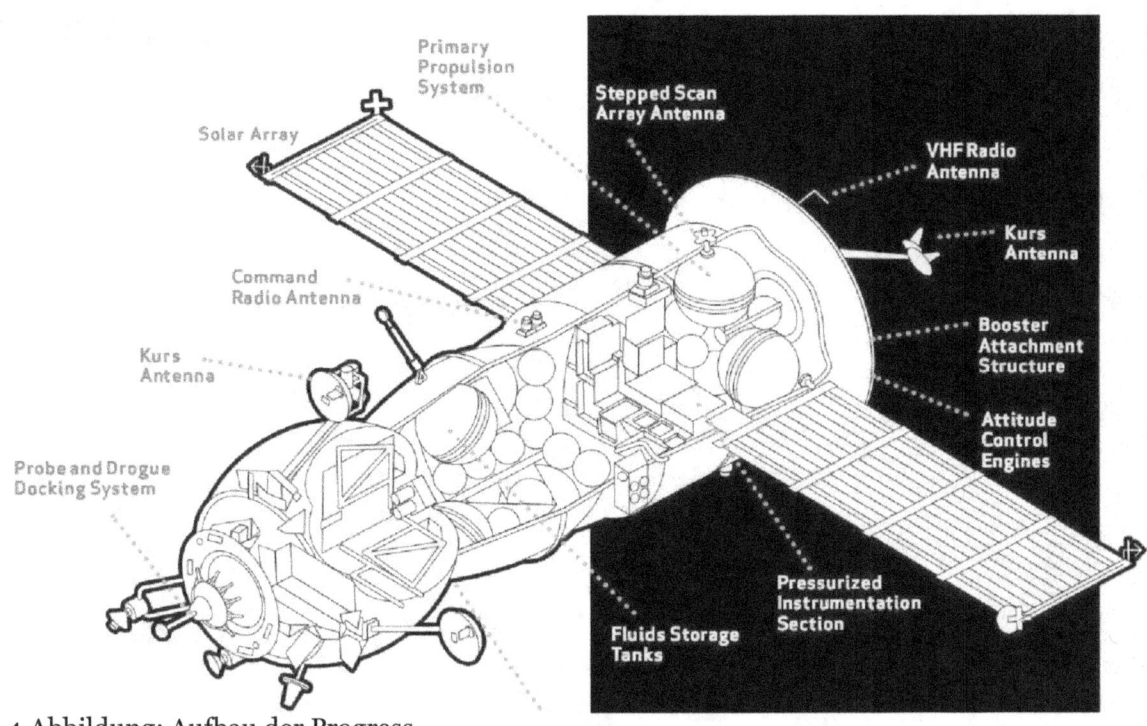
4.Abbildung: Aufbau der Progress

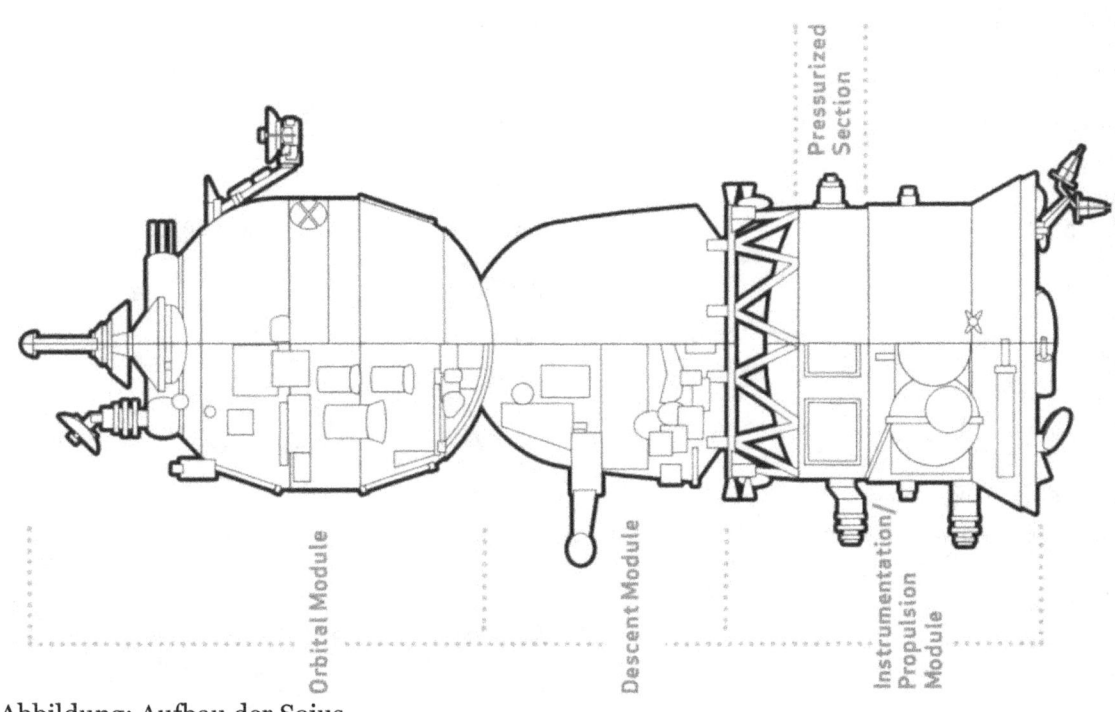
5.Abbildung: Aufbau der Sojus

Progress	
Länge gesamt:	7,20 – 7,48 m
Maximaler Durchmesser:	2,72 m
Startgewicht ohne Fracht:	4.920 kg
Fracht:	2.230 kg (typisch) 3.200 kg (maximal)
Startgewicht:	7.020 – 7.450 kg
Frachtmodul	
Länge:	2,98 m
Durchmesser:	2,70 m
Volumen:	6,50 m³
Trockengewicht:	1.180 kg
Maximales Startgewicht:	2.520 kg
Fracht:	Maximal 1.340 kg
Tanksektion	
Länge:	2,05 m – 2,20 m
Durchmesser:	2,17 m
Trockengewicht:	780 kg
Maximales Startgewicht:	2.480 kg
Fracht:	Maximal 1.700 kg
Triebwerke:	6 Lageregelungstriebwerke mit je 98 N Schub
Servicemodul	
Länge:	2,17 m
Durchmesser:	2,72 m Spannweite, 10,60 m mit Solarzellen
Stromversorgung:	Solarzellen (10 m²) + Batterien 600 W Dauerleistung
Trockengewicht:	2.054 kg
Maximales Startgewicht:	2.934 kg
Triebwerke:	14 Korrekturtriebwerke mit je 98 N Schub 4 Steuertriebwerke für die Rollachsenregelung 2 Haupttriebwerke mit je 3,92 kN Schub

Progress M1

Die vorletzte Generation Progress M1 unterscheidet sich von der vorherigen darin, dass es möglich ist, mehr Treibstoff mitzuführen. Ihre primäre Aufgabe war es, die Bahn der ISS regelmäßig anzuheben. Dafür wurden die Progress M modifiziert. Für die Änderungen wurden die beiden Wassertanks aus der Tanksektion entfernt. Das Wasser muss bei diesen Transportern in der Frachtsektion untergebracht werden. Die Anordnung der Tanks in der Tanksektion wurde umgestaltet, um mehr Treibstoff mitzuführen. Die Progress M1 führt acht anstatt vier Treibstofftanks mit. Die optionalen zwölf kugelförmigen Drucktanks für Gase umgeben in einem äußeren Ring die Frachtsektion. Bei den Progress-M befinden sie sich im Inneren der Frachtsektion.

Der Treibstoff wird von der Progress in das Swesda Modul umgepumpt, welche die Station dann mit den eigenen Triebwerken anhebt. Ein zweiter, größerer Tank befindet sich im Sarja Modul.

Die Progress M1 waren die ersten Frachtraumschiffe, welche die ISS besuchten. Die beiden ersten Exemplare halfen die Mir zu deorbitieren. Danach waren sie die häufigsten Transporter bis zum Januar 2004. Seitdem erfolgte kein weiterer Einsatz mehr.

Progress M+M

Die Progress M+M ist die derzeit letzte Version des Transporters. Sie flog erstmals am 26.11.2008. Sie ist der Nachfolger der Progress M. Ein Einsatz als „Tanker" wie bei den Progress M1 gab es bisher nicht. Von dem Progress M1 unterscheidet er sich durch ein modernisiertes Kontrollsystem. Es setzt den R3081 Prozessor ein, eine weltraumtaugliche Variante des MIPS R3000 Prozessors von IDT. Dieser Prozessor ist schon weltraumerprobt. Der erste Einsatz fand 1994 an Bord der Raumsonde Clementine statt. Er wurde in den letzten Jahren in den USA durch leistungsfähigere Modelle ersetzt, da er nur eine Taktfrequenz von maximal 40 MHz aufweist. Verglichen mit dem, seit 1974 auf allen Sojus und Progressschiffen eingesetzten Argon-16 Computer ist der Sprung allerdings enorm. Der Argon-16 ist ein 16-Bit-Rechner mit nur 32 Instruktionen und nur 2 KByte RAM und 16 KByte ROM (dreifach redundant). Er benötigte rund 5 ms für eine Addition und 45 ms für eine Multiplikation. Verglichen damit sollte das neue Modell tausendmal schneller sein.

Auch die Telemetrieeinheit verwendet nun Glasfasern für die Datenleitungen und noch mehr Systeme wurden von analogen auf digitale Systeme umgestellt. Das System wird auch in den neuesten Sojus Raumschiffen eingesetzt werden. Russland erhofft sich durch das neue System deutliche Kosteneinsparungen bei einer zukünftigen Raumschiffgeneration. Gleichzeitig ist ein Test schon auf den derzeit sich im Einsatz befindlichen Typen möglich. Geplant ist auch der Ersatz von Kurs durch ein in Russland entwickeltes System (Kurs-N).

Die neue Elektronik ist 75 kg leichter als die Alte und hat fünfzehnmal weniger Einzelteile. Auch der Stromverbrauch ist gesunken. Somit können Batterien mit einer kleineren Kapazität eingesetzt werden. Dadurch ist die beförderte Nutzlast angestiegen. Die Progress M+M hat eine 150 kg niedrigere Leermasse als die Progress M.

Auch bei der Sojus Trägerrakete gab es Nutzlaststeigerungen. Es gibt zwei neue Versionen, die Sojus 2a und 2b. Die Sojus 2a hat einem um 300 kg größere Nutzlast als die bisher eingesetzte Sojus-U und die Sojus 2b eine um 1.100 kg höhere Nutzlast (8.250 kg anstatt bisher 7.130 kg beim Start von Baikonur aus). Sie werden ab 2016 die bisher eingesetzten Sojus-U ersetzen. Schon vorher erlaubte es die Übernahme einiger Modifikationen der Sojus 2 in die Produktion der Sojus U die Nutzlast zu steigern. Aufgrund von Gewichts- und Volumenbeschränkungen in der Fracht- und Tanksektion ist es derzeit nur möglich, mehr Treibstoff in der Serviceeinheit mitzuführen, bis das strukturelle Limit von 3.200 kg Gesamtfracht erreicht ist. Dadurch kann die Tankerversion (Progress M1) entfallen. Die höhere Performance wird genutzt damit Progress und Sojusraumschiffe schneller (nach wenigen Umläufen anstatt zwei bis drei Tagen) ankoppeln, da nun die Rakete die Fähigkeit hat, die Bahnebene beim Aufstieg leicht zu drehen.

Die Steigerung der Frachtkapazität aller Transporter zur ISS wurde als primäres Ziel bei der letzten Konferenz der teilnehmenden Weltraumorganisationen im März 2010 in München beschlossen.

Einsatz

Es erfolgen drei bis vier Einsätze der Progress pro Jahr. Von 2009 bis 2011 gab es fünf Einsätze pro Jahr, da die Besatzung nun Normstärke hatte, aber die neuen US-Versorger noch nicht einsatzfähig waren. Mit steigendem Gewicht der Station und mehr Besatzungsmitgliedern stieg der Versorgungsbedarf nach Fertigstellung deutlich an. Bei allen Einsätzen gab es nur einen Fehlstart. Das war der von Progress 12M am 24.8.2011, als der Bordcomputer die Oberstufe Block I nach einer Fehlfunktion des Triebwerks nach 325 s abschaltete. Progress 12M ging dann im Altai Gebirge nieder.

Wesentlich mysteriöser ist der Fehlstart von Progress 27M am 27.4.2015. Nach dem Start begann der Transporter in 5 Sekunden um die eigene Achse zu rotieren und konnte nicht mehr unter Kontrolle gebracht werden. Er verglühte am 7.5.2015. Roskosmos gab nur eine ungenaue Beschreibung der Ursache an die Presse: Es sei ein Designfehler im Adapter zur dritten Stufe der Sojus 2-1a verbunden mit dynamischen Frequenzen gewesen. Später wurde bekannt, dass Schwingungen die sich nach dem Abschalten der Oberstufe ergaben, durch den Adapter verstärkt wurden (Resonanzschwingungen) und die Oberstufe zerbrach. Dabei löste sich die Progress ab, jedoch in einem unkontrollierbaren Rotation.

Es war der zweite Start einer Progress mit einer Sojus 2-1a. Diese Variante der Sojus ist seit 2004 im Einsatz. Doch erst jetzt nutzt man sie auch für bemannte Einsätze oder Progressraumtransporter. Natürlich kann es bei einem neuen Adapter (der nicht bei den bisherigen Starts von Satelliten zum Einsatz kam) zu Problemen kommen, aber dieser Fehlstart reiht sich in eine Liste zahlreicher Fehlstarts Russlands in den letzten fünf Jahren ein. Bisher war das bemannte Programm davon nicht betroffen. Bei anderen Fehlstarts wurden vor allem Qualitätssicherungsmängel dingfest gemacht. Russland hat das Problem einer hohen Inflation und großen Einkommensdifferenzen. Es sind in den Neunzigern viele junge Fachkräfte in der Raumfahrt in den Westen abgewandert und die erfahrenen Fachkräfte die meist zu alt waren um in einem anderen Land neu anzufangen oder einen Job zu bekommen gehen nun in Rente. Es fällt den Firmen schwer, qualifiziertes junges Personal zu bekommen. Als Phobos Grunt 2009 scheiterte, schrieb ein Mitarbeiter in einem offenen Brief, dass dies auch kein Wunder wäre, wenn ein Handyverkäufer in Moskau fast das doppelte eines Raumfahrtingenieurs verdiene. Es scheint aber nicht nur die Qualifikation das Problem zu sein, sondern auch wie intensiv man testet. So fällt bei der Proton auf, die kommerziell von ILS vermarktet wird, aber auch von der Roskosmos genutzt wird, das vor allem Starts für Roskosmos scheitern. Angesichts dessen das ein Start mit ILS 100 bis 110 Millionen Dollar kostet, Roskosmos umgerechnet aber nur 42 ;Millionen Dollar für die Rakete zahlt (dazu kommt dann noch der Start doch macht der üblicherweise etwa 20 bis 25 der Gesamtkosten aus) verwundert dies nicht. Immerhin konnte Russland den Fehler beheben und schon wenige Monate später startete der nächste Progresstransporter zur ISS – diesmal ohne Probleme.

Die Progress-Transporter sind bewährte und robuste Frachtraumschiffe. Da Russland aufgrund des geringen Lohnniveaus alle Dienstleistungen auf dem Gebiet der Raumfahrt zu niedrigen Preisen anbieten kann, sind sie auch sehr preiswert. Aber wegen der kleinen Kapazität von 2 t Fracht werden viele Progress-Transporter benötigt, um die ISS zu versorgen. Für die Kosten eines Versorgungsflugs wurden sehr unterschiedliche Summen genannt. Oft findet man 40-60 Millionen Dollar. Beim Verlust von Progress 12M kostete der Transporter alleine 650 bis 700 Millionen Rubel (21-22 Millionen Dollar). Der Schaden, der durch den Ausfall hervorgerufen wurde, wurde dagegen von der NASA mit 100 Millionen Dollar beziffert.

	Progress	Progress M	Progress M1	Progress M+M
Länge:	7,48 m	7.23 m	7.40 m	7,20 m
Startgewicht:	7.020 kg	7.450 kg	7.150 kg	>7.150 kg
Fracht (typisch):	2.315 kg	2.350 kg	2.230 kg – 2.500 kg	2.260 – 2.677 kg
Trockene Fracht:	1.340 kg	<1.800 kg	<1800 kg	<1.320 kg
Wasser:		<420 kg	0	420 kg
Luft:		<50 kg	<40 kg	<50 kg
Refülltreibstoff:	975 kg	850 kg	1.700 – 1.950 kg	880 kg
Reboosttreibstoff:		250 kg	185-250 kg	>250 kg
Müllzuladung:		1.400 – 2.000 kg	1.000 – 1.600 kg	2.000 kg
Flüge zur ISS:		0	23	9	27
Flüge zu Saljut / Mir:	12 × Saljut 6 13 × Saljut 7 18 × Mir	44 × Mir	2 × Mir	Keine
Einsatz von:	20.1.1978 – 5.5.1990	23.8.1989 – 24.7.2009	1.2.2000 – 29.1.2004	26.11.2008 – heute

Die Sojus-Kapsel

Das Sojus (Sojus = Union, russisch: Союз) Raumschiff dient dem Besatzungstransport. Auch dieses Raumschiff durchlief evolutionäre Verbesserungen. Derzeit ist die vierte Generation, Sojus TMA, im Einsatz. Die Sojus ist ein echter Oldtimer: der Jungfernflug erfolgte schon 1967. Der Grundaufbau der Sojus entspricht der Progress, welche aus der Sojus entwickelt wurde.

Das Frachtmodul bei Progress entspricht bei der Sojus dem **Orbitalmodul** (Russisch: бытовой отсек БО). Ursprünglich war das Raumschiff für Einzelmissionen entwickelt worden. In dieser kugelförmigen Sektion sollten die Kosmonauten maximal drei Wochen lang leben. Bei den Zubringerflügen zur ISS kann dieser Platz genutzt werden, um maximal 350 kg Fracht zur Station zu bringen. Vorne ist der aktive, „männliche" Kopplungsadapter zum Ankoppeln an die ISS. Hinten befindet sich eine Luke, welche das Orbital- oder Wohnmodul mit dem Wiedereintrittsmodul verbindet. Eine dritte Luke an der Seite erlaubt Ausstiege. Bei den ersten Missionen bis Sojus 11 befanden sich dort Experimente. Durch diese Luke steigt auch die Besatzung vor dem Start ein. Bei einem Weltraumausstieg fungiert das gesamte Orbitalmodul als Luftschleuse. Weiterhin befindet sich in ihr eine Toilette und ein Fenster.

Anstatt des Tankmoduls verfügt die Sojus über die **Wiedereintrittskapsel** (russisch: спускаемый аппарат СА). In ihr befinden sich die Kosmonauten beim Start und bei der Landung. In ihr können auch kleinere Mengen an Fracht zur Erde zurückgebracht werden, maximal 30-50 kg. Sofern die Besatzung auf zwei Kosmonauten reduziert wird, sind es 150 kg.

Die Wiedereintrittskapsel hat glockenförmige Form, ist mit einem Hitzeschutzschild ausgerüstet und druckdicht. Daher ist sie relativ schwer. Sie hat die Form eines sich selbststabilisierenden Auftriebskörpers. Das bedeutet: Wenn sie beim Wiedereintritt fehlorientiert ist, sie sich durch die aerodynamischen Kräfte so dreht, dass der Boden nach unten schaut. Da die gesamte Oberfläche mit einem Hitzeschutzschild überzogen ist, stellt die Kapsel eine sehr sichere Konstruktion dar. Die Form wurde gewählt, um bei einer gegebenen Oberfläche das maximale Volumen nutzen zu können. Da die Kugel, die dies erfüllt, aber keinerlei Auftrieb erzeugt und somit der Wiedereintritt rein ballistisch erfolgt (mit hoher Bremsbeschleunigung und ohne Korrekturmöglichkeit), hat man den Boden abgeflacht. Dadurch ist die Kapsel durch den aerodynamischen Auftrieb in Grenzen steuerbar und die Landung erfolgt langsamer mit geringeren Verzögerungskräften.

Die einzige Möglichkeit nach außen zu sehen, ist ein ausfahrbares Periskop. Drei Personen finden in der Kapsel Platz. Die Sitze sind für jedes Besatzungsmitglied individuell gefertigt. Sie können ausgetauscht werden. So kann eine andere Besatzung zur Erde zurückkehren, als die, welche mit dem Raumschiff startete. Die Besatzung liegt, um die Belastungen zu minimieren, auf dem Rücken mit angewinkelten Knien. Die Kontrollen sind so angebracht, dass Kommandant und Bordingenieur auch bei hohen g-Belastungen sie gut sehen und die wichtigsten Systeme bedienen können.

Die Wiedereintrittskapsel enthält das Umweltkontrollsystem, das eine Temperatur von 18-20 °C aufrechterhält. Die Luftfeuchtigkeit beträgt 40%. Dabei setzt die Sojus eine Atmosphäre wie auf der Erde ein, die einen Sauerstoffgehalt von 20% und einen Druck von 1 bar aufweist. Kohlendioxid wird durch Kaliumoxidkanister chemisch gebunden und aus der Luft entfernt.

Acht Triebwerke, die Wasserstoffperoxid katalytisch zersetzen, werden genutzt, um die Kapsel vor dem Wiedereintritt abzubremsen und ihre Ausrichtung zu regulieren. Nachdem bei der Mission TM-5 die Retroraketen zuerst nicht zündeten und die Landung um einen Tag verschoben werden musste, erfolgt heute die Abtrennung des Wohnmoduls erst nach erfolgter Abbremsung, auch wenn dies mehr Treibstoff erfordert. Damals konnte die Besatzung in letzter Sekunde die Abtrennung des Servicemoduls abbrechen. Da sich Wasserstoffperoxid langsam autokatalytisch zersetzt, begrenzt die Wahl dieses Treibstoffs bis heute die maximale Betriebsdauer auf sechs Monate. Bei der Landung, die nur ungefähr 23 Minuten dauert, wird die Kapsel zuerst passiv abgebremst. 15 Minuten vor der Landung, nun schon in der unteren Atmosphäre, werden zuerst zwei Pilotfallschirme entfaltet. Sie stabilisieren die Kapsel und drehen sie in die richtige Position. Der zweite Pilotfallschirm zieht dann den ersten Landefallschirm mit einer Fläche von 24 m² heraus. Er reduziert die Fallgeschwindigkeit von 230 auf 80 m/s. Der Hauptfallschirm, mit einer Fläche von 1000 m², senkt sie dann auf 7,3 m/s ab. Kurz vor dem Boden, wird gesteuert durch einen Radarhöhenmesser, ein Bremstriebwerk gezündet, das die Geschwindigkeit auf unter 3 m/s reduziert. Gelandet wird in einer 33 km² großen Landezone in der Steppe Kasachstans.

Weitgehend identisch zur Progress ist das **Servicemodul** (russisch: приборно-агрегатный отсек ПАО). In ihm befindet sich der größte Teil des Lebenserhaltungssystems, die Avionik, Batterien, Solarzellen und der Antrieb mit den Triebwerken.

Das Servicemodul besteht aus drei Segmenten. Das vorderste, PkhO, oder Perekhodnoi Otsek „Zwischenabteilung" verbindet das Servicemodul mit der Wiedereintrittseinheit. Es ist mit dieser an zehn Punkten verbunden, davon fünf mit pyrotechnischen Sprengbolzen und fünf mit Federn, die bei der Trennung die beiden Module voneinander separieren. Diese Sektion enthält die Sauerstofftanks für die Bordatmosphäre und die Triebwerke zur Kontrolle der räumlichen Lage.

Die zylinderförmige Instrumentensektion PO, oder Priborniy Otsek enthält den Großteil der Bordelektronik. Wie in Russland üblich, wurde eine einfache Methode gewählt, um diese weltraumtauglich zu bekommen: Sie befindet sich in einem druckdichten Behälter, in dem Stickstoff durch Lüfter umgewälzt wird – er kühlt die Elektronik und diese muss nicht im Vakuum arbeiten. Hier befindet sich der Bordcomputer, die Steuerung der Annäherung, die Telemetrieausrüstung. In der Wiedereintrittskapsel befindet sich nur eine abgespeckte Version, ausreichend für die Steuerung nach Abtrennung von dem Servicemodul und die Anzeige- und Bedieneinheiten. Das ist ein Designunterschied zum Westen, wo die Avionik in der Mannschaftskabine untergebracht ist. An der Instrumentensektion befinden sich zwei Solarpaneele aus je vier Segmenten. Sie werden sofort nach Abtrennung von der Trägerrakete entfaltet und laden die Batterien für den Betrieb im Erdschatten auf. Sie haben eine Fläche von 10 m².

Der letzte Teil ist die Antriebseinheit AO, Agregatniy Otsek. Sie enthält das redundant vorhandene Haupttriebwerk des Typs KTDU-80, die Treibstofftanks und die Triebwerke zur Feinjustage bzw. Kurskorrektur bei der Annäherung. Je zwei Tanks nehmen UDMH und Stickstofftetroxid auf. Die Treibstoffzuladung stieg von 500 kg bei Sojus 1 auf 880 kg bei der Sojus TMA-Serie, auch weil die Sojus immer schwerer wurde und so mehr Treibstoff zum Erreichen des endgültigen Orbits benötigt wird. Die Sojus-Trägerrakete bringt das Raumschiff in eine elliptische Bahn von 195 km × 250 km Höhe. Mit dem Haupttriebwerk wird der Orbit dann sukzessive angehoben, bis der Rendezvouskurs erreicht ist. Für die Ankopplung werden nur die Steuertriebwerke eingesetzt.

Beim Start umgibt das Rettungssystem SAS (система аварийного спасения) die Kapsel. Es ist über der Nutzlastverkleidung angebracht und unterhalb des Wiedereintrittsmoduls befestigt. Im Falle einer Havarie brennen seine Raketen je nach Höhe 2 bis 6 s lang. SAS beschleunigt die Nutzlastspitze um 50-150 m/s. Dazu dienen mehrere Feststofftriebwerke, die kurz nacheinander gezündet werden. Dabei werden Wiedereintrittskapsel, Wohnmodul und Nutzlastverkleidung abgetrennt. Das Servicemodul verbleibt auf der Trägerrakete. Die Beschleunigung reicht aus, um bei einem Startabbruch auf der Startrampe die Kapsel in 1-1,5 km Höhe zu befördern. Angekommen in dieser Höhe kann die Kapsel sicher mit den Fallschirmen landen. Sobald eine sichere Entfernung von der explodierenden Rakete erreicht ist, werden Rettungssystem und Wohnmodul mit der Nutzlastverkleidung abgetrennt.

SAS ist aktiv bis 112 s nach dem Start. Vier Sekunden später wird der Fluchtturm von der Rakete abgetrennt. Dazu wird derselbe Antrieb genutzt, der sonst die Kapsel abtrennen würde. Mit SAS wird auch die Nutzlastverkleidung abgetrennt. Zu diesem Zeitpunkt ist das Raumschiff schnell genug, um bei einem Abbruch eine normale Landung durchzuführen. Es würde bei einer Havarie der Brennschluss der Trägerrakete ausgelöst werden. Dann würde die Kapsel sich von Wohneinheit und Servicemodul trennen, eine suborbitale Bahn durchlaufen und landen.

Auch wenn der Fluchtturm abgetrennt ist, überwacht SAS weiterhin die Rakete und trennt beim Vorliegen einer gravierenden Anomalie die Sojus von der Oberstufe Block I ab. Dies geschah einmal bei Sojus 18A, als nach Trennung von Zentralblock und Oberstufe nicht alle Verbindungen zwischen beiden Stufen rissen und dadurch eine Abweichung im Schubvektor resultierte. In diesem Falle wird das ganze Sojus-Raumschiff abgetrennt, wozu das Haupttriebwerk eingesetzt wird. Erst danach werden Wohnmodul und Servicemodul abgetrennt.

SAS wurde wie die Sojus verbessert. Dies rettete der Besatzung von Sojus T-10-1 das Leben. Das erste System konnte weder vom Kontrollzentrum ausgelöst werden, noch hätte es auf der Startrampe die Besatzung in Sicherheit bringen können. Am 26.9.1983 explodierte die Trägerrakete von Sojus T-10-1 nur 108 s vor dem Start. Vom Kontrollzentrum aus wurde SAS per Funksignal ausgelöst, weil die Kabel, die SAS mit der Steuerung verbanden, durch die Explosion durchtrennt waren. Die Besatzung landete vier Kilometer vom Launchpad entfernt. Es war der einzige Einsatz des Rettungsturms während der Einsatzgeschichte der Sojus. SAS wurde ursprünglich auch zum Start der Progress eingesetzt. Um die Nutzlast zu maximieren, wird es seit der Progress M+M1 Generation weggelassen. Die schwerer werdende Sojus führte auch zum Verschieben des Abtrennungszeitraums von 166 s bei der ersten Generation auf derzeit 112-114 s nach dem Start.

Sojus TMA	
Länge:	6,98 m
Durchmesser:	2,72 m Rumpf, 10,60 m Spannweite
Startgewicht:	7.220 kg
SAS	
Länge:	6,62 m
Gewicht:	7.635 kg
Schub:	450-713 kN über 2-6 s.
Beschleunigung:	10-17 g
Abtrennung:	nach 112-114 s
Wohneinheit	
Länge:	2,98 m
Maximaler Durchmesser:	2,20 m
Volumen:	6,6 m³
Gewicht:	1.370 kg
Wiedereintrittseinheit	
Länge:	2,10 m
Maximaler Durchmesser:	2,20 m
Volumen:	4 m³
Gewicht:	2.950 kg
Triebwerke:	6 × 98 N
Serviceeinheit	
Länge:	2,50 m
Maximaler Durchmesser:	2,70 m (10,6 m mit Solarzellen)
Minimaler Durchmesser:	2,20 m
Gewicht:	2.600 kg, davon 800 kg Treibstoff
Triebwerke:	2 × 3.962 N 16 × 98 N (Kurskorrekturen) 8 × 98 N (Änderung der räumlichen Lage)

Sojus TM

Die dritte Generation Sojus TM verfügte erstmals über das automatische Kopplungssystem Kurs, leichtere Fallschirme und leistungsfähigere Triebwerke. Sie kam bei Transporten zur Mir zum Einsatz. Die Mir hatte einen neuen Kopplungsadapter. Sie machte eine Anpassung der Sojus notwendig, da die Sojus T nicht an dem für die Sojus vorgesehenen Dockingport an der Mir andocken konnte. Die erste Besatzung kam trotzdem mit der Sojus T-15 zur Mir. Sie musste an einem Kopplungsadapter für die Progress ankoppeln, da dieser noch den alten Adapter verwandte. Dies erlaubte es der Besatzung von Sojus T-15 auch Saljut 7 zu besuchen, dort Ausrüstung zu demontieren und zur Mir zu bringen.

Anders als bei dem Übergang von der Sojus zur Sojus T, löste die Sojus TM die Sojus T ohne Übergang ab. Die Sojus TM („M" steht für modifiziert) bildet auch die Basis für die Entwicklung des Shenzhou Raumschiff der Volksrepublik China.

Weitere Verbesserungen waren eine leichtere Wiedereintrittseinheit aus einer belastbareren Metalllegierung und einem leichteren Hitzeschutzschild sowie verbesserte Landetriebwerke. Durch das Kurs Annäherungssystem waren keine Kompensationsmanöver der Station nötig, die beim Igla System noch nötig waren, um unerwünschte Translationsbewegungen zu kompensieren. Erstmals war die Besatzung damit auch nicht mehr für die Ankopplung der Sojus verantwortlich. Sie griff nicht mehr ein, sobald die Sojus sich bis auf 150 m an die Mir genähert hatte.

Die Serviceeinheit setzte das leistungsfähigere KTDU-80 Triebwerk ein. Die Astronauten konnten die Schubimpulse über Schalter, die Ventile schlossen oder öffnen, wählen. Verfügbar waren Schübe von 6.000 N (Haupttriebwerk), 0,7 N und 0,3 N (Feinjustagetriebwerke). Die Treibstoffzuladung stieg durch die leichtere Wiedereintrittskapsel und einen leichteren Rettungsturm auf 880 kg an.

Da die ISS die gleichen Kopplungsadapter wie die Mir verwendet, flogen die letzten vier Sojus TM Missionen (Sojus TM-31 bis 34) zur ISS, bis 2002 der Nachfolgetyp Sojus TMA zur Verfügung stand. Alle anderen bemannten 30 Starts koppelten an die Mir an.

Sojus TMA

Die Annäherung von Russland und den USA führte in der zweiten Hälfte der neunziger Jahre zu Gastaufenthalten von NASA-Astronauten auf der Mir. Problematisch für die NASA waren die russischen Restriktionen hinsichtlich Größe und Gewicht der Raumfahrer, da die Wiedereintrittskapsel nur sehr wenig Platz bot. Die Körpergröße durfte 1,82 m und das Gewicht 85 kg nicht überschreiten. Russland löste das Problem, indem alle Kandidaten, die größer oder schwerer waren, keine Chance hatten, Kosmonaut zu werden.

Da die Sojus als Rettungskapseln für alle Raumfahrer vorgesehen waren, galten die Einschränkungen der Sojus auch für Astronauten, die mit dem Shuttle zur ISS kamen. Die Sojus TMA, („A" für Anthropometrisch), hat daher eine weitgehend umgestaltete Landekapsel mit neuen Kontourensitzen, die nun auch Astronauten bis 1,90 m Größe und 95 kg Gewicht aufnehmen kann. Dieser Typ war von 2002 bis 2011 im Einsatz.

Die Wohneinheit und die Serviceeinheit wurden von der Sojus TM übernommen. Die Landeeinheit verfügt über ein leistungsfähigeres Bremstriebwerk. Dieses wird durch einen neuen Radarhöhenmesser gesteuert und kurz vor dem Aufsetzen gezündet. Das neue Triebwerk SLA-M reduziert die Landegeschwindigkeit von 2,6-3,7 m/s bei der Sojus TM auf 1,4-2,6 m/s bei der Sojus TMA. Auch bei Einsatz der Reservefallschirme wird ein Wert von 4,0 m/s nicht überschritten. Das entspricht dem freien Fall aus 82 cm Höhe.

Das Instrumentenpanel wurde in der Höhe verkürzt und mit einem neuen digitalen Bordcomputer mit bernsteinfarbenen CRT Bildschirmen ausgestattet. Das Innere wurde umgestaltet, um mehr Raum für größere Astronauten zu gewinnen.

Die Sojus TMA kam während der ersten Einsätze in negative Schlagzeilen. Die Besatzungen landeten weitab vom Zielgebiet, oder wurden größeren Belastungen beim Wiedereintritt ausgesetzt, als normal. Bei drei der ersten elf Sojus TMA Flüge gab es Probleme, davon zwei in Folge bei Sojus TMA-10 und 11. Die Ursache sind nach russischen Angaben elektrische Entladungen nach Ankopplung an die ISS sein, die durch die neuen Solarpaneele der Station verursacht werden. Eine bessere Isolation des Raumschiffs löste dieses Problem und die folgenden Flüge verliefen ohne besondere Vorkommnisse.

Der letzte Einsatz einer Sojus TMA war der Flug von Sojus TMA-22 am 14.11.2011.

Sojus TMA-M

Ursprünglich sollte die Sojus durch ein neues, wiederverwendbares Raumfahrzeug ersetzt werden. Russland untersuchte verschiedene Konzepte. Am intensivsten wurde das Konzept des Raumgleiters Kliper untersucht. Russland hoffte, das Projekt zusammen mit der ESA durchführen zu können. Doch es gab Differenzen bei der Aufgabenverteilung. Nach russischen Vorstellungen sollte die ESA sich zwar finanziell stark engagieren, alle technologisch interessanten Entwicklungen aber von Russland durchgeführt werden. Dies führte dazu, dass die ESA aus dem Projekt ausstieg. Alleine war Kliper aber für Russland nicht finanzierbar. Danach wurde beschlossen das Sojus-Raumschiff zu modernisieren, um vor allem die Herstellungskosten zu verringern. Seit 2002 wurde an der Sojus TMA-M gearbeitet.

Seit 2010 wird der neue Typ Sojus TMA-M (Цифровая [модификация], russisch für „digitale Modifikation") eingesetzt. Er wurden weitere analoge Systeme durch digitale ersetzt (wie bei den Progress M+M). Zudem weist er ein geringeres Leergewicht und geringere Herstellungskosten auf:

- neuer Bordcomputer ZVM-101 (derselbe wie bei der Progress M+M),
- neues russisches Dockingsystem Kurs-N,
- neues, zentrales Funksystem (dasselbe wie bei der Progress M+M),
- neues Treibstoffkühlsystem.

Verbesserungen bei der Kühlung der Treibstoffe und neue Elektronikkomponenten ermöglichen nun eine Aufenthaltsdauer bis zu einem Jahr. Es wird eine Flüssigkeitskühlung mit einem Wärmeaustauscher an einer Kältefalle an der Außenwand eingesetzt.

Die wichtigste und umfangreichste Änderung war der Austausch von 36 obsoleten Elektronikbauteilen durch neue. Alleine dies reduzierte das Gewicht um 59 kg. Der neue Bordcomputer wiegt nur noch 26 kg, leistet 8 Millionen Operationen pro Sekunde und hat einen Hauptspeicher von 2048 KByte (das sind in etwa die Leistungsdaten eines 386-er PC aus dem Jahre 1987). Der Stromverbrauch sank drastisch von 402 auf 105 Watt ab.

Im OMS (OnBoard Measurement System) wurden noch mehr Bauteile ausgetauscht: 14 neue ersetzen 30 alte, dabei sank die Masse von 70 auf 28 kg. Auch hier konnte der Stromverbrauch, vor allem zum Senden der Telemetrie deutlich gesenkt werden.

Die Gewichtseinsparungen erlaubten es Teile der Struktur, die aus Magnesiumlegierungen bestanden, durch Aluminiumlegierungen zu ersetzen, obwohl diese etwas schwerer sind.

Insgesamt ist die Sojus TMA-M 80 kg leichter als die Sojus TMA. Neben der Senkung der Kosten (es ist ab September 2010 nicht mehr möglich, das ukrainische Kurs-System zur Erde zurückzubringen und erneut zu verwenden, was die Haupttriebfeder für die Entwicklung von Kurs-N war) hat die Sojus TMA-M einen weiteren Vorteil: Es reicht nun ein Besatzungsmitglied für die Steuerung des Raumschiffs aus. Das erlaubt es Russland zwei der drei Sitze zu verkaufen, anstatt bisher nur einem. Russland besteht darauf, dass die Person die die Sojus steuern Kosmonauten sind, auch wenn der Rest der Besatzung nicht aus Weltraumtouristen, sondern europäischen oder amerikanischen Astronauten mit mehreren absolvierten Shuttle-Flügen und umfangreicher Weltraumerfahrung besteht. Das bringt vor allem den Juniorpartnern einen Vorteil. Ab 2014 wird ständig ein Japaner oder Europäer an Bord der ISS sein. Zwischen Mai 2014 und November 2016 werden vier der sechs neuen ESA-Astronauten zur ISS fliegen.

Weiterhin hat Russland eine Verlängerung der Aufenthaltsdauer einiger ISS Besatzungen von 180 auf 360 Tagen erreicht. Das erlaubt den erneuten Transport von Weltraumtouristen den Roskosmos einstellen musste, als die Stammbesatzung von drei auf sechs Besatzungsmitglieder stieg. Der Erstflug der Sojus TMA-M erfolgte am 7.10.2010. Die ersten beiden Einsätze waren offiziell Entwicklungsflüge und der Dritte ein Qualifikationsflug.

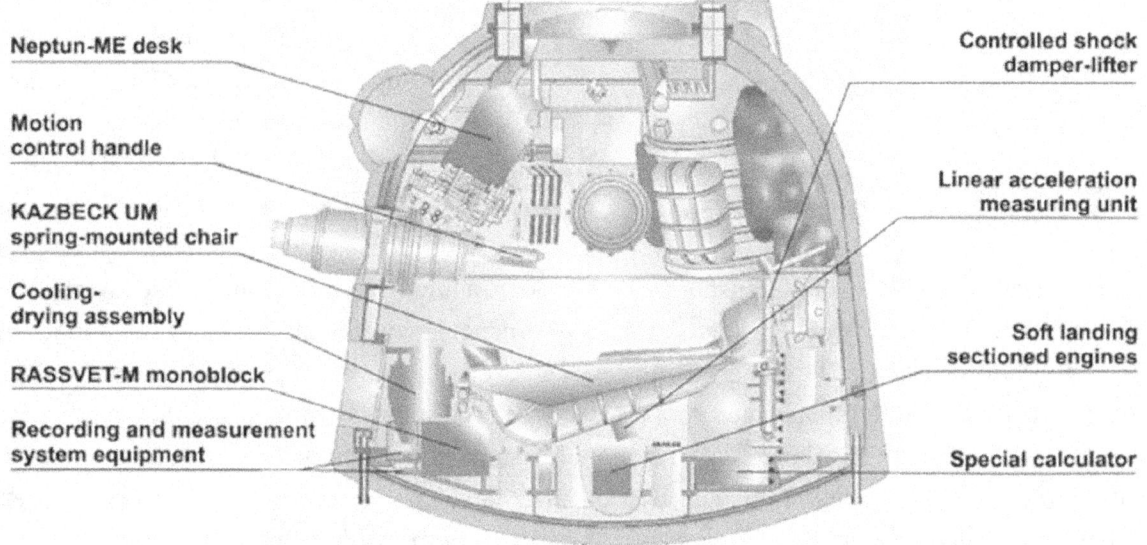

6.Abbildung: Systeme der Landekapsel

7.Abbildung: Sojus TMA-07M angekoppelt an Rasswet

Bis zum Ende von 2011 wurden Sojus TMA und TMA-M abwechselnd eingesetzt. Seitdem ist die Sojus TMA-M der einzige Transporter. Verbesserungen der Sojus, aber auch eine Steigerung der Performance der Trägerrakete, erlauben es nun acht Stunden nach dem Start, anstatt nach zwei bis drei Tagen an die ISS anzudocken. Das freut bestimmt die Besatzung, denn die Kapseln sind sehr eng. Diese schnelle Route nehmen nun auch die Progresstransporter.

Der zukünftige Einsatz

Seit 1999 befördern die Sojus die Stammbesatzungen der ISS. Diese Aufgabe sollte im Endausbau das Space Shuttle übernehmen. Die Sojus sollte nur als Rettungsschiff für drei Personen dienen, ergänzt durch ein US-System, das CRV. (Crew Rescue Vehicle). Nach dem Verlust der Columbia wurde das CRV gestrichen und die Sojus transportieren alle Astronauten/Kosmonauten. Daher wurde die ISS soweit erweitert, dass neben einem Progress-Transporter zwei Sojus-Raumschiffe andocken können. Dadurch ist eine Stammbesatzung von sechs Personen möglich. Nun müssen trotz einer Verlängerung der Aufenthaltsdauer von drei auf sechs Monate mehr Raumschiffe produziert werden. Daher musste Russland den Weltraumtourismus einstellen, da nun alle Sitze durch die ISS-Stammbesatzung belegt sind. Für Europa und Japan ist es daher auch schwerer, einen Astronauten an Bord der ISS zu haben, als es mit der Kombination Space Shuttle und Sojus möglich gewesen wäre.

Weltraumtouristen zahlten in den vergangenen Jahren immer mehr für einen Flug mit der Sojus. Die ersten Flüge erfolgten noch für einen Preis von 10 Millionen Dollar. Der letzte Gast musste schon 30 Millionen Dollar bezahlen. Die NASA hat einen Vertrag mit der russischen Weltraumagentur Roskosmos, in welchem sie „Sitze" für Astronauten kauft. 2013 betrug der Preis eines Sitzes für NASA-Astronauten schon 70 Millionen Dollar.

Die Sojus TMA-M erlaubt es Russland nun zwei der Sitze zu verkaufen, die Einnahmen verdoppeln sich. Aufgrund dessen dürfte die Sojus sicherlich solange im Einsatz bleiben, wie die ISS im Orbit ist, auch weil Russland derzeit nicht die Mittel hat, einen Ersatz zu finanzieren. Beschlossen wurde ein weiteres Upgrade der Sojus, die Sojus MS und die Progress MS. Ziel ist im wesentlichen eine Modernisierung. Der Erststart ist von 2016 auf März 2017 gerutscht. Die Veränderungen umfassen:

- neue und effizientere Solarpaneele
- neues Dockingsystem
- modifizierte Verniertriebwerke mit einer höheren Zuverlässigkeit
- Vereinheitlichtes Kommunikationssystem, das das Senden von Telemetrie und den Empfang von Steuersignalen außerhalb des Kontakts mit einer Bodenstation über Satellit erlaubt.
- Nutzung von GLONASS/GPS und Cospas-Sarsat für die Landung bei Such- und Rettungsoperationen.

	Einsatz von	Einsatz bei	Startgewicht	Flüge
Sojus	23.4.1967-14.5.1981	Erd-orbit-Missionen, Saljut 1,3-6	6.800 kg	40 bemannt, 16 unbemannt
Sojus T	16.12.1979-13.3.1986	Saljut 6+7	6.850 kg	16 bemannt, 2 unbemannt
Sojus TM	21.5.1986-25.4.2002	Mir, ISS	7.250 kg	34 bemannt
Sojus TMA	30.10.2002-14.11.2011	ISS	7.220 kg	22 bemannt
Sojus TMA-M	7.10.2010 - heute	ISS	7.150 kg	14 bemannt, 20 geplant

Das Space Shuttle

Das Space Shuttle spielte bei der ursprünglichen Planung nicht nur eine zentrale Rolle beim Aufbau der Raumstation, sondern auch bei der Versorgung. Während der Aufbauphase konnte das Space Shuttle nicht sehr viel Fracht transportieren, es ist seine Hauptaufgabe die Module, Inneneinrichtung und Bauelemente zu befördern.

Später sollte das Space Shuttle alle 3-6 Monate die ISS anfliegen. Die normale Besatzung eines Space Shuttle besteht aus maximal sieben Personen, davon sind zwei der Commander und der Pilot. Bis zu fünf Passagiere wären dann die neue Besatzung für die ISS und die alte Crew kehrt wieder zurück. Zusammen mit einem Sojusraumschiff ergab sich so eine Stammbesatzung von sieben Personen.

Das Space Shuttle verfügt über einen sehr großen Frachtraum von 4,80 m Durchmesser und 18,38 m Länge. Dessen Aufteilung ist variabel. Es können mehrere Paletten, ein MPLM oder ein Spacehab Modul transportiert werden. Es kann auch ein Bauteil zur ISS und eine Palette transportiert werden, abhängig von dessen Gewicht und Größe. Weiterhin können die Treibstoffvorräte des Shuttles zum Anheben der Station genutzt werden. Davon wurde nicht oft Gebrauch gemacht. Die Anhebung der ISS mit den Triebwerken des Space Shuttle ist aus zwei Gründen ineffektiv: Das Shuttle braucht dann mehr Treibstoff zum Landen und es wird nicht nur die ISS, sondern auch das 104 t schwere Shuttle mit angehoben. Anders als Progress und ATV kann das Space Shuttle nicht die räumliche Lage der Station verändern. Das war nur während der Anfangsphase möglich, als der Schwerpunkt des Gespanns noch näher beim Shuttle lag.

Die Höhe der Nutzlast des Space Shuttle zur ISS ist stark abhängig von ihrer Bahnhöhe. Für die Transporte zur Raumstation wurde der Super-Lightweight-Tank (SLWT) eingeführt, der 2,7 t leichter als der alte Tank war und die Nutzlast von 15.876 kg auf 18.600 kg anhob (für eine Bahn in 407 km Höhe). Von dieser Nutzlast gehen 1.800 kg für den Dockingadapter und meistens noch 260 kg für zwei EVA-Anzüge mit ihren Subsystemen ab, sodass die Maximalnutzlast bei etwa 16.500 kg liegt.

Die Kosten einer Shuttle-Mission werden seit zwei Jahrzehnten nicht mehr publiziert. Wird der Quotient gebildet, aus den Haushaltsmitteln für das Programm und den durchgeführten Flügen, so betragen diese etwa 600-700 Millionen Dollar pro Start ab 2006 und rund 400-480 Millionen Dollar vorher. Trotzdem ist das Space Shuttle, wenn man die Nutzlast voll ausnutzt, das günstige Transportmittel. Jeder Shuttle Start hätte in 407 km Höhe rund 9.000 kg Fracht in einem MPLM und noch rund 2.800 kg Fracht in Form einer Palette oder verstaut im Mitteldeck transportieren können. Geht man nur von 9 t Fracht pro Flug aus, so wären dies bei vier Flügen pro Jahr 36 t gewesen. Von der Besatzung wären jeweils vier Personen auf der ISS geblieben. Bei rund 3.200 Millionen Dollar, die das Programm in den letzten Jahren kostete, sind das 800 Millionen Dollar pro Flug.

Im Rahmen des CRS (Commercial Resupply System) Vertrages bezahlt die NASA für 40 t Fracht rund 3,5 Milliarden Dollar. Sie muss zusätzlich noch für den Rücktransport von Fracht durch die Dragon zahlen und für den Start ihrer Astronauten durch Russland. Würde sie wie mit dem Space Shuttle pro Jahr 12 Astronauten zur ISS befördern, so wären das zusätzliche Kosten von 840 Millionen Dollar für den Personentransport, dazu kommen noch 3,15 Milliarden Dollar für die Versorgung durch Cygnus und Dragon. Zusammen addiert sind dies 3,98 Milliarden Dollar. Das bemannte System ist also ausnahmsweise preiswerter als eine unbemannte Lösung. Die Tragik des Shuttle Programms liegt darin, das es mit der Intention entwickelt wurde, um eine Raumstation aufzubauen und zu versorgen. Jahrzehntelang wurden seine Vorteile nicht ausgenutzt und nur Satelliten transportiert oder Kurzzeitmissionen durchgeführt. Nun, wo endlich die Raumstation vollendet wird, wird es ausgemustert, weil es nicht mehr sicher genug erscheint. Da das Versorgungsniveau durch Shuttleflüge nicht mit den anderen Transportern finanzierbar ist und auch Russland nicht so viele Sojusraumschiffe bauen kann, wurde die Besatzung von sieben auf sechs Personen reduziert und die Aufenthaltsdauer von 90 auf 180 Tage erhöht. Weiterhin wurden zwei ISS-Module nicht gestartet und die Entwicklung des Rettungsbootes CRV (ein kleiner Raumgleiter, ähnlich der X-38, welche von der USAF genutzt wird) wurde eingestellt.

Space Shuttle	
Länge:	37,20 m
Durchmesser:	6,60 m
Spannweite:	23,80 m
Höhe:	17,30 m
Nutzlastraum:	4,80 m Durchmesser, 18,38 m Länge
Leergewicht:	78.400 – 79.200 kg
Startgewicht:	104.000 kg
Fracht:	18.600 kg zur ISS, 14.500 kg von der ISS zurück zur Erde
Triebwerke:	2 × OAMS mit je 26,7 kN Schub Maximal 5.100 kg Treibstoff für ISS Bahnanhebungen

Die MPLM

Für den Frachttransport setzte das Space Shuttle drei Frachtmodule ein, die von Italien stammen, und den Namen **M**ulti-**P**urpose **L**ogistics **M**odule (MPLM) tragen. Es handelt sich um zylindrische Module. Sie werden vom Canadarm des Space Shuttle aus dem Frachtraum gehoben und dann an die ISS angedockt. Die MPLM wurden von der italienischen Raumfahrtagentur ASI in Auftrag gegeben. Auf ihnen basiert die Struktur des Columbus Moduls, das von der gleichen Firma, Thales Alenia Space, gefertigt wurde. Die Frachtmodule sind fähig, Strom an die Fracht vom Start bis zur Kopplung an die ISS zu liefern (wichtig für tiefgefrorene oder gekühlte Lebensmittel und Proben). Ursprünglich sollte Boeing diese Frachtmodule entwickeln, doch Italien offerierte mit Entwicklungskosten von 400 Millionen Dollar ein weitaus preiswerteres Angebot.

Die Ursprünge der MPLM gehen bis ins Jahr 1991 zurück, als sie noch Mini Pressurized Logistics Modules hießen. Der Vertrag zwischen ASI und NASA wurde 1997 unterzeichnet. Für die Lieferung von drei Modulen erhält die ASI 0,85% der NASA-Ressourcen der Station. Als Bestandteil der Vereinbarung sollte die NASA drei italienische Astronauten als Bestandteil einer Space Shuttle Besatzung (Kurzzeitmissionen) und drei weitere als Bestandteil der ISS Stammbesatzung (Langzeitmissionen) befördern. Später trat die ASI die Rechte an die ESA ab.

Die Fracht wird in Standard-Racks untergebracht. Das MPLM hat CBM-Kopplungsadapter an beiden Stirnseiten. Das MPLM basiert in der Basiskonstruktion auf dem Spacelab, ist jedoch erheblich leichter als dieses. Jedes MPLM hat genug Platz, damit zwei Astronauten darin arbeiten können. Es verfügt über eigene elektrische Leitungen um einzelne Racks zu kühlen, Anschlüsse für ein Lebenserhaltungssystem und einen Rauchmelder. Von den Racks besitzen fünf einen Anschluss für Kühlflüssigkeiten und Strom. Sie können genutzt werden, um Fracht in Kühlschränken zu transportieren und tiefgefrorene Humanproben zurück zur Erde. Die Stromversorgung und die Versorgung mit Kühlflüssigkeit erfolgt durch das Space Shuttle oder die ISS. Das MPLM hat ein optionales, eigenes Lebenserhaltungssystem und eine interne Stromversorgung. Diese ist jedoch nur für kurze Betriebszeiten ausgelegt, um während Start, Landung und der Kopplungsmanöver die Stromversorgung der Fracht zu sichern. Allerdings wurde nur das Modul „Donatello" für solche Missionen mit aktiver Stromversorgung ausgerüstet.

Jedes MPLM kann sechs Monate lang an der ISS angekoppelt bleiben, bevor es von einem Shuttle wieder zurückgeholt wird. Bisher wurde jedes MPLM aber nur kurzfristig an die Station angedockt und vor der Rückkehr des Space Shuttles wieder in die Nutzlastbucht transferiert und zur Erde zurückgebracht.

Die Produktion der MPLM ging sehr schnell und preiswert. So wurde mit der Herstellung des ersten Moduls „Leonardo" im April 1996 begonnen und schon im August 1998 konnte es an die NASA übergeben werden. „Raffaello" folgte im August 1999 und das Modul „Donatello" am 1. Februar 2001.

Die drei Module sind von Italien nach berühmten Künstlern benannt worden:

- „Leonardo" nach Leornardo da Vinci (1452-1519),
- „Donatello" nach Donato di Niccolo Di Betto Bardi (1386-1466),
- „Raffaello" nach Raffaello Sanzio (1483-1520).

Insgesamt zehn Flüge der MPLM wurden durchgeführt. Spezifiziert ist jedes für 25 Flüge in zehn Jahren. In der ursprünglichen Planung wären die MPLM nach Aufbau der ISS zur Frachtversorgung eingesetzt worden. Sie brachten den Hauptteil der Inneneinrichtung zur ISS. Alle Module sind beim Start so schwer, dass sie nur teilweise mit Experimenten ausgestattet waren. Der Rest wurde mit den MPLM transportiert. Dazu kamen Werkzeuge und Einrichtungsgegenstände zur ISS. Zuletzt versorgten die MPLM die Besatzung mit Nahrung und Trinkwasser. Als einziges System waren die drei MPLM in der Lage, sperrige Fracht von der ISS wieder zur Erde zurück zubringen. Experimente können so ausgetauscht werden. Das MPLM Leonardo wurde umgebaut, um als **P**ermanent **M**ultipurpose **M**odule (PMM) endgültig an der Station verbleiben. Es wurde dazu mit einem zusätzlichen Meteoritenschutzschild ausgerüstet.

	MPLM
Länge:	6,40 m
Durchmesser:	4,60 m
Leergewicht:	4.100 – 4.500 kg
Fracht:	9.100 – 9.400 kg
Racks:	16, davon 5 mit Stromversorgung (nur Donatello)
Volumen:	31 m³
Eigenstromversorgung:	3 kW Leistung (nur Donatello)

Spacehab-Module

Älter als die MPLM sind die Spacehab-Module, die schon bei den Shuttle-Mir Kopplungen zum Einsatz kamen. Die Firma Spacehab bietet verschiedene modulare Frachtmodule an, die kombiniert werden können. Für die Flüge zur ISS kamen die **L**ogistic **D**ouble **M**odule (LDM) und einmal ein **L**ogistics **S**ingle **M**odule (LSM) zum Einsatz. Es handelt sich dabei um Module, die an der Shuttle Luftschleuse fest angebracht sind. Die Fracht muss daher vom Modul über den am Ende des Verbindungstunnels angebrachten Kopplungsadapter in die ISS transportiert werden, bevor das Space Shuttle ablegt. Eine Ankopplung der Module an die ISS ist nicht möglich. Gleichzeitig gibt es dieselben Einschränkungen bezüglich der Größe der Ausrüstung wie bei den russischen Kopplungsadaptern, da der PMA-Adapter auch auf ein russisches Design zurückgeht und schon bei der Shuttle-Mir Ankopplung eingesetzt wurde.

Das Spacehab-Modul ist von quaderförmiger Form, wobei beim Double Module zwei Module hintereinander gesteckt sind. Die Fracht wird in standardisierten Shuttle **M**id**d**eck **L**ockern (MDL) verstaut, die auch auf der ISS für kleinere Experimente zum Einsatz kommen. Zusätzlich sind acht Racks an den Wänden angebracht. Verglichen mit dem MPLM bietet das Spacehab-Modul keine Vorteile. Bei fast gleicher Startmasse weist es nur die halbe Nutzlast auf und es ist auch nicht wesentlich kompakter. Zudem bedeutet das manuelle Umladen während der kurzen Zeit, in der das Space Shuttle angedockt ist, eine hohe Arbeitsbelastung für die Besatzung. Es kam daher vor allem bei den ersten Flügen zum Einsatz, bis die MPLM verfügbar waren.

	Spacehab
Länge:	6,10 m (LDM), 3,05 m (LSM)
Breite:	4,26 m
Höhe:	3,41 m
Leergewicht:	4.500 kg
Fracht:	Maximal 4.500 kg
Verstaumöglichkeiten:	61 MDL (0,44 × 0,513 × 0,253 cm), jeweils 57 l Inhalt. Maximal 28 kg pro Schublade. Leergewicht pro Schublade: 5,4 kg 4 doppelt breite Racks
Volumen:	31 m³ (LSM), 62,2 m³ (LDM)

Paletten

Die zweite wichtige Transportmöglichkeit für Fracht sind Paletten im Nutzlastraum der Raumfähren. Sie nehmen Fracht auf, die nicht unter Druck stehen muss. Es gibt zwei Systeme – die älteren ICC und die neuen Express-Paletten.

ICC-Paletten

Das erste eingesetzte System sind die ICC-Paletten von Spacehab. Die **I**ntegrated **C**argo **C**arrier (ICC) Paletten sind flache Paletten. Sie bieten die Möglichkeit, auf der Oberseite und Unterseite der Palette Nutzlasten anzubringen. Dazu gibt es jeweils sechs Befestigungspunkte pro Seite. Genutzt werden standardisierte Boxen der Firma Spacehab, aber auch eigene Konstruktionen. Die ICC-Paletten sind eine sehr flexible und günstige Möglichkeit, auch weil Spacehab Inc. Subaufträge an andere Unternehmen vergeben hat. Die Struktur der Paletten aus Aluminium stammt von RSC Energija, die Befestigung an der Shuttle-Nutzlastbucht basiert auf der des Spacelabs und wird von EADS/Astrium hergestellt.

Es gibt mehrere Versionen der ICC Paletten. Die Daten in der Tabelle sind die der „Generic Deployable", die bei ISS Missionen eingesetzt wurden. Meistens wurde ihr Transport mit einem Spacehab-Modul kombiniert.

ICC Palette	
Länge:	2,44 m
Breite:	4,20 m
Höhe:	0,26 m
Leergewicht:	875 kg
Fracht:	2.722 kg
Verstaumöglichkeiten:	6 SHOSS Boxen
Fläche:	9,60 m²

Express-Paletten

Das zweite System sind die Express-Paletten (**Ex**pedite the **Pr**ocessing of **E**xperiments to **S**pace **St**ation). Sie wurden entworfen, um an der Außenseite der Station dauerhaft befestigt zu werden. Dies vereinfacht den Austausch von Experimenten gegenüber den ICC-Paletten bedeutend und macht keine Außeneinsätze von Astronauten nötig. Sie können vom Shuttle-Kran an ihren Befestigungspunkt an der ISS gehoben werden. Später kann sie die „Hand" der ISS (Dextre) dort aufnehmen und verschieben. Auch das Kibō Labor hat im Exposed Facility die Möglichkeit, Express Paletten aufzunehmen. Sie werden mit dem Strom- und Datennetz der Raumstation verbunden. Verfügbar sind ein Niedrigdatenmodus im MIL-1553 Standard und ein Hochdatenmodus nach dem Ethernetstandard. Kommandos werden nur über den MIL-1553 Bus übertragen. Allerdings benötigt jedes Experiment ein eigenes aktives Thermalkontrollsystem. Dieses wird nicht von den Paletten gestellt. Auf den Paletten befinden sich neben Experimente auch Ersatzteile, die nicht in der Station lagern müssen, sogenannte ORU (**O**rbital **R**eplacement **U**nits). Das sind z. B. Batterien, Gyroskope für die Lageregelung und andere außen angebrachte Teile.

Die Express-Paletten wurden von der brasilianischen Raumfahrtagentur Agência Espacial Brasileira entwickelt und sind der brasilianische Teil der Station. Brasilien hat allerdings keine eigenen Express-Paletten eingesetzt. Heute fertigen EADS und Boeing diese Paletten. Da die NASA auch Racks innerhalb der ISS mit der Abkürzung „Express" belegt, wurden die Paletten inzwischen in „**Ex**PRESS **L**ogistics **C**arrier" (ELC) umbenannt.

	Express Palette
Länge:	2,30 m
Breite:	3,90 m
Leergewicht:	1.350 kg (ohne Befestigung am Shuttle)
Fracht:	4.400 kg
Experimente:	6
Fläche:	8,90 m²
Volumen:	30 m³
Datenverbindungen:	MIL-STD 1553B Bus (1 Mbit/s Daten und Kommandos) Ethernet (6 Mbit/s pro Experiment) High Data Link (Glasfasernetz) 95 Mbit/s für alle externen Experimente zusammen

Die folgende Tabelle führt alle Logistikflüge auf, bei denen Paletten, Spacehab oder MPLM Module eingesetzt wurden:

Datum	Mission	Space Shuttle	Nutzlast
27.05.1999	STS-96	Discovery	Spacehab + ICC
19.05.2000	STS-101	Atlantis	Spacehab + ICC
08.03.2001	STS-102	Discovery	Leornardo
19.04.2001	STS-100	Endeavour	Raffaello
10.08.2001	STS-105	Discovery	Leornardo
08.09.2001	STS-106	Atlantis	Spacehab + ICC
05.12.2001	STS-108	Endeavour	Raffaello
05.06.2002	STS-111	Endeavour	Leornardo + ICC
26.07.2005	STS-114	Discovery	Raffaello + ICC
04.07.2006	STS-121	Discovery	Leornardo
10.12.2006	STS-116	Discovery	Spacehab
8.8.2007	STS-118	Endeavour	Spacehab
15.11.2008	STS-126	Endeavour	Leornardo
29.8.2009	STS-128	Atlantis	Leornardo
18.9.2009	STS-129	Discovery	ELC 1+2
18.3.2010	STS-131	Discovery	Raffaello
14.5.2010	STS-132	Atlantis	Rasswet + ICC
29.7.2010	STS-134	Endeavour	AMR + ELC 3
16.9.2010	STS-133	Discovery	Leornardo PMM + ELC 4
8.7.2011	STS-135	Atlantis	Raffaelo PMM

8.Abbildung: Blick von der Station aus auf ein MPLM und eine Palette im Shuttle Nutzlastraum

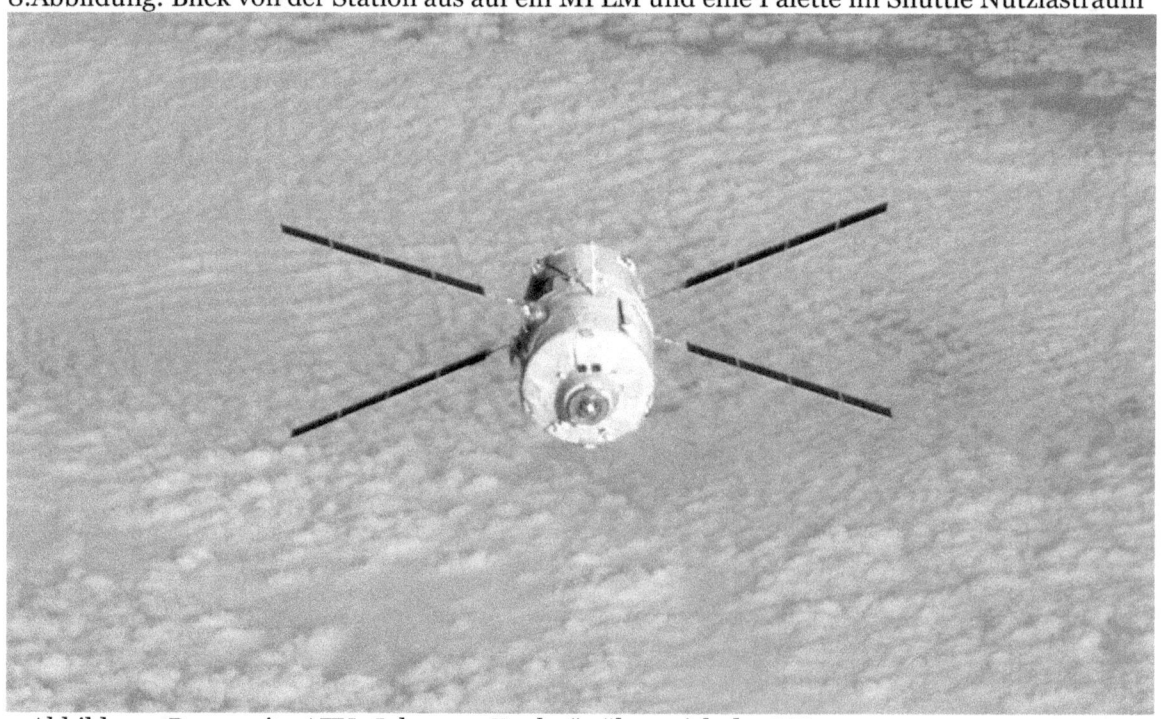
9.Abbildung: Das zweite ATV „Johannes Kepler" nähert sich der ISS

Das ATV

Der europäische Raumtransporter ATV (Automated Transfer Vehicle) ist wohl die eierlegende Wollmilchsau unter den Transportern. Im Laufe der zehn Jahre dauernden Planungen wandelte sich die Konzeption von einer umgebauten Ariane 5 Oberstufe zu einem komplexen Gefährt, das automatisch ankoppeln kann und mit Ausnahme von ganzen Racks und Paletten jedes Frachtgut transportieren kann.

ATV Daten	
Länge (mit/ohne Adapter)	10,77 m / 9,79 m
Durchmesser:	4,484 m
Spannweite:	22,28 m
Leergewicht:	9.784 kg
Eigene Treibstoffvorräte und Helium:	abhängig von Bahnhöhe und Startgewicht zwischen 2.030 und 2.613 kg
Startgewicht ohne Fracht:	12.039 bis 13.083 kg
Davon Druckmodul:	5.150 kg
Davon Service Modul:	5.320 kg
Maximales Startgewicht:	20.750 kg
Frachtkapazität:	7.500 kg (bei einem Startgewicht von 20.750 kg), 9.500 kg strukturelles Limit
Davon im Druckmodul:	Max. 5.500 kg
Davon Wasser:	840 kg
Davon Gase:	100 kg
Davon Treibstoff für Swesda:	860 kg
Davon Reboost Treibstoff:	4.600 kg
Müllzuladung:	6.340 kg

Der über 20 t schwere ATV ist der größte und schwerste Transporter. Er besteht aus einem Servicemodul, das ist der eigentliche Satellit mit dem Antrieb, der Elektronik und den Solarzellen. Dazu kommt ein Frachtmodul, das unter Druck steht und vom Columbus Labor abgeleitet wurde (es ist eine verkürzte Version des Labors). In ihr können in bis zu acht Racks Versorgungsgüter, Ersatzteile und Experimente transportiert werden, welche die Astronauten nach dem Ankoppeln ausräumen. Von den anderen Frachtmodulen wie sie auch Cygnus und

HTV einsetzen, unterscheidet sich das ATV durch eine abgetrennte Sektion im hinteren Teil. In ihr befinden sich auf einem Kreisring Tanks für Wasser, Treibstoff und Druckgas. Der Treibstoff kann durch Leitungen im Kopplungsadapter in das russische Swesdamodul umgepumpt werden, das Wasser ebenso, es kann aber auch in Kanister abgefüllt werden. Die Gase (entweder Sauerstoff oder Luft) werden schrittweise in die ISS entlassen. Damit die ISS mit Treibstoff versorgt werden kann, setzt das ATV die russischen Kopplungsadapter ein. Nur sie haben die Leitungen, mit denen ein Transfer möglich ist und nur die russischen Module haben Tanks um den Treibstoff aufzunehmen. Die ATV übernahmen auch das russische Kurs Radar der Progress. Es dient als Backupsystem. Die Annäherung erfolgt durch zwei unterschiedliche optische Systeme die Laserstrahlen zu Reflektoren am Heck von Swesda schicken. Sie bestimmen Entfernung, Geschwindigkeit und gegenseitige Lage der Raumfahrzeuge. Die Fähigkeit, wie die Progress autonom anzukoppeln, gab den Transportern auch ihren Namen.

Bedingt durch die Verwendung von russischen Kopplungsadaptern kann ein ATV keine kompletten Racks, wohl aber größere Einzelteile transportieren, die in eine Progress nicht hineinpassen.

Die ATV koppeln am Heck von Swesda an, da sie im Servicemodul bis zu 4,7 t Treibstoff mitführen, um die Station anzuheben. Dies geht nur, wenn der Schubvektor durch den Schwerpunkt der Station geht und dies ist bei der Ankopplung im US-Segment oder seitlich an einem russischen Modul nicht möglich. Der zweite ATV Johannes Kepler hob die Station nach dem Ablegen des letzten Space Shuttles um 40 km auf ihre Operationshöhe an.

Vorne am Druckbehälter befinden sich noch Triebwerke, die für das An- und Abkoppeln benötigt werden. Im Heck weitere Lageregelungstriebwerke und vier Triebwerke, die als Antrieb dienen. Die vier Solarzellen an der Seite liefern den Strom. Das ATV hat eine Sicherheitsphilosophie, die fast mit einem bemannten Raumfahrzeug zu vergleichen ist. Sehr viele Systeme sind vierfach redundant vorhanden so, die Triebwerke, ihre Leitungen, die Stromversorgung und Bordcomputer. Das ATV kann einen Ausfall einer Komponente ohne Auswirkung auf die Mission verkraften („fail operational") und bei dem Ausfall zweier Komponenten die Mission sicher abbrechen („fail save").

Bei der kritischen Ankopplung an die ISS kann das eigens für das ATV eingerichtete Kontrollzentrum in Toulouse diese abbrechen, aber auch die Astronauten an Bord, welche den Transporter durch eine Videokamera am Heck von Swesda aber auch der Cupola aus beobachten. Dafür gibt es eine Steuerungskonsole mit Knöpfen, die den Transporter anhalten, weiterfliegen lassen, zum letzten Referenzpunkt oder zu einer sicheren Position zurückschicken. Diese aktivieren die Steuerung des ATV. Daneben gibt es einen Abort-Knopf, der direkt die Triebwerke an der Front aktivert und so den Transporter auf Distanz bringt. Dies war jedoch niemals nötig: Im Gegenteil die beiden letzten Transporter koppelten mit einer Abweichung von weniger als 2 cm an.

Der erste ATV hatte weniger Fracht an Bord, da man an zwei Demonstrationstagen zuerst das Annähern an die ISS und dann das Ankoppeln bis wenige Meter vor der Station erprobte. Danach zog sich Jules Verne auf die Startposition 3,5 km hinter die Station zurück. Erst dann fand die Ankopplung statt. Diese Manöver verbrauchten zusätzlichen Treibstoff. Das zweite ATV Johannes Kepler hatte die primäre Aufgabe die Station anzuheben. Zusätzliche Höhe verschaffte ihr auch der dritte Transporter, Edoardo Amaldi genannt. Die beiden folgenden (Albert Einstein und George Lemaître) sollten vor allem Fracht im Druckmodul wie wichtige Ersatzteile oder neue Experimente für das Columbuslabor transportieren. Dafür suchte man nach weiteren Befestigungsmöglichkeiten im Druckbehälter am Heck und nahe des Kopplungsadapters. Ab dem dritten Transporter konnte man auch noch Fracht bis kurz vor dem Start zuladen („Late Cargo access") indem sich ein Arbeiter mit einem Kran in den schon auf der Trägerrakete montierten ATV herabließ.

Diese Fähigkeiten haben ihren Preis: Mit 1350 Millionen Euro Entwicklungskosten (darin eingeschlossen die erste Mission von Jules Verne) und Missionskosten von 350 bis 450 Millionen Euro sind die ATV die teuersten Versorger der ISS.

Trotzdem hat sich die ESA entschlossen, als man die Verlängerung des Betriebs von 2016 bis 2020 beschloss, keine weiteren ATV zu bauen. Vier ATV waren für den Betrieb bis 2016 vorgesehen. Der fünfte war ursprünglich als Kompensation für den Aufenthalt eines weiteren europäischen Astronauten gedacht. Nun deckt er den Betrieb der ISS für 2016/17 ab. Als Kompensation für den Betrieb von 2018 bis 2020 entwickelt die ESA aus dem Servicemodul des ATV ein Servicemodul für die Orion, das bei den ersten beiden Flügen einer kompletten Orion eingesetzt wird.

Es zeigt sich hier seien Einstellung, die schon die ATV-Entwicklung prägte. Vor allem Frankreich drängte damals auf den heutigen, komplexen Transporter, weil er einen Technologiegewinn für die eigene Industrie versprach (entsprechend fand die Entwicklung vorwiegend in Frankreich statt, während Deutschland dann bei der Produktion führend war) und nun war der einfache Nachbau uninteressant und Frankreich drängte auf die neue Lösung.

Trotzdem waren die fünf ATV, die ab 2011 im Jahresabstand starteten, unentbehrlich für die ISS. Sie fingen weitgehend den Wegfall der Space Shuttles auf. Durch ihre hohe Frachtkapazität und die kurze Startfolge (vertragsgemäß wäre nur ein Start alle zwei Jahre nötig gewesen) kompensierten sie die wegfallende Fracht und die Verzögerungen bei den neuen US-Transporter die drei Jahre hinter dem Zeitplan lagen. Nur sie waren fähig die Station auf ihre heutige Bahnhöhe anzuheben. 25 Manöver der ersten drei ATV (Jules Verne, Johannes Kepler, Eduoardo Amaldi) hoben mit 25 Bahnmanövern die Station um 110 km an und verbrauchten dafür 8.400 kg Treibstoff plus 1.926 kg um die Ausrichtung der Station vor und nach der Zündung zu verändern bzw. bei dem betrieb der Triebwerke über Stunden aufrecht zuerhalten.

Weiterhin führten sie während der zweieinhalb Jahren, in denen sie an der Station angekoppelt waren, auch einige Kollisionsvermeidungsmanöver durch, die nötig waren, um Weltraummüll auszuweichen.

10.Abbildung: Feuern der Triebwerke vor dem Ankoppeln

	George Lemaître	Albert Einstein	Edoardo Amaldi	Johannes Kepler	Jules Verne
Zusammenfassung der Fracht aller ATV **Angaben vor dem Start und bei ATV-05 Mission getrennt durch „/"**					
Startdatum:	29.7.2014	5.6.2013	23.3.2012	16.2.2011	9.3.2008
Treibstoff für die Mission:	2.238 kg	2.235 kg	2.261 kg	2.030 kg	3.598 kg
Reboost Treibstoff:	2.118 kg	2.580 kg	3.354 kg	4.754 kg	2.375 kg
Wasser:	855 kg	570 kg	285 kg	0 kg	285 kg
Gase:	100 kg	100 kg	100 kg	100 kg	22 kg
Refülltreibstoff:	860 kg	860 kg	860 kg	851 kg	860 kg
Gesamt: Flüssigkeiten und Gase:	3.933 kg	4.105 kg	4.591 kg	6.705 kg	3.540 kg
Normale Frachtzuladung:	2.695 kg	1.380 kg	1.665 kg	1.170 kg	1.150 kg
+ Late Cargo access:	0 kg	1.109 kg	592 kg	435 kg	0 kg
Gesamt trockene Fracht:	2.695 kg	2.489 kg	2.200 kg	1.605 kg	1.150 kg
Gesamtnutzlast:	6.555 kg	6.590 kg	6.595 kg	7.100 kg	4.575 kg
Abtransportierter Müll:	2.500 kg	2.400 kg	1.339 kg	1.200 kg	1.090 kg
Tage im All	201	151	196	126	205
Bahnanhebungen:	5	6	9	5	6
Startmasse ATV	19.896 kg	19.877 kg	19.726 kg	19.712 kg	19.011 kg
Trockenmasse ATV	9.857 kg	9.804 kg	9.778 kg	9.784 kg	10.470 kg
Startmasse ohne Fracht	12.039 kg	12.039 kg	12.093 kg	12.500 kg	13.382 kg

Das HTV

Das japanische HTV (**H**-II **T**ransfer **V**ehicle) ist Japans Beitrag an den Betriebskosten der ISS. Benannt ist es nach der Trägerrakete H-IIB, mit der es gestartet wird. Im Aussehen ähnelt das HTV dem ATV, nur entfallen die vier Solarzellenausleger. Die Solarzellen befinden sich beim HTV auf der Oberseite des Raumschiffs.

Das HTV gliedert sich in vier Teile – ein Druckmodul, gefolgt von einem Palettenträger, einem Elektronikteil und dem Antrieb. Die Palette wird vom Arm der Station herausgehoben und auf dem Exposed Facility von Kibō angebracht. Nach Ausscheiden der Space Shuttles war das HTV bis zur Indienststellung der Dragon der einzige Transporter, der Paletten transportieren kann.

Die Konfiguration des HTV hat sich während der Designphase geändert. Geplant waren zuerst zwei Konfigurationen: eine mit einem längeren Druckmodul mit zwölf anstatt acht Racks und eine für den ausschließlichen Transport von Paletten. Schließlich wurden beide Konfigurationen kombiniert, um Entwicklungskosten zu einzusparen.

Die eigens für den Transport entwickelte H-IIB Trägerrakete bringt das HTV in eine 200 x 300 km hohe Transferbahn. Danach navigiert das HTV autonom mittels GPS zur ISS. In 23 km Entfernung erfasst es den Kommunikationslink der ISS. Das HTV wird über relative GPS-Navigation 10 m unterhalb von Kibō navigiert. Die Methode ist vergleichbar mit der beim europäischen Raumtransporter eingesetzten und es wird auch derselbe Datenkanal (Proximity Link Carrier) verwendet. Auch das HTV hat Sensoren von Jena Optronik an Bord: Ein Lidarsystem, vergleichbar dem Telegoniometer/Videometer des ATV, wird in der Endphase der Annäherung eingesetzt.

Die Überwachung erfolgt vom japanischen Kontrollzentrum aus, dass ab einer Entfernung von 5 km das HTV durch Kommandos steuert. Dazu gibt es ein gemeinsames, 22 Mann starkes Team von JAXA und NASA im HTV-Kontrollzentrum des Tsukuba Space Center. Im Nahbereich der Station übernehmen die Astronauten die Kontrolle. Sie fangen den Transporter mit dem Canadarm2 ein. Das HTV wird dann an den Harmony Knoten angedockt. Die Endnavigation erfolgt relativ zum Kibō-Labor, das Antennen, Reflektoren und ein Nahbereichskommunikationssystem mit dem HTV enthält. Diese Kopplung wurde bei einem japanischen Technologie-Satellitenpaar im Weltraum erprobt. Das Rendezvous ähnelt in der Anfangsphase dem des ATV, weicht ab einer Entfernung von 5 km jedoch ab, da das ATV in der Achse der Station andockt, die in der Flugrichtung liegt, das HTV aber (wie alle Versorger mit CBM-Anschlüssen) an einer unteren Position am Harmony-Knoten. Es taucht daher zuerst um 500 m nach unten ab, wird schneller und nähert sich so der Station. Unterhalb der Station angekommen, bewegt es sich auf die Station zu, hält bei 300 m Entfernung, dreht sich um 180 Grad, sodass die Steuerdüsen nun gegen die Bahnrichtung weisen. Bei 30 m Entfernung ist ein erneuter Stop vorgesehen. Die Endannäherung erfolgt dann mit 1-10 m/Minute. Die Anforderungen an das Rendezvous-System des HTV sind erheblich geringer als an das ATV, das den Kopplungsadapter mit maximal 10 cm Abweichung treffen muss. Zudem ist die Annäherung von der Station aus viel besser beobachtbar.

Gesteuert wird das HTV mit 32 Triebwerken. Vier schubstärkere Aerojet R-4D dienen zur Beschleunigung und Abbremsung, 28 kleinere Aerojet R-1E verändern die räumliche Lage. Der Treibstoff befindet sich in vier Tanks im Heck. Sowohl Triebwerke wie Treibstofftanks sind redundant vorhanden.

Das HTV hat denselben CBM-Kopplungsadapter wie die Labormodule und kann Racks und andere sperrige Fracht transportieren. Wasser kann mitgeführt werden, es gibt jedoch keine speziellen Tanks und keine Möglichkeit zum Umpumpen. 600 l können in Kanistern im Frachtraum mitgeführt werden kann. Die Behälter müssen von den Astronauten von Hand in die ISS getragen und dort dem Kreislaufsystem zugeführt werden. Der Transport von Gasen und Treibstoff ist nicht möglich. Wie alle Transporter kann das HTV Müll entsorgen.

Der Transporter besteht aus drei Modulen: einem vorderen Teil mit Druckmodul, einem Mittelteil ohne Druckausgleich und dem Avionicsmodul mit den Triebwerken.

Im Druckmodul (**P**ressurized **L**ogistics **C**arrier PLC) gibt es acht Rackanschlüsse, die mit Experimentenracks oder Fracht, dann üblicherweise verpackt in Säcken, bestückt werden. Es sind zwei Reihen. Die Erste kann alternativ mit Standard Racks mit Experimenten/Ausrüstung oder Fracht bestückt werden, die zweite Reihe nur mit Fracht. Der PLC erhält Gleichstrom mit 50 V Spannung vom Avionikmodul und 120 V Spannung von der ISS.

Das Druckmodul ist durch vier Lampen beleuchtet, verfügt über einen Rauchmelder und wird vor der Ankopplung durch ein Heizelement erwärmt. Drucksensoren überwachen den Innendruck. Nach der Ankopplung sorgen die Ventilationssysteme der ISS für den Luftaustausch und steuern auch die Temperaturregelung des PLC. An der Außenseite befinden sich Leuchten, mit denen die Besatzung der ISS den Transporter besser ausmachen und ankoppeln kann. Es gibt jeweils zwei rote und grüne Lichter, die sich auf der Außenseite auf Steuerbord- und Backbordseite befinden. Sie sind ab 500 m Entfernung erkennbar. Zwei weitere Lichter in Gelb und Weiß befinden sich an der Vorderseite. Sie blinken und sind schon aus 1.000 m Entfernung zu erkennen.

An der Außenseite des UPLC (**Un**pressurised **L**ogistic **C**arrier) kann eine Palette transportiert werden. Sie wird dort vom Canadarm2 entnommen, an den Roboterarm von Kibō übergeben und im **E**xposed **F**acility (EF) des Kibō Labors angebracht. Danach werden die dort angebrachten Experimente und Ersatzteile mit dem Arm von Kibō entnommen, am Exposed Facility, dem Teil an der Außenseite der ISS fixiert und die leere Palette am letzten Tag vor dem Ablegen wieder am UPLC fixiert. Die Palette kann bei einer Größe von 1,2 × 1,2 m maximal 1.500 kg Nutzlast transportieren. Die **E**xposed **P**alette (EP) nimmt zwei größere Experimente oder bis zu sechs ORU (**O**rbital **R**eplacement **U**nits) auf.

Das Avionikmodul bezieht seinen Strom von 57 Solarpaneelen auf der Außenseite des HTV. Zwei nicht aufladbare Batterien und eine wiederaufladbare Sekundärbatterie versorgen den Transporter auf der Nachtseite mit Strom, wenn es keine Versorgung von der ISS erhält.

Die Entwicklung des HTV begann im Jahr 1997. Wie beim ATV gab es Verschiebungen im Projekt und bei der Entwicklung der H-IIB. Ursprünglich sollte das HTV bereits 2001 seinen Jungfernflug absolvieren.

Das HTV hat eine kürzere Mission als das ATV. Es ist für einen Alleinflug von 100 Stunden und einen Betrieb im Wartezustand von bis zu sieben Tagen Dauer ausgelegt. An der ISS kann es bis zu einem Monat angedockt bleiben. Danach wird es mit Müll beladen und verglüht beim Wiedereintritt. Beim ersten Flug koppelte es nach acht Tagen an der ISS an, blieb dort 43 Tage angedockt und verglühte nach weiteren drei Tagen. Wie bei der ersten ATV-Mission dauerte diese erste Mission länger, da sie Demonstrationscharakter hatte. So verfügte der erste HTV über mehr Treibstoff und zusätzliche Batterien.

Das HTV ist ebenso ein Erstlingswerk für die japanische Raumfahrt wie das ATV für die europäische. Es kommt dafür eine neue Version der H-II Trägerrakete zum Einsatz, die H-IIB. Der Jungfernflug des ersten HTV war auch der Jungfernflug der H-IIB. Die H-IIB entstand aus der schon existierenden H-IIA, indem der Durchmesser der ersten Stufe von 4,00 auf 5,20 m vergrößert und ein zweites Triebwerk eingebaut wurde.

Im Juli 2008 gab es Gerüchte, dass die NASA plane, mehrere HTV zu kaufen. Die NASA dementierte dies aber. Es gab nur eine Anfrage an die JAXA, die Frachtkontingente einzufordern, die der NASA nach dem ISS-Verteilungsschlüssel zustehen. Regulär wird pro Jahr ein HTV starten. Ursprünglich waren bis 2013 sieben HTV Starts geplant. Der veränderte Zeitplan des Ausbaus verschob den Erststart. Nun wird von 2009 bis 2016 jedes Jahr ein Flug zur ISS erfolgen. Die JAXA hat insgesamt sieben HTV bestellt. Über zwei weitere Flüge wird derzeit verhandelt. Die im Vergleich zu den ATV höhere Frachtmenge (aller Transporter zusammen) erklärt sich aus der größeren finanziellen Beteiligung Japans an der ISS (so ist das Kibō Labor das größte Modul auf der ISS und es hat als Einziges noch eine Sektion ohne Druckausgleich.

Im November 2006 gab die JAXA bekannt, dass sie untersucht, ob das HTV soweit umgebaut werden könne, dass es Nutzlasten zur Erde zurückführt. Gedacht wurde an zwei Lösungen: eine kleine Kapsel im bisherigen Druckmodul, welche vor dem Wiedereintritt ausgestoßen wird, und das Ersetzen des Druckmoduls durch eine größere Wiedereintrittskapsel. Das Kibō Labor hat nicht nur einen Bedarf an 1.000 kg Versorgungsgütern pro Jahr, sondern es müssen auch rund 350 kg Fracht pro Jahr zur Erde zurückgebracht werden. Wie bei den Ausbauplänen des ATV (siehe S.Fehler: Referenz nicht gefunden) ist es seitdem um diese Pläne still geworden. Das HTV-R genannte Vehikel wird nicht vor 2022 zum Einsatz kommen.

Die JAXA bezifferte die Entwicklungskosten des HTV auf 68 Milliarden Yen (740 Millionen Dollar). Die Baukosten des ersten Exemplars lagen bei 20 Milliarden Yen (240 Millionen Dollar), die folgenden sollten mit 15 Milliarden Yen deutlich preiswerter sein. Dazu kommen noch 15 Milliarden Yen (180 Millionen Dollar) für die Produktion einer H-IIB. Nicht enthalten sind die Kosten für den Start und die Durchführung der Mission. Das ambitionierte Kostenziel von 25 Milliarden Yen für die ganze Mission (davon 14 Milliarden für das HTV) konnte nicht erreicht werden, trotzdem ist der Transporter - gemessen an der transportierten Frachtmenge - preiswert.

HTV und ATV zeigen, wie unterschiedlich Beförderungssysteme für die ISS sein können, obwohl in Dimensionen und Fracht vergleichbar. Das HTV ist viel einfacher aufgebaut, beschränkt auf zwei Frachtarten,, während es beim ATV vier sind. Das HTV wird vom Boden oder den Astronauten aus gesteuert, während das ATV selbstständig navigieren kann und mehr redundante Systeme einsetzt, um besonders sicher zu sein. Auch in der Betriebsdauer an der ISS und der Zeit, in welcher der Transporter autonom agieren kann, unterscheiden sich beide Systeme.

	HTV 2 ff.	HTV-1
Länge:	9,80 m	9,80 m
Davon Pressurized Logistic Carrier:	3,14 m	3,14 m
Davon Unpressurized Logistic Carrier:	3,50 m	3,50 m
Davon Avionics Module:	1,25 m	1,25 m
Davon Propulsion Module:	1,27 m	1,27 m
Startgewicht:	16.500 kg	16.500 kg
Gewicht ohne Fracht:	10.500 kg	11.500 kg
Davon Treibstoff MMH:	750 kg	918 kg
Davon Treibstoff NTO:	1.250 kg	1.514 kg
Triebwerke:	4 × 445 N + 28 × 112 N	4 × 445 N + 28 × 112 N
Gesamtfrachtmenge:	6.000 kg	
Fracht im Druckmodul:	Max. 5.200 kg	3.600 kg
Davon Wasser:	Max. 300 kg	
Fracht im Modul ohne Druckausgleich:	Max. 1.500 kg	900 kg
Kapazität für Abfall:	Max. 6.000 kg Max 3 EF-Nutzlasten, 8 ORU	6.000 kg
Freies Volumen im Frachtmodul:	14 m³	14 m³
Volumen für Fracht ohne Druck:	16 m³	16 m³
Betriebsdauer Alleinflug:	100 h	184 h
Betriebsdauer im Stand-by Betrieb:	1 Woche	-
Betriebsdauer angekoppelt mit externer Stromversorgung:	30 Tage	43 Tage
Lebensdauer:	6 Monate	

Seitdem erfolgten mit dem HTV alle 18 Monate ein Flug, bei dem folgende Frachtmengen transportiert wurden:

HTV	Start	Nutzlast	Kosten
HTV 1 „Kounotori-1"	10.9.2009	4.500 kg	320 Mill. $
HTV 2 „Kounotori-2"	22.1.2011	6.000 kg	300 Mill. $
HTV 3 „Kounotori-3"	21.7.2012	4.600 kg	310 Mill. $
HTV 4 „Kounotori-4"	4.8.2013	5.400 kg	354 Mill. $

11.Abbildung: das GTV wird angekoppelt. Die Palette ist in der Mitte sichtbar

Neue US-Systeme

Das Constellation-Programm, die Rückkehr zum Mond, sollte vor allem durch Einsparungen finanziert werden. So war einer der Beschlüsse auch das Space Shuttle auszumustern, nachdem die ISS fertiggestellt ist. Nun sollte das Space Shuttle aber den Großteil der Versorgung der ISS übernehmen. Dadurch gab es eine Lücke, die bei Raumfahrtberichterstattern auch als „The Gap" tituliert wurde, bis ein Nachfolgesystem zur Verfügung steht. Erst spät kümmerte sich die NASA um die Schließung dieser Versorgungslücke. Im Jahre 2006 schuf die NASA das COTS-Programm (**C**ommercial **O**rbital **T**ransportation **S**ervices – kommerzielle Transportdienste in die Erdumlaufbahn). Es rief die Industrie auf, Vorschläge für den Frachttransport zur ISS zu machen. In einer ersten Runde am 18.8.2006 bekamen zwei Unternehmen einen Entwicklungsauftrag: Kistler Rocketplane erhielt 207 Millionen Dollar und SpaceX 278 Millionen Dollar. Beide Firmen wurden dafür bezahlt, dass sie ein System entwickeln, dass später für den Transport eingesetzt werden könnte. Abgeschlossen sollte die Entwicklung mit Demonstrationsflügen werden.

Kistler Rocketplane wurde der Kontrakt schon im Oktober 2007 wieder entzogen, da die Firma keine ausreichende Finanzierung nachweisen konnte. Die Firma hatte auf Basis der NK-33 Triebwerke (noch unter dem Firmennamen Kistler) eine wiederverwendbare Trägerrakete fertiggestellt, geriet aber in den Sog der „Dot-Com" Blase als Fonds aus der Finanzierung ausstiegen. 2006 übernahm Rocketplane Kistler, um sich bei der COTS-Ausschreibung zu bewerben. Doch auch Rocketplane konnte die auf 150 Millionen Dollar geschätzten Mittel zur Fertigstellung der Kistler K-1 Trägerrakete nicht auftreiben und ging kurz darauf in die Insolvenz. Bis zum Auftragsentzug hatte die NASA 32,1 Millionen Dollar an Kistler-Rocketplane gezahlt.

Das verbliebene Geld wurde dann in einer zweiten Runde erneut ausgeschüttet. Sieben Firmen reichten Vorschläge ein. Am 22.1.2008 bekam **O**rbital **S**ciences **C**orporation (OSC) den Zuschlag über 170 Millionen Dollar für die Entwicklung ihrer damals „Taurus II" genannten Trägerrakete und des Cygnus Raumschiffes. Beide Firmen bekamen in der Folge weitere Zuschüsse. Bei SpaceX sind bis zum Abschluss von COTS 396 Millionen Dollar und bei Orbital 270 Millionen Dollar gezahlt worden.

Am 22.12.2008 wurde dann der CRS-Vertrag mit den beiden Firmen abgeschlossen. Diesmal ging es um die Versorgung der ISS, **CRS** (Commercial Resupply Services) genannt. SpaceX wird zwölf Flüge mit der Dragon-Kapsel und der Trägerrakete Falcon 9 durchführen und erhält dafür

1,6 Milliarden Dollar. OSC führt acht Flüge mit der Cygnus Kapsel auf der Antares Trägerrakete durch. Diese sind der NASA 1,9 Milliarden Dollar wert. Beide Anbieter sollen innerhalb von drei Jahren für diese Summe mindestens 20 Tonnen Fracht zur ISS bringen. Die Erweiterung eines Vertrags auf das Gesamtvolumen von 3,5 Milliarden Dollar ist möglich.

Das Vergabeverfahren wurde kritisiert. Die Firma PlanetSpace legte eine förmliche Beschwerde ein. Bei PlanetSpace sind mit ATK (Hersteller der Space Shuttle Booster) und Lockheed Martin zwei große US-Raumfahrtkonzerne beteiligt. Auffällig war schon bei COTS, dass die Firmen den Zuschlag erhielten, die im Raumfahrtgeschäft Neulinge waren oder zumindest nicht zu den großen Konzernen gehören. Es gab auch Vorschläge der etablierten Firmen, die nach Ansicht von Experten durchaus eine sinnvolle Alternative gewesen wären. So war Boeings Vorschlag der Start eines ATV mit einer Delta IV und die Idee von Lockheed Martin der Start von ATV und/oder HTV mit der Atlas V. RKK Energija bot sein Progressraumschiff an. Alle Systeme haben einen Vorteil: Träger und Raumfahrzeuge existieren und konnten die Versorgungslücke zeitnah schließen.

Daher wird am COTS-Programm und den Transportverträgen kritisiert, dass es nicht primär um die Versorgung der ISS geht, als vielmehr die NASA ein Interesse hat, dass es wieder mehr Konkurrenz im Aerospacebereich gibt, nachdem in den letzten Jahrzehnten die meisten Konzerne fusionierten oder aufgekauft wurden. Gegenüber der NASA treten zum Beispiel Lockheed Martin und Boeing – die letzten verbliebenen Hersteller größerer Trägerraketen – nur noch gemeinsam im Joint Venture „United Launch Alliance" auf, bilden also ein Monopol. Die NASA selbst bezeichnet COTS als großen Erfolg, denn bei normalen Programmen wäre es nicht möglich gewesen, mit dem Finanzvolumen zwei Transporter zu entwickeln. Beide Firmen investierten eigenes Kapital, das holen sie sich bei dem CRS-Transportauftrag wieder, denn pro Kilogramm bezahlt die NASA erheblich mehr als von Russland, Japan und ESA für ihre Beteiligung an der ISS verlangt.

Möglich wurde COTS nur durch die internationalen Partner. Sie stellten die Versorgung zwischen 2011 und 2014 sicher. So wurden die ATV im Jahresabstand gestartet, der letzte schon 2014 anstatt 2017. OSC und SpaceX müssen die Raumschiffe erst entwickeln und erproben. Beide Firmen lagen bei der ersten Mission um fast drei Jahre hinter den Programmvorgaben zurück. Der Zeithorizont für die Entwicklung eines neuen Raumfahrzeugs und einer neuen Trägerrakete mag zwar ohne dauernde Überwachung und Abstimmung mit einer Raumfahrtbehörde kürzer sein, aber nicht so kurz wie im COTS-Programm vorgesehen – da sollten die ersten Demoflüge schon zwei Jahre nach der Auftragsvergabe erfolgen. Auch beim CRS-

Programm konnten sie nicht den Zeitverlust aufholen, das unabhängige Sicherheitspanel der Regierung ASAP schrieb in seinem Bericht 2014, dass die sieben bis dahin erfolgten Missionen im Durchschnitt 23 Monate zu spät stattfanden, wovon 22 Monate durch die beiden Firmen verursacht waren, ein Monat entfiel auf andere Verzögerungen.

CCDev

Das zweigleisige Fahren gilt auch für den kommerziellen Crewtransport. Er soll die Nachfolge des am 1.2.2010 eingestellten Ares I/Orion Systems antreten. Ob sich dieses System bewähren wird, muss sich noch zeigen: Freie Ausschreibungen gibt es bei den Trägerraketen schon seit 1998, doch die Startkosten haben sich für die NASA seitdem drastisch erhöht. Bisher fiel das CCDev Programm bisher vor allem durch Unterfinanzierung auf. Bisher hat die NASA in keinem Jahr die Mittel bekommen, die sie beim Haushaltsentwurf beantragt hat. Teilweise bekam das Programm nur die Hälfte der beantragten Mittel. Der erste bemannte Start hat sich so von 2016 auf 2018 verschoben. Die NASA spart so nichts, so musste sie wegen der Verzögerungen im August 2018 sechs weitere Sitze für den Start 2018 und Landung 2018/19 von Roskosmos für 490 Millionen Dollar kaufen. 2015 bekam die NASA nur 805 der beantragten 848 Millionen und beim Haushaltsentwurf für 2016 kürzte der Kongress von 1200 auf 900 Millionen Dollar – so sind weitere Verzögerungen vorprogrammiert und neue Kosten für die Sitze fallen an, will man nicht auf den Transport von Astronauten verzichten (dazu gehören auch die Astronauten der ESA, JAXA und CSA. Sie werden von der NASA transportiert, wozu auch die Kostenübernahme gehört, die Raumfahrtagenturen haben ihren Beitrag durch Transporte schon erbracht.

Die NASA fördert bei CCDev Programm mehrere Firmen, davon zwei mit höheren Geldbeträgen. Bis August 2014 sollten die Systeme bis zum Ende der Phase B gebracht werden. Bei Raumfahrtprojekten schließt man mit dieser Phase die Entwicklung des Designs ab, hat schon Tests von Hardware durchgeführt, um zu sehen, ob etwas prinzipiell überhaupt umsetzbar ist. Richtig teuer wird aber erst die Phase C, wo dann das Raumschiff als Hardware entwickelt wird und Phase D, wo es dann erprobt und eingesetzt wird.

In die Phase C/D gehen – das ist keine Überraschung, die beiden Firmen die bisher auch die meisten Mittel erhielten: SpaceX wird 2,6 Milliarden Dollar und Boeing 4,2 Milliarden Dollar erhalten. Dies umfasst die Fertigstellung, Flugerprobung und die Flüge im Zeitraum 2018/19 (je zwei pro Firma und Jahr). Sierra Nevada Origin ging leer aus und protestierte förmlich bei der NASA. Ihrer Ansicht nach hätte sie anstatt Boeing den Zuschlag erhalten sollen, da ihr Angebot um 900 Millionen Dollar niedriger lag. Dieser wurde vom unabhängigen GAO (General

Accountment Office, so eine Art Bundesrechnungshof) aber abgelehnt. Die NASA übernahm die Angebote und bezahlte die Summe, die die Firmen forderten. Das Orion-Raumschiff, das 2014 seinen ersten Testflug absolvierte und inzwischen in MPCV (Multi-Purpose-Crew-Vehicle) umbenannt wurde, wird die ISS nicht anfliegen und ist kein Back-up zu CCDev. Das machte NASA-Administrator Boulden klar. Die NASA setzt voll auf kommerzielle Services.

Zwei Raumschiffe nur für die Versorgung der ISS sind unter wirtschaftlichen Aspekten nicht sinnvoll. Die doppelte Auslegung spiegelt die Furcht das ein System ausfallen könnte wieder. Die redundante Auslegung bewährte sich ja schon bei den Frachttransportern.

Die Raumschiffe von Boeing, SpaceX und Sierra Nevada haben trotz unterschiedlicher Konzepte eines gemeinsam: Sie können bis zu sieben Personen transportieren. Genutzt werden vier Sitze. Damit kann die Stammbesatzung wieder auf sieben Personen ansteigen. Ein Sitzplatz wird im Durchschnitt 58,5 anstatt 70,7 Millionen Dollar bei den letzten gebuchten Sojusflügen kosten. Russland wird die freien Plätze an Weltraumtouristen vermieten und so die Kosten für Roskosmos senken. Durch die Verzögerungen im CRS-Programm rechnet die NASA damit, bis 2018 noch Flüge bei Roskosmos buchen zu müssen. Zusammen wird das CCdev Programm bis zum Abschluss der Testflüge wird CCdev 8362,4 Millionen Dollar kosten. Für die ersten drei Einsatzjahre hat die NASA 3,4 Milliarden Dollar für 12 Flüge veranschlagt. Zur Fertigstellung der zweiten Auflage dieses Buchs im April 2015 war Boeing als einzige Firma dem Zeitplan voraus, Sierra Nevada und SpaceX hinkten 7 Monate hinterher.

Runde (Budget in Mio $)	Boeing	SpaceX	Sierra Nevada	Blue Origin	ULA	Paragon Space
CCDev 1 (49,8)	18		20	1,4	6,7	3,7
CCDev 1 (315,5)	112,9	75	105,6	22		
CciCap (1167,5) + 55	480	460	227,5			
CPC 1 (29,6)	9,9	9,6	10			
Entwicklung (4760)	3.010	1.750	2.550*			
Testflüge 2017-2018 (2040)	1.190	850	750*			
Jährliche Kosten (ab 2019)	1133,3					
Gesamt (8417,4)	4820,9	3144,9	362,7 / 3662,7*	25,7	6,8	1,4

* Angebot von Sierra Nevada, wurde nicht gefördert.

CRS-2

Parallel zum CCDev-Programm läuft seit Februar 2014 die Ausschreibung für CRS-2. CRS-2 deckt die Transporte zur ISS ab 2017 ab. Da nun das ATV wegfällt und damit rund 7 t Nutzlast pro Jahr zusätzlich aufgebracht werden müssen, umfasst CRS-2 eine höhere Frachtmenge:

- 14.250 bis 16..750 kg Fracht pro Jahr mit einem Volumen von 55 bis 70 m³.
- 24 bis 30 Standard-Racks pro Jahr die ans Strom- und Kühlnetz angeschlossen werden müssen.
- 1.500 bis 4.000 kg in drei bis acht Teilen an Fracht ohne Druckausgleich, ebenfalls angeschlossen an eine Stromversorgung.
- Entsorgung der gleichen Menge an Müll.

Das sind pro Jahr 15,75 bis 20,75 t Fracht. Dagegen umfasst CRS-1 von 2012 bis 2017 in vier bis fünf Jahren nur 40 t Fracht, also 8 bis 10 t pro Jahr. Der Auftrag ist also sehr lukrativ. So gibt es außer den beiden Firmen auch neue Mitbewerber mit neuen, innovativen Konzepten. Lockheed-Martin will Transportbehälter und Servicemodul trennen und zuerst nur ein Servicemodul, also den teuren Teil des Transporters starten und dann ein reines Druckmodul mit den Versorgungsgütern. Dieses wird mit einem Arm eingefangen und angekoppelt und dann zur ISS gebracht. Nach dem Abkoppeln wird nur der Transportbehälter deorbitiert, das Servicemodul bleibt im All. Dies soll die Kosten deutlich senken. Sierra Nevada hat ihren bemannten Raumgleiter Dream Chaser soweit modifiziert, das er automatisch fliegen kann. Er wird mit einem nicht wiederverwendbaren Transportmodul gekoppelt. Beide können mit 6,5 bzw. 5,5 t Nutzlast wesentlich mehr Fracht pro Start befördern als die Systeme von CRS-1. Diese hohe Nutzlast spricht für die Entwürfe, da sie die Anzahl der Starts und damit auch die Arbeitsbelastung der Astronauten und Missionskontrollzentren reduziert. Einen Vorschlag von Boeing, die drei freien Plätze ihres CST-100 Raumschiffs mit Frachtbehältern zu füllen und so bis zu 1.500 kg Fracht neben den vier Astronauten zu befördern lehnte die NASA ab, da sie keine Vermischung von Fracht- und Mannschaftstransporten haben will.

Da die Transportkosten von Fracht und Besatzung durch den Wegfall des ATV und die beiden US-Systeme von 34 auf 59% des Gesamtbudgets ansteigen, will die NASA bei CRS-2 sparen. Die Transporte sollen 1 bis 1,4 Milliarden Dollar pro Jahr kosten und es sollen maximal fünf sein, um die Arbeitsbelastung der Besatzung und Missionskontrolle zu verringern. Damit ist klar, dass SpaceX und Orbital mit ihren beiden Gefährten vor Herausforderungen stehen. Das sind minimal 3,15 t Fracht pro Flug. SpaceX bekommt die Frachtmenge nicht im Volumen unter und

Orbital kann diese Menge auch nicht mit einer leistungsgesteigerten Antares transportieren. Zudem sind die bisherigen Transporte teurer als die 1,4 Milliarden Dollar, die die NASA für über 20 t bezahlen will. So verwundert es nicht, dass die NASA mehrfach die Bekanntgabe der Gewinner verschoben hat.

CRS-1 wurde inzwischen um zwei Jahre ohne Zusatzkosten für die NASA gestreckt, da Orbital und SpaceX hinter dem Zeitplan stark hinterherhinken. Ein Nachteil der US-Transporter mit ihren kleinen Frachtkapazitäten ist ihr höherer logistischer Aufwand. Das An- und Abkoppeln eines Transporters bedeutet, dass die Besatzung sich an diesem Tag exklusiv um die Transporter kümmern muss. Auch die Kontrollzentren haben mehr zu tun wenn anstatt einem ATV mit 7 t Fracht vier Dragon (im Mittel 1,7 t) oder drei Cygnus (im Mittel 2,5 t Fracht) betreut werden müssen. Derzeit gibt es von den noch in der Entwicklung befindlichen Transportern (bemannte Dragon, CST-100 und Dream Chaser zu wenige Daten um eine ausführliche Beschreibung anfertigen zu können. Ich habe mich daher auf die schon im Einsatz befindlichen unbemannten Systeme konzentriert.

12.Abbildung: Die Cygnus vor dem Ankoppeln

Das Cygnus-Raumschiff

Das Transportraumschiff von **O**rbital **S**ciences **C**orporation (OSC) hat den Namen „Cygnus" (lateinisch für „Schwan") erhalten. Orbital bekam den Auftrag für die Entwicklung erst einenhalb Jahren nach SpaceX, entsprechend später absolvieren sie ihr Testprogramm.

Geplant war der Erstflug der Trägerrakete für den März 2011. Er wird von der NASA mit 100 Millionen Dollar bezahlt. Verzögerungen gab es durch ein Triebwerk, das bei einem Test vor dem Einbau in die Antares Feuer fing, und Verzögerungen bei Fertigstellung und Abnahme des neu errichteten Startkomplexes auf Wallops Islands. Die Cygnus selbst lag im Zeitplan. Nach einem Jungfernflug zur Erprobung der Trägerrakete folgte der COTS-Demonstrationsflug in kurzem Abstand. Danach folgen acht Versorgungsflüge im Gesamtvolumen von 1,9 Milliarden Dollar. Die Antares / Cygnus Entwicklung kostete mit dem Jungfernflug fast 1 Milliarde Dollar. Davon 300 Millionen für die Cygnus, "etwas mehr" für die Antares. 140 Millionen kostete das Launchpad und die Infrastruktur auf Wallops Island, die sehr zu den Verzögerungen beitrug. Der Rest entfiel auf den Jungfernflug und andere Posten.

Das Cygnus Raumschiff nutzt, um das Entwicklungsrisiko zu minimieren, schon bewährte Systeme, so die Sende- und Empfangsanlagen des HTV. Der Kontrakt mit Mitsubishi Electric Corporation hat einen Umfang von 66 Millionen Dollar. Das Cygnus-Raumschiff wird durch die vom HTV übernommene relative GPS Navigation und das Lidarsystem bis in den Nahbereich der ISS gesteuert. In 12 m Entfernung vom Canadarm2 eingefangen und dann am Harmony-Knoten angekoppelt. Der Kopplungsmechanismus ist ein Standard CBM. Am Cargobehälter ist eine Verbindung angebracht, die es erlaubt vom Canadarm Strom zu beziehen und Videosignale zu übermitteln. Damit soll das endgültige Ankoppeln an den CBM schneller möglich sein als bei anderen Transportern. Die Luke im CBM ist kleiner als bei dem HTV, da in das kleine Cargomodul keine Standard-Racks hineinpassen. Die Luke hat nur 94 anstatt 127 cm Seitenlänge. Damit kann die Cygnus keine kompletten Racks befördern.

Das Cargomodul wird von Thales Alenia gebaut. Der Auftrag für die ersten neun Module hat einen Umfang von 180 Millionen Euro. Es basiert auf der Struktur des MPLM, hat aber einen kleineren Durchmesser. Die Solarzellen stammen bei den ersten Cygnus von Dutch Aerospace. Die Triebwerke des Cygnus, die MMH und NTO verbrennen, stammen von OSC und Aerojet. Das Servicemodul basiert auf dem STAR-Bus von Orbital. Neben dem Frachtmodul von Alenia, das unter Druck steht, könnte in einer weiterentwickelten Version alternativ eines auf Basis des ExPRESS Palettensystems von Boeing/EADS einsetzbar sein. Anders als bei der Dragon ist der

Transport beider Frachtmengen also getrennt. Da die Versorgungskapazität der Dragon für Fracht an der Außenseite ausreicht. wird diese Version wahrscheinlich nicht gebaut. Die Nutzlast ist anfangs auf maximal 2.000 kg begrenzt. Leistungssteigerungen der Antares sollen sie dann auf 2.300 bis 2.700 kg anheben. Von der zweiten Version des Cygnus für mehr Fracht sind derzeit sechs Stück bestellt. Sie hat einen um knapp 1 m verlängerten Cargobehälter und erhält neue leichtgewichtige Solarzellen von ATK. Die Müllentsorgungskapazität beträgt 1.200 kg,.

Gestartet wird das Cygnus Raumschiff mit der Antares-Trägerrakete. Sie setzte in der ersten Version in der ersten Stufe die NK-33 Triebwerke der russischen Mondrakete N-1 ein. Die Tanks und Strukturen wurden von der ersten Stufe der Zenit übernommen und in der Ukraine gefertigt. Die zweite Stufe ist ein Castor 30-Feststoffbooster. Dies ist eine verkürzte Version des Castor 120 Triebwerks der Taurus-Trägerrakete. Eine optionale dritte Stufe wird bei den Versorgungsflügen nicht benötigt. Die Trägerrakete wird inkrementell verbessert. Die Castor 30A Stufe erhöht die Nutzlast von 2 auf 2,3 t. Die Castor 30 XL Stufe steigert sie auf 2,7 t. Die NK-33 Triebwerke stammen noch von der N-1 Mondrakete, sie werden nicht mehr gebaut. Orbital suchte nach einer Alternative in Russland. Die Situation wurde prekär als am 28.10.2014 die fünfte Antares (und erste mit einer vergrößerten zweiten Stufe) kurz nach dem Start durch den Ausfall eines der beiden NK-33 an Schub verlor und kurz vor dem Aufschlag neben der Rampe gesprengt wurde. Nun brauchte man schnell einen Ersatz, denn schon zweimal hatte vorher ein Triebwerk im Stennis Testzentrum bei Testläufen versagt.

Die Antares konnte damit nicht mehr starten und Orbital buchte einen Start auf einer Atlas V, dem einzigen Träger der kurzfristig zur Verfügung stand, und schloss am 17.12.2014 einen Vertrag mit RD Energomasch ab. Er umfasst 20 Triebwerke des Typs RD-181, erweiterbar auf 60 Triebwerke. Das RD-181 leitet sich aus dem RD-191/193 der Angara ab. Der Unterschied sind konservativere Betriebsparameter, die zwar etwas Leistung (Schub) kosten, aber Sicherheit bringen. Jedes der beiden Triebwerke eines RD-181 Blocks ist einzeln schwenkbar und hat anders als das RD-180 eine eigene Turbopumpe. Die Nutzlast der neuen Antares liegt um 700 bis 1000 kg höher als beim alten Exemplar. Damit könnte Orbital sowohl den Rückstand aufholen wie auch die verlorene Fracht ausgleichen. Schon Ende 2016 soll die Antares 2 starten. 2015/16 kann Orbital maximal zwei Starts (einen auf einer Atlas 401 und einer Antares 2) durchführen. SpaceX sollte, um die Versorgung sicherzustellen, nach Planungen 2015 dagegen fünf Missionen 2015 (CRSX-5 bis 9) durchführen.

Die ersten drei Flüge der Antares und Cygnus erfolgten ohne die Probleme, die SpaceX und ihre Falcon 9/Dragon so viel Zeit kosteten. Zudem demonstriert so Orbital ihre Flexibilität. Zwischen

Jungfernflug und erster CRS Mission lagen nur neun Monate, zwischen COTS Abschluss und CRS-1 Mission sogar nur drei Monate. Ein minimaler Startabstand von einem Monat sei möglich. Orbital hat sich voll auf das CRS-Programm konzentriert, während SpaceX nun zuerst einmal zahlreiche ausstehende kommerzielle Starts abwickeln muss. Schon der erste Versorgungsflug zur ISS dauerte länger als die Zeit, für die eine Dragon ausgelegt ist. 37 Tage war die Cygnus an der ISS angekoppelt. 17 Tage länger als die bis dahin längste Dragon Mission. Allerdings hat das Nutzen der NK-33 und der Fehlstart die Firma im Endeffekt genauso viel Zeit gekostet wie SpaceX. Schon vor dem Jungfernflug gab es ein Feuer bei einem NK-33 zwischen den Starts bei einem Test der Triebwerke vor dem Einbau ein weiteres. Die Triebwerke, die von Russland als zuverlässig eingestuft werden, (sie werden auch in der Sojus 2.1v eingesetzt) haben wohl entweder in den 40 Jahren Lagerzeit oder bei dem Refitten durch Aerojet Schaden genommen.

Neben dem Verwenden von schon existierender Technologie unterscheidet die Cygnus noch etwas anderes von der Dragon: Die Antares Trägerrakete wurde genau auf diesen Missionstyp abgestimmt. Leichte Verbesserungen erhöhen so die Nutzlast um 35%. Die Dragon dagegen wurde zuerst mit einer Trägerrakete gestartet, die es nicht erlaubte die volle Nutzlast zu befördern, danach wurde sie durch eine neue Version ersetzt, die mehr Nutzlast transportieren kann als in die Dragon hineinpasst.

	Cygnus Raumschiff
Startgewicht:	5.100 kg (mit 2.000 kg Fracht), 6.100 kg (mit 2.700 kg Fracht)
Fracht zur ISS:	2.000 kg (erste Version) 2.700 kg (zweite Version)
Abfallentsorgung von der ISS:	1.200 kg
Durchmesser:	3,07 m
Gesamtlänge:	5,14 m / 6,35 m
Innenvolumen:	18,9 m³ (erste Version) 27 m³ (zweite Version), 4 bzw. 6 Miniracks
Davon Frachtmodul:	Standardversion: 3,66 m / 1.500 kg Verlängerte Version: 4,86 m / 1.800 kg
Davon Servicemodul:	1,30 m / 1.600 kg mit Treibstoffen
Stromversorgung:	2 Solarpaneele mit 3,5 kW Leistung. Cargomodul verbraucht 0,85 kW
Triebwerke:	32 Stück mit 445 und 26,7 N Schub. Treibstoff NTO / Hydrazin.

Das Dragon-Raumschiff

SpaceX ist eine im Raumfahrtgeschäft neue Firma. An der Firma scheiden sich die Gemüter, vor allem weil die Firma mit ihrem CEO Elon Musk zwar sehr öffentlichkeitswirksam ist und „Visionen" bis hin zur Marskolonisation verbreitet, aber mit echten Informationen geizt. Sie hat es geschafft, sich als „private" Firma zu verkaufen. Dabei ist sie stärker staatsfinanziert als der Konkurrent Orbital. Bis zum Abschluss des COTS Programm waren von den bisherigen Einnahmen über 1,2 Milliarden Dollar zu 85% von der NASA und dem DoD aufgebracht worden. Orbital bekam nur 40% seiner Aufwendungen durch die NASA und Virginia (Zuschüsse für den Startkomplex) bezahlt.

SpaceX entwickelt die Dragon-Kapsel. Ein wesentlicher Unterschied zu den anderen Transportern ist, dass die Dragon eine Rückkehrkapsel ist. Sie soll Fracht von der ISS zur Erde zurückbringen. SpaceX bot die Dragon zuerst als Rettungsschiff der NASA an, später sogar als Ersatz für die Orion. Geschäftsführer Elon Musk rief die große Fangemeinde der Firma dazu auf, Kongressabgeordneten mit Mails und Briefen einzudecken, damit diese für den Einsatz des Raumschiffs für den bemannten Transport stimmen. Das Unabhängige, nach dem Brand von Apollo 1 einberufene, Aerospace Safety Advisory Panel (**ASAP**) vertrat dagegen die Ansicht, dass weder Trägerrakete noch Raumschiff den Sicherheitsanforderungen der NASA für bemannte Missionen genügen. Seine Empfehlungen haben Gewicht, beurteilt es doch seit 30 Jahren die Sicherheit der bemannten Systeme der NASA. SpaceX hat nach dieser Schlappe einen Gang zurückgeschaltet und bewarb sich seitdem im CCDev Programm um Fördermittel der NASA. In diesem Programm hat SpaceX Anfang 2015 nur noch wenige Wochen Vorsprung vor Boeing, obwohl deren Entwicklung fünf Jahre später begann.

SpaceX möchte die Dragon auch zum Touristentransport zur geplanten privaten Raumstation BA-330 von Bigelow Aerospace einsetzen. In der kleinen Kapsel (das Volumen entspricht der Kommandokapsel von Apollo) werden bis zu sieben Astronauten Platz finden. Ein Transportvertrag wurde unterzeichnet, aber Bigelows Raumstation ist noch Jahre vom Start entfernt.

Technische Details gibt es nur wenige von dem Raumschiff, obwohl an ihm länger entwickelt wird, als an der Cygnus. Erste Ankündigungen gab es schon im Februar 2006, also vor der COTS-Ausschreibung. Sie sind zudem selbst auf den SpaceX Webseiten widersprüchlich. Die Kapsel wird von einem Konus umhüllt, der sie beim Aufstieg schützt. Er wird im Orbit abgetrennt. Die Kabine hat die Form eines Kegelstumpfs, für Fracht unter Druck oder für bis zu sieben Personen. In ihr finden bis zu sechs Standard Racks oder 1.400 kg Fracht Platz. An ihrer

Spitze ist ein quadratischer CBM-Zugangstunnel für den Transfer von sperriger Fracht zur ISS. Das strukturelle Limit für die Zuladung beträgt 3.000 kg im Druckbehälter. Doch bei einem Volumen von 10 m^3, davon etwa 7 m^3 für Fracht nutzbar, kann dies mit den Gütern, die zur ISS befördert werden kaum ausgenutzt werden. Deren Dichte lag in den letzten Jahren bei 200 - 250 kg pro m^3, sodass in 7 m^3 nur 1.400 bis 1.750 kg transportiert werden. So hat die NASA auch 12 Flüge für 20 t Fracht geordert.

Optional kann diese Kapsel um einen Hohlzylinder „Trunk" ergänzt werden, für Fracht, die nicht unter Druck steht. Dieser Zylinder wird vor dem Wiedereintritt abgestoßen. An ihm befinden sich auch die Solarzellen. Es wurden zwei Längen von 2,30 und 4,30 m angekündigt, gebaut wird nur der kürzere Zylinder. In ihm steht ein Volumen von 14 m^3 zur Verfügung. Die Fracht wird vom Arm der Station entnommen. Da der Frachtzylinder von der Station weg zeigt, ist dieses Manöver deutlich aufwändiger als der Transport der Paletten mit dem HTV. In diesem Zylinder sind bis zu 1.700 kg Fracht mitführbar. Das strukturelle Limit, das aus Volumenbegrenzungen nicht ausgenutzt werden kann, liegt bei 3.000 kg. Für ISS-Missionen beträgt die kombinierte Nutzlast beider Transportarten maximal 2.500 kg. Sie resultieren aus den räumlichen Beschränkungen. So kann maximal eine Palette im Hohlzylinder mitgeführt werden.

In der Kabine gibt es drei bis vier Fenster. Sie sind bei Versorgungsmissionen aber abgedeckt. Der Druck beträgt in der Kapsel 1 bar. Die Luftfeuchtigkeit beträgt zwischen 25 bis 75% und die Temperatur zwischen 10 und 46 Grad. Diese hohen Schwankungen lassen auf eine nicht regulierte Atmosphäre schließen. Daten werden mit bis zu 300 Mbit/s zum Boden übertragen und Kommandos mit 300 kbit/s empfangen.

Es schließt sich ein Antriebsmodul mit einer Zuladung von bis zu 1.290 kg Treibstoff an. 12-18 „Draco" Triebwerke von jeweils 400 N Schub, die mit MMH und NTO als Treibstoffen arbeiten, treiben das Raumschiff an. Zwei Solarpanel liefern eine Spitzenleistung von 4 kW und eine Dauerleistung von 1,5-2 kW. Die Solarzellen sind nicht weltraumqualifiziert und verlieren nach wenigen Monaten die Hälfte der Leistung. SpaceX sieht dies unkritisch, da die Dragon maximal einen Monat im All bleibt. Der Bus hat eine unregulierte Spannung von 28 V. Zwei Lithiumionenbatterien geben die Leistung für den Betrieb auf der Nachtseite ab. Die Landung der Frachtversionen erfolgt im Wasser. Drei Fallschirme werden dazu entfaltet.

Für die Dragon wird im Rahmen des CCDev Programme ein Antriebssystem entwickelt, das am Boden der Kapsel befestigt ist. Es kann die Kapsel bei einem Versagen der Rakete von dieser abtrennen. Diese Triebwerke könnten auch genutzt werden um die Dragon bei einer Landung auf dem Land auf den letzten Metern abzubremsen, so wie dies die Sojus tut. Damit vereinfacht sich die Bergung, man könnte sie im Herstellungsort Hawthorne oder wo die NASA die mitgeführte Fracht braucht, landen. Weiterhin ist so auch eine Wiederverwendung unkomplizierter, da kein korrosives Meerwasser mit Triebwerken oder anderen Systemen in Kontakt kommt. Derzeit bekommt die NASA nach den Verträgen aber pro Transport eine neue Kapsel.

Die Vereinbarungen nach dem CRS-Vertrag sehen den Transport von 20.000 kg bei 12 Flügen vor, das sind pro Flug nur 1.700 kg, die kleinste Menge aller Transporter. Die Erprobungsflüge im Rahmen des COTS Programm und die ersten beiden Versorgungsflüge erfolgen mit der Falcon 9 „v1.0". Diese 314 t schwere Rakete kann ungefähr 8 t zur ISS bringen, das lässt wenig Nutzlast zu. Die ersten drei Flüge transportieren nur 450 bis 868 kg Fracht.

Die ab 2013 verfügbare neue Version der Falcon 9 Trägerrakete, die „V1.1." steigert die Fracht auf 2.500 kg. Diese Rakete wiegt 505 t, soll in eine niedrige Erdumlaufbahn rund 13,2 t transportieren, was etwa 11,7 t zur ISS entspricht. Nun ist die Nutzlast der Rakete größer als die Startmasse der Dragon. SpaceX nutzt den nicht benötigten Treibstoff für Landeversuche der Erststufe.

Wie beim ATV wird die beförderte Nutzlast vom Bedarf abhängen. Anfangs ist es vor allem Fracht im Druckmodul, da der letzte Shuttle Start sehr viele Ersatzteile, die außen an der Station angebracht werden gebracht hat. Für diesen Teil der Fracht, der im Zylinder hinter der Kapsel befördert wird, gibt es daher erst in den folgenden Jahren Bedarf. Wie die Cygnus ist das Raumschiff nicht für den Transport von Treibstoff ausgelegt. Gase und Wasser können in begrenztem Maße mitgeführt werden, indem entsprechende Behälter im Druckteil mitgeführt werden.

Die Nutzlast der Dragon ist limitiert durch die das Volumen und den Bedarf, nicht durch die Nutzlastkapazität der Trägerrakete. Das ist eine gewisse Parallelität zum ATV, das nach dem Anheben der ISS seine Maximalnutzlast nicht mehr ausnutzen kann, weil danach der größte Teil Fracht im Druckbehälter ist und hier passt gar nicht so viel rein, wie man transportieren könnte. Die Dragon kann durch die ungünstige Kegelform maximal zwei Racks transportieren. Sie ist daher nur bedingt für den Transport von sperrigen Gütern geeignet. An der Konzeption scheiden sich daher die Geister: die einen sehen sie als genial an, weil sie als Transporter wie auch als bemanntes Raumschiff genutzt werden kann, die anderen meinen, man habe erst eine Kapsel konstruiert und sich dann mit dieser beim COTS-Programm beworben und müsste nun für weniger Geld als Orbital vier Flüge mehr durchführen. Da SpaceX bei CCDev einen Entwicklungsauftrag bekam, hat sich der Umweg gelohnt. Mittlerweile bewirbt sich auch Boeing mit ihrem bemannten Raumschiff CST-100 beim CRS-2 Kontrakt. Sie nutzt dasselbe Prinzip: Ohne Besatzung könnte die Kapsel bis zu 1,5 t Fracht transportieren. Wegen der deutlich teureren Atlas Trägerrakete ist dies aber wahrscheinlich unwirtschaftlich.

Der Rücktransport von Fracht ist ein weiterer Pluspunkt, die Dragon ist der einzige Transporter, der dies nach Ausmustern der Space Shuttles kann, doch der Bedarf ist nicht sehr hoch, ein Flug pro Jahr würde dafür ausreichen. Die NASA nutzt die Rückkehrfracht aus, um Kosten zu sparen: Sie lässt defekte ORU zurücktransportieren und repariert diese und bringt sie erneut zur Station. So kostet die Reparatur eines der 119 Remote Power Controller Modules (RPCMs) 267.000 Dollar, ein neuer dagegen 2,2 Millionen Dollar. Zu diesen Kosten kommen natürlich noch die Transportkosten zur Station und zurück zum Boden hinzu.

Bisher konnten SpaceX und Orbital den ehrgeizigen Zeitplan des COTS Programms nicht einhalten. Der Erststart der Falcon 9 verschob sich von August 2007 auf Mai 2010. Der Erstflug eines Dragon-Prototyps im Rahmen des COTS-Programms verschob sich von Juni 2009 auf Dezember 2010. Aufgrund der Verzögerung willigte die NASA ein, dass die Firma den zweiten und dritten Demonstrationsflug zusammenlegte, er fand im Mai 2012 statt, rund 33 Monate nach dem Zeitplan.

Die Dragon nähert sich der Station zuerst mit einem Lidar-System. Entsprechende Reflektoren mit der Bezeichnung „Dragoneye" wurden an der Station angebracht. Im Nahbereich wird der Canadarm2 die Kapsel dann einfangen und andocken.

Die ersten Transportflüge brachten nur kleine Frachtmengen zur ISS. Weiterhin wurde dabei bekannt, dass anders als beim ATV, dabei auch die Verpackung / Behälter mitgerechnet wird. Sie ist ein Grund warum beim ATV die Nutzlast im Druckmodul so begrenzt ist. Bei den ATV Flügen wiegen Behälter und Racks mehr als 1 t. Es sind von den 20 t Nutzlast 3 t als Downmass ausgewiesen. Inwieweit die zurückgebrachte Fracht auf die Gesamtmenge angerechnet wird, ist nicht bekannt. Für SpaceX wäre eine volle Anrechnung ideal zumal die Rückkehrfracht nun deutlich größer ist als ursprünglich vereinbart.

Beim CRS 1 Flug kam es zu einem Ausfall der Kühlung, wodurch Humanproben eventuell unbrauchbar wurden. Schon beim Start fiel ein Triebwerk aus, die Dragon konnte mit Mühe einen zu niedrigen Orbit erreichen. Die Sekundärnutzlast konnte ihren Orbit nicht mehr erreichen und ging verloren. Die Reaktion von SpaceX war dann auch SpaceX-typisch: Die maximale Nutzlast der Falcon 9 „v1.1" wurde auf der Webseite von 16 auf 13,2 t reduziert (man braucht bei einem Triebwerksausfall Treibstoffreserven, da die Beschleunigung kleiner ist).

Beim zweiten Flug wurde die Ankopplung nach einem Ausfall eines Teils der Steuerdüsen verschoben. Computer, die zwar Militärspezifikationen genügen, aber nicht strahlungsgehärtet sind, fielen nach wenigen Stunden aus. Hier rettete die mehrfach redundante Auslegung der Computer die Mission. Der siebte CRS-Flug scheiterte kurz vor Stufentrennung. Mit verloren ging der erste IDA im Trunk. SpaceX hat daraufhin alle Starts für unbestimmte Zeit gestrichen. Nach zwei Fehlstarts im CRS-Programm gab es Kritik an der NASA, die als Kunde zwar über die Ursache informiert wird, diese aber nicht öffentlich machen darf. Zudem bekamen beide Firmen den Start weitgehend bezahlt, nur die letzte Rate wurde zurückbehalten. So verstanden viele nicht den Transportauftrag, sondern vielmehr dahin gehend, dass die Firmen nur für bei der ISS gelieferte Fracht bezahlt werden.

	Dragon Raumschiff
Startgewicht:	8.750 kg (mit 2.550 kg Fracht) 14.900 kg (mit 6.620 kg Fracht)
Trockengewicht (nur Druckmodul):	4.200 kg
Manövriertreibstoff (bei 8 t Startgewicht)	1.230 kg
Fracht zur ISS (Falcon 9 v1.1 Design)	2.500 kg – 2.550 kg (COTS Kontrakt: 1.700 kg)
Fracht von der ISS:	1.400 – 1.700 kg
Maximaler Durchmesser:	3,60 m
Gesamtlänge:	6,10 m (kurzer / langer Frachtzylinder) 2,90 kg (nur Kapsel)
Davon Druckkapsel:	2,90 m Länge 3,10 m maximaler Innendurchmesser 2,10 m minimaler Durchmesser 10 m³ Volumen. maximal 3.310 kg Fracht
Davon Frachtzylinder:	2,30 m 14 m³ Volumen maximal 3.310 kg Fracht

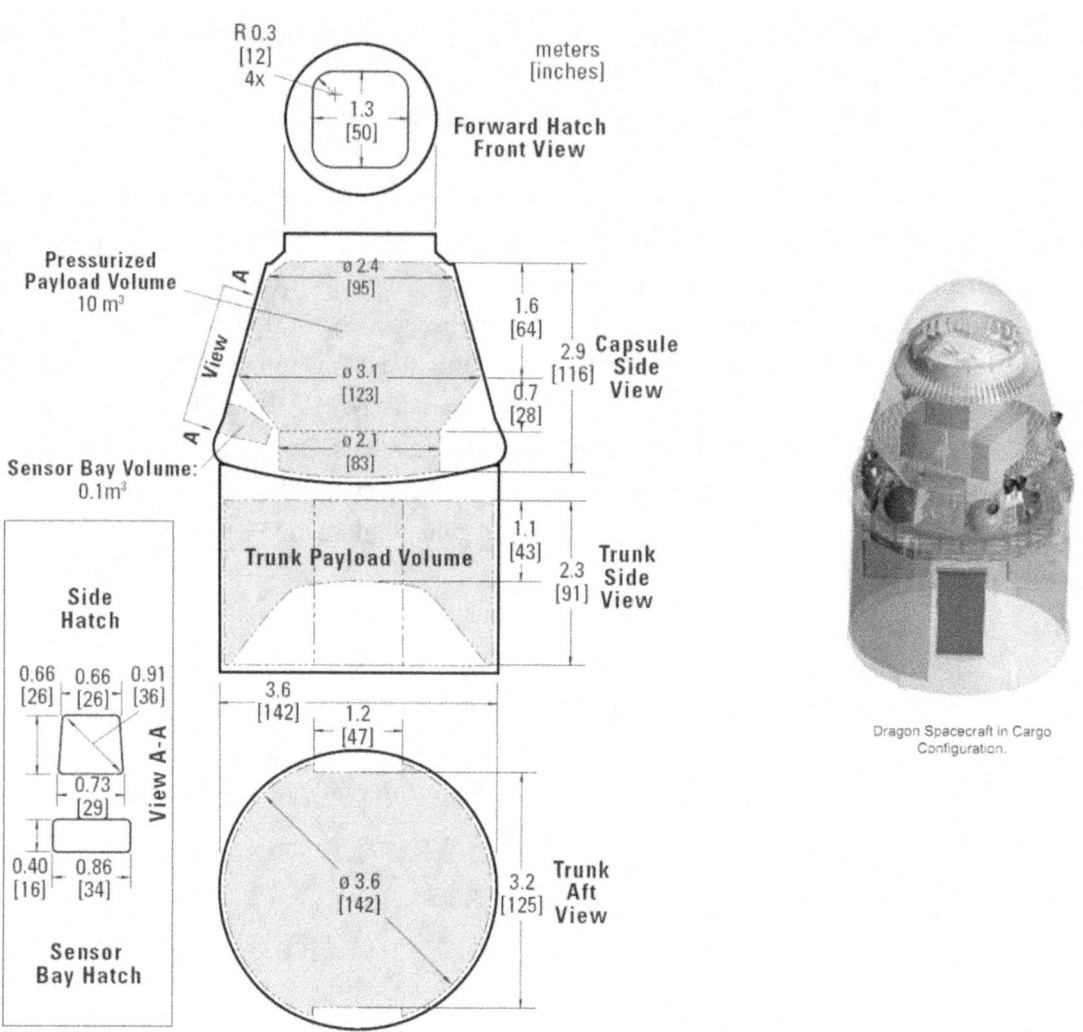

13.Abbildung: Aufbau der Dragon

Bisherige US-Versorgungsflüge zur ISS:

Mission	Datum	Fracht netto ohne Verpackung	Fracht brutto mit Verpackung
SpaceX: COTS 2/3	22.5.2012	460 kg hoch, 620 kg runter	520 kg / 660 kg
SpaceX: CRS 1	9.10.2012	400 kg hoch, 759 kg runter	454 kg / 905 kg
SpaceX: CRS 2	1.3.2013	868 kg hoch, 1.210 kg runter	1.049 kg / 1.370 kg

Mission	Datum	Fracht netto ohne Verpackung	Fracht brutto mit Verpackung
SpaceX: CRS 3	18.4.2014	1.518 kg hoch, 1.430 kg runter	1.800 kg / 1.630 kg
SpaceX: CRS 4	22.9.2014	2.219 kg rauf, 1.489 kg runter	2.272 kg / 1.723 kg
SpaceX: CRS 5	10.1.2015	2.317 kg rauf, 1.332 kg runter	2.395 kg / 1.662 kg
SpaceX: CRS 6	17.04.2015	1.868 kg rauf, 1.248 kg runter	2.016 kg / 1.370 kg
SpaceX: CRS 7 (Fehlstart)	28.06.15	1.867 kg rauf, 620 kg runter	1.952 kg / 675 kg
Orbital COTS 1	18.9.2013	700 kg hoch	
Orbital CRS 1	9.1.2014	1.256 kg hoch	1.480 kg
Orbital CRS 2	13.7.2014	1.664 kg hoch, 1.615 kg runter	
Orbital CRS 3 (Fehlstart)	28.10.2014	2.213 kg hoch	2.294 kg
Durchschnitt SpaceX (6 Flüge)		1.440 kg / 1.089 kg	1.557 kg / 1.249 kg
Durchschnitt Orbital (4 Flüge)		1.458 kg	

14.Abbildung:: Die Dragon vor dem Ankoppeln

Vergleich von SpaceX und Orbital beim COTS/CRS Programm:

	SpaceX	OSC
Auftragsvergabe COTS	18.8.2006	22.1.2008
Gelder erste Runde	278 Millionen Dollar	170 Millionen Dollar
Gelder zweite Runde	118 Millionen Dollar	118 Millionen Dollar
Weitere Fördermittel		100 Millionen Dollar für einen Antares Testflug
Gesamt COTS Mittel	396 Millionen Dollar	388 Millionen Dollar
COTS-1 Demo Planung:	September 2008	Dezember 2010
COTS-1 Demo durchgeführt	8.12.2010 (+27 Monate)	18.9.2013 (+33 Monate)
COTS-2 Demo Planung	Juni 2009	-
COTS-2 Demo durchgeführt	22.5.2012 (+35 Monate)	-
COTS-3 Demo Planung	September 2009	-
COTS-3 Demo durchgeführt	22.5.2012 (+32 Monate)	-
Auftragsvergabe CRS	22.12.2008	22.12.2008
Erster CRS Flug:	8.10.2012 (22 Monate nach COTS 1)	9.1.2013 (4 Monate nach COTS 1)
Gelder CRS	1,6 Milliarden Dollar	1,9 Milliarden Dollar
Mögliche Aufstockung:	1,1 Milliarden Dollar	1,6 Milliarden Dollar
Flüge	12	8
Fracht	20 t + 3 t Downmass	20 t
Bisher CRS + COTS Gelder erhalten (Mai 2011)	298 Millionen Dollar, 25 von 40 Milestones	221,5 Millionen Dollar 21 von 31 Milestones
Bisher CRS Gelder erhalten (Mai 2011)	181 Millionen Dollar für 14 Milestones 4,8 Millionen Dollar für Cargo Demonstration Milestones	273 Millionen Dollar für 11 Milestones 7,5 Millionen Dollar für Cargo Demonstration Milestones
Bisherige Gesamtaufwendungen der NASA (Mai 2012)	396 Millionen COTS 336 Millionen CRS 100 Millionen CCDev	

Vergleich der alten und der neuen Zubringer:

	HTV	Sojus	Progress M1	ATV
Startgewicht:	16.500 kg	7.220-7.450 kg	> 7.150 kg	20.750 kg
Fracht:	6.000 kg	Bis 350 kg	Bis 2.670 kg	Bis 7.667 kg
Zusammensetzung:	4.500 kg Fracht unter Druck 1.500 kg Fracht ohne Druckausgleich		Bis 1.800 kg Fracht unter Druck Bis 300 kg Wasser Bis 40 kg Gase Bis 1.950 kg Refüll-Treibstoff	Bis 5.500 kg Fracht unter Druck Bis 840 kg Wasser Bis 100 kg an Gasen Bis 860 kg Refüll-Treibstoff Bis 4.700 kg Treibstoff zum Anheben der Station
Abmessungen:	9,80 m Länge 4,40 m Durchmesser	7,48 m Länge 2,72 m Durchmesser	7,20 m Länge 2,72 m Durchmesser	9,80 m Länge 4,48 m Durchmesser
Betriebsdauer:	Max. 30 Tage	Max 180 Tage	Max. 180 Tage	Max. 180 Tage
Startkosten:	314-354 Millionen $	210 Millionen $	40-60 Millionen $	567 Millionen $
Pro Kilogramm Fracht:	52.400- 59.000 $	600.000 $	17.900-22.400 $	74.000 $

	Space Shuttle	Cygnus	Dragon
Startgewicht:	124.000 kg	6.100 kg	9.160 kg
Fracht:	Bis 14.200 kg	2.700 kg	2.500 kg
Zusammensetzung:	Bis 9.100 kg Fracht unter Druck im MPLM. Bis 5.100 kg Treibstoff zum Anheben der Station	Nur Fracht unter Druck	Max. 1.400 kg im Druckmodul Max. 1.700 kg Fracht im Heck Max. 2.500 kg zusammen.
Abmessungen:	Nutzlastraum: 18,38 m Länge 4,80 m Durchmesser	6.34 m Länge 3,06 m Durchmesser	5,20-7,20 m Länge 3,60 m Durchmesser:
Betriebsdauer:	7-16 Tage	1 Woche bis 2 Jahre	Max. 30 Tage
Startkosten:	>600 Millionen $	237,5 Millionen $	133 Millionen $
Pro Kilogramm Fracht:	65.900 $	103.300 $	78.300 $

Das Shuttle und die ISS

Als die NASA 1969 die ersten Entwürfe für das entstanden, was man später als „Space Transportion System" bezeichnet, plante die NASA einen Shuttle, der eine Raumstation aufbauen und versorgen sollte.

Als das Shuttle 1981 zum ersten Mal flog, war die Raumfahrtagentur froh, dass sie es überhaupt finanzieren konnte. Einmal gab es einen Nachtragshaushalt, es wurden über Jahre hinweg andere Ressorts gekürzt um die angestiegenen Kosten des Projekts auszugleichen und der Jungfernflug verzögerte sich über Jahre.

1984 wurde Freedom beschlossen und damit die Raumstation, die die NASA schon gemeinsam mit dem Shuttle haben wollte, aber nicht finanziert bekam. Doch zeigte sich das der Aufbau im Weltall, der bei Freedom Grundbestandteil der Planung war, nicht so einfach war. Tests an Bord von Shuttle Missionen verliefen nur teilweise erfolgreich und nach dem Challenger-Desaster waren auch die dafür notwendigen Flüge nicht im Startmanifest unterzubringen. Die ISS sollte weniger Montageflüge erfordern, trotzdem lastete schon im optimistischen Konzept von 1992 die Aufbauphase das Shuttle über sechs Jahre weitgehend aus.

Genauso wichtig wäre das Space Shuttle für die Versorgung gewesen. Auch wenn sich dann die Station in einem höheren Orbit befindet und so die Nutzlast des Shuttles abnimmt, so hätte jeder Start doch bis zu fünf Astronauten (zwei weitere Mann braucht man mindestens für die Steuerung des Shuttles) und etwa 10 t Fracht transportieren können. Vier Flüge waren pro Jahr vorgesehen, damit hätte man die Besatzung im westlichen Teil im Dreimonatsrhythmus auswechseln können.

Aus Sicht der NASA war der Raumtransporter die optimale Lösung: Er konnte Fracht transportieren, ganze Module und die Besatzung. Er konnte die Station aufbauen und versorgen. Wie die Columbia-Katastrophe zeigte, war das Shuttle auch nur ein Trägersystem, das wie jedes andere ausfallen kann. Damit stand der Ausbau der Station für fast drei Jahre.

Das Space Shuttle gilt als teures Vehikel. Das liegt an den hohen Fixkosten: Bei einer Senatsanhörung über die Startkosten der Station musste die NASA einräumen, dass ein Flug nicht 83 sondern 433 Millionen Dollar kostet. In der NASA-Arithmetrik ist dies logisch: Das Shuttleprogramm kostet eine gewisse Summe pro Jahr, egal ob ein Raumgleiter fliegt oder nicht. Legt man diese auf die Flugrate von (damals) sechs bis sieben Flügen pro Jahr um, so sind dies 350

Millionen Dollar pro Flug an Fixkosten. Die eigentliche Durchführung, also die spezifischen Missionskosten einer ISS-Mission liegen dagegen bei 83 Millionen Dollar. Zusammenaddiert kommt man dann auf 433 Millionen Dollar.

Viel billiger wird die Versorgung nach dem Auslaufen des Space Shuttle Programmes nicht, obwohl man sich die Mühe gab, möglichst viel an Bord zu recyceln: Das Brauchwasser kann man destillieren und so frisches Wasser zurückgewinnen. Man kann das Wasser durch Elektrolyse in Sauerstoff und Wasserstoff spalten. Mit dem Wasserstoff kann man Kohlendioxid, das die Besatzung produziert, zu Methan und Sauerstoff reduzieren.

Zudem hat man die Besatzungsstärke verringert und die Aufenthaltsdauer auf 180 Tage verdoppelt. Anders wäre mit vier Sojusraumschiffen, das entspricht der Fertigungskapazität von RKK-Energija, die ja zusätzlich weitgehend baugleiche Progresstransporter herstellen, eine Besatzungsstärke von sechs Personen nicht möglich.

Ab 2018 werden zwei US-Systeme hinzukommen und so wieder die Besatzungsstärke auf sieben Personen ansteigen und kürzere Aufenthalte möglich sein. Doch auch die Frachtmenge wird ansteigen auf 15,5 bis 21 t (nur NASA-Anteil) pro Jahr. Das kostet die NASA folgende Beträge:

- Vier Flüge mit je vier Astronauten pro Jahr: 16 x 58 Millionen Dollar pro Sitzplatz = 928 Millionen Dollar pro Jahr. (Billiger pro „Sitz" als bei Roskosmos, doch wegen mehr Astronauten ingesamt teurer).

- 15,5 bis 21 t Fracht pro Jahr – auf Preisbasis von CRS1 sind dies 1356 bis 1838 Millionen Dollar pro Jahr, da diese Ausschreibung auf dem Preisindex von 2008 basiert eher mehr.

So verwundert es nicht, das das Budget für die ISS als Einziges im NASA-Haushalt ansteigt, um 2020 über 4 Milliarden Dollar zu erreichen, 2 Milliarden mehr, als die Station erhielt, als sie fertiggestellt wurde. Dabei hat die Raumfahrtbehörde einige ISS-Posten verschoben, so in das „Exploration" Ressort, mit dem die Orion und SLS entwickelt werden soll und den Unterstützungshaushalt für die Missionen (Space and Flight Support).

Für die 2284 bis 2766 Millionen Dollar, welche die Versorgung der ISS mit Cygnus, Dragon und CST100 pro Jahr kostet, hätte man auch das Space Shuttle weiter betreiben können. Es ist eine Tragik des Shutteprogramms, das es eingestellt wurde just zu dem Zeitpunkt, an dem es erstmals finanzielle Vorteile gegenüber einem unbemannten Programm oder Wegwerf-Hardware versprach. Es gab auch nicht wenige Stimmen, die sich für eine Umkehr starkmachten, vor allem nach einigen Jahren des Einsatzes ohne Probleme.

Doch es ist die bessere Entscheidung. Denn wie jedes andere System ist auch der Weltraumgleiter nicht unfehlbar. Im Falle eines Versagens bietet er aber weniger Sicherheit als eine Kapsel, die bei entsprechender Formgebung sich z. B. Beim Wiedereintritt auch ohne aktive Steuerung so dreht, dass der Hitzeschutzschild in Flugrichtung schaut. So verwundert es nicht, dass die NASA beim CCDev Programm nicht Sierra Nevada mit ihrem Minishuttle wählte, obwohl dieses Programm preiswerter als das von Boeing war. Zu tief sitzen heute die Ängste erneut eine Besatzung zu verlieren und wiederum dann zwei bis drei Jahre den Flugbetrieb einzustellen. Dies dürfte auch der Grund gewesen sein, dass man zwei Anbieter wählt. Sollte ein System „gegrounded" sein, so hat man immer noch das Zweite. Diese Strategie bewährt sich schon bei der Versorgung mit Fracht.

Wie wäre die Versorgung mit dem Shuttle abgelaufen? Viermal pro Jahr wäre ein Raumtransporter zur Station geflogen und hätte ein MPLM mitgeführt und/oder Paletten. Fünf Mann der Besatzung wären die neue Besatzung für die ISS gewesen, die alte wäre nach ein bis zwei Wochen zurückgekehrt. Russland hätte ihre Kosmonauten selbst gestartet und die USA auch die Astronautin der ESA und JAXA. Das MPLM wäre bis zum nächsten Besuch eines Shuttles angedockt geblieben und wäre als Lagerraum für Fracht und Müll genutzt worden. Das Anheben der Station sollten ATV und Progress erledigen (das Shuttle dockt dazu an ungünstiger Stelle an und ist auch nicht dauernd angekoppelt). Ebenso liefern diese beiden Transporter Wasser und Gase. Die meiste Fracht, die unter Druck steht, sowie die außen angebrachte Fracht, hätte jedoch das Space Shuttle transportiert. Seine Nutzlast wäre abgesunken, wenn die Station ihre endgültige Höhe erreicht hat (pro Kilometer um rund 45 kg, also beim Anheben von 340 auf 420 km, wie dies zwischen 2008 und 2014 erfolgte, um 3.600 kg, doch angesichts der häufigen Flüge und der immer noch hohen Frachtkapazität wäre dies kein Problem gewesen. Es gab auch Pläne für verlängerte SRB-Zusatzraketen mit 5 anstatt 4 Segmenten (diese wer den nun bei der SLS eingesetzt), welche die verlorene Nutzlast wieder ausgeglichen hätten.

Zwei Starts hätten genauso viel Nutzlast transportiert wie im CRS2 Programm gefordert und trotzdem wären selbst vier Starts billiger gewesen und hätten noch umsonst die Besatzung transportiert. Heute will die NASA keinen Mix: Boeing bekam mit dem Vorschlag mit dem CST-100 bei nur vier Mann pro Start (es passen sieben in die Kapsel) den freiwerdenden Platz mit Fracht aufzufüllen und so bis zu 1.500 kg Fracht zu transportieren eine Abfuhr gegeben.

Nachwort

An dieser Stelle zwei persönliche Bemerkungen. Die eine zu Europas Beteiligung an der ISS, die trotz des kleinen Columbus Labors und zu der politischen Situation um die ISS selbst.

Europas Engagement wird geprägt von den beiden größten Finanziers Deutschland und Frankreich. Deutschland betreibt eine Raumfahrtpolitik in der bemannte Raumfahrt eine hohe Priorität hat. Deutschland trägt den Hauptanteil der ISS-Finanzierung der ESA. In Köln ist das Trainingszentrum für die Astronauten und auch Columbus wurde vorwiegend in Deutschland gebaut (die Hülle selbst stammt aus Italien). Frankreich hat als Maxime möglichst unabhängig zu sein. Das Land ist federführend bei der Entwicklung der Ariane und des ATV. In beiden Fällen geht es darum, dass die französische Industrie sich technologisch weiter entwickelt. So verwundert es nicht, das Frankreich 2011 gegen den Bau weiterer ATV war und für den Bau eines Servicemoduls für die Orion. Dafür kürzten 2011 (vertragswidrig) Frankreich und Italien ihre ISS-Finanzierung. Deutschland stockte auf, doch es blieb ein Defizit. 2014 konnte man wieder eine Einigung erzielen, auch weil im Gegenzug sich Deutschland an der Ariane 6 beteiligte, aber seitens der CNES gibt es eine Absage für eine weitere Beteiligung an der ISS nach 2020. Danach dürfte das ESA-Engagement an der ISS enden.

Aber auch die NASA-Planung für den Betrieb der ISS ist logisch schwer nachzuvollziehen. Wenn im September 2004 der Beschluss erfolgt, die Space Shuttles auszumustern, so muss zeitnah für Ersatz gesorgt werden. Das COTS-Programm und CRS-Programm waren dies nicht. Es wurde Zeit vergeudet, indem man erst eineinhalb Jahre später die Aufträge ausschrieb und dann Firmen beauftragte, die erst einmal alles, inklusive der Trägerrakete entwickeln mussten. So verwundert es nicht, das erst 2014 beide Systeme einsatzbereit waren. Noch unverständlicher ist, dass man den Transport der Besatzung noch später anging und erst 2014 den eigentlichen Entwicklungsauftrag vergab. So wird frühestens 2017 der erste bemannte Test erfolgen und nicht vor 2018 die regulären Flüge beginnen – sieben Jahre nachdem das letzte Shuttle ablegte und 14 Jahre nach dem Ausmusterungsbeschluss. Zusätzlich hat der Kongress die Mittel noch weiter gekürzt, sodass sich der Erstflug eines kommerziellen Transports gegenüber den Planungen um zwei Jahre verzögert hat.

Eine Raumfahrtbehörde, die nach 25 Jahren Planung und Entwicklung eine funktionierende Raumstation betreiben will, könnte auf die internationalen Partner zurückgreifen, die schon entwickelte und verfügbare Frachttransporter haben. Diese wurden ja gerade deswegen entwickelt, um eine Absicherung für den Fall zu haben, dass ein Versorgungssystem ausfällt. Dies bewährte sich 2014/15 als Cygnus, Progress und Dragon innerhalb von 9 Monaten Fehlstarts hatten. Der NASA scheint die Förderung der nationalen Aerospace-Industrie dagegen wichtiger, als der gesicherte Betrieb der ISS zu sein. Dank der internationalen Partner konnte man den Betrieb von 2011 bis 2014 trotzdem aufrechterhalten. Russland wird bis 2018 die US-Astronauten transportieren.

Nicht nachvollziehbar ist auch, wie die verbliebenen Space Shuttle Flüge eingesetzt wurden. Auf der Erde blieben das amerikanische Wohnmodul und das Zentrifugenmodul. Es gibt aber zwei Flüge, um zum einen Russland den Start seines Rasswet Moduls mit einer Zenit zu ersparen, obwohl diese Trägerrakete erheblich preiswerter als ein Flug der Raumfähre ist. Zum Zweiten startet man ein umgebautes MPLM als reines Lagermodul. In der Summe hat die Station so zwei Module mehr, die mit Fracht gefüllt werden können. Dafür muss das nach Ansicht von Wissenschaftlern wichtigste Forschungsmodul auf der Erde bleiben und die Besatzung darf zwischen Lüftern, Avionikschränken und Lebenserhaltungssystemen schlafen – ohne ruhige Umgebung, ohne Küche und persönlichen Bereich. In Sachen Komfort für die Besatzung ist die Station ein Rückschritt. Schon Skylab bot vor 40 Jahren hier mehr Lebensqualität. Auf Skylab hatte jeder Astronaut seinen persönlichen Privatbereich, abgetrennt durch Wände. Es gab an Bord von Skylab sogar eine Dusche.

Insgesamt ist nicht viel von den technologischen Herausforderungen und dem Anspruch von Freedom übrig geblieben. Weder setzt die Station eine solarthermische Energieversorgung ein (mit höherem Wirkungsgrad und mit der Option Wärme während der Zeit auf der Sonnenseite für die Heizung auf der Nachtseite zu speichern), noch ist die Station ein Vorläufer für die Fertigung im Weltraum. Es gibt nur eine geringe Beteiligung der Industrie an der ISS. Auch als Basispunkt für eine Marsexpedition kann die Station nicht dienen – man kann an Bord die Module für ein solches Unternehmen nicht zusammenbauen. Die ISS simuliert auch nicht die Dauer eines Marsunternehmens, das 33 Monate dauern kann. Noch immer werden die Langzeitrekorde von Kosmonauten gehalten, die an Bord der Mir aufgestellt wurden. Daran wird auch der Aufenthalt über ein Jahr von Michail Kornijenko und Scott Kelly nichts ändern. Er hat seine Ursache auch weniger in der Vorbereitung der Marslandung, als vielmehr Russlands Wünschen einen Startplatz für die Weltraumtouristin Sarah Brightman freizuschaufeln.

Planbarkeit gab es nie bei der ISS: Es hat die NASA zehn Jahre nur an der Station geplant und benötigte zwölf Jahre um sie fertigzustellen. Noch während an ihr gebaut wurde, gab es Pläne, die Fertigstellung mit einem „US-Core" vorzeitig abzuschließen und schließlich wurde erst ihre Aufgabe 2016 beschlossen und sechs Jahre später die Betriebsdauer auf 2020 verlängert.

Gleichzeitig wurde die Orion für den Mannschaftstransport zur ISS gestrichen. Gebaut wird sie aber trotzdem. Man kann gespannt sein, was der nächste Präsident beschließt. Die ISS nimmt schon heute einen einsamen Spitzenplatz ein – kein anderes Raumfahrtprojekt dauerte so lang, war so teuer und wechselte so oft seine Konfiguration. Zu wünschen wären ihr jetzt viele Jahre der Planungssicherheit und des reibungslosen Betriebes.

Es scheint auch ein Ungleichgewicht in der Verteilung zu geben. So hat die ESA obwohl ihre Beteiligung an der Station kleiner als die Japans ist, mehr Fracht transportiert. Mehr noch: Ein Jahr ISS Betrieb würde Europa 150 Millionen Euro kosten, wenn man keine Fracht liefert. Ein ATV mit 7 t Fracht kompensiert zwei Jahre Betrieb. Bei 1,20 Dollar/Euro entspricht dies 52.000 Dollar/kg. Den US-Anbietern werden aber 80.000 (SpaceX) bzw. 95.000 Dollar (Orbital) pro Kilogramm transportierter Fracht bezahlt. Sieht so Gleichberechtigung aus? Noch stärker profitiert Russland. Russland ist, was die Crewsitze angeht, gleichberechtigter Partner, obwohl Russlands Beitrag bisher in einem von den USA mitfinanzierten Swesda Modul und einigen Luftschleusen besteht. Dagegen verdient Russland sehr gut durch den Transport von Astronauten der anderen Länder. Der Preis für einen Sitz ist in den letzten Jahren dramatisch gestiegen und die letzten von den USA gebuchten Sitze werden über 70 Millionen Dollar kosten.

Russland selbst zeichnet sich seit der Jahrtausendwende durch einen krassen Gegensatz an Ankündigungen und umgesetzten Projekten aus. Es gibt Pläne für Raumsonden von Merkur bis Jupiter, Schwerlastraketen, neue Startkomplexe. Aber umgesetzt wird wenig. Auch die ISS macht hier keine Ausnahme, so schlug Russland vor nach 2020 mit dem Aufbau einer neuen Raumstation zu beginnen und kündigte an, nach 2024 die russischen Module aus dem ISS-Verbund zu entfernen und diese in einer neuen Raumstation einzubringen. An dieser könnte sich die NASA Beteilligen. Die NASA lehnte die Offerte ab, doch vielleicht gehen die Chinesen darauf ein.

1.Abbildung: Die ISS nach Fertigstellung im März 2011

Abkürzungsverzeichnis

ADA: Active Docking Assembly: Der Docking-Adapter mit herausragender Probe. Das ATV, aber auch die Sojus und Progress verwenden ADA.

AL: Attached Laboratory: Bezeichnung für das Columbus Raumlabor im frühen Projektstadium.

Apogäum: erdfernster Punkt einer Umlaufbahn.

ASI: Agenzia Spaziale Italiana. Die italienische Raumfahrtagentur. Die ASI unterhält enge Beziehungen zur NASA, innerhalb der ESA ist ihr Hauptprojekt die Entwicklung der Vega-Rakete.

ATV: Automated Transfer Vehicle: Die technische Bezeichnung des Raumtransporters. Jeder Einzelne wird einen eigenen poetischen Namen erhalten. Die Ersten beiden wurden auf „Jules Verne" und „Johannes Kepler" getauft.

Bartervertrag: Ein Bartervertrag ist ein Tauschgeschäft. Beim Betrieb der ISS fließen keine Geldmittel zwischen den beteiligten Nationen, stattdessen werden Leistungen ausgetauscht – zumindest was den westlichen Teil der Station angeht. Russland lässt sich dagegen Astronautentransporte auch von der NASA bezahlen.

CAM: Centrifuge Accommodation Module: Gestrichenes Modul der ISSD, das als Einziges eine variable Schwerkraft von 0 bis 1 g mit einer Zentrifuge zur Verfügung gestellt hätte. Geplant waren vor allem die Forschungen mit Organismen.

CAIB: Columbia Accident Investigation Board: Die Untersuchungskommission, welche den Verlust der Raumfähre "Columbia" am 1.2.2003 untersuchte.

CBM: Common Bethering Mechanism: Bezeichnung für die Kopplungsadapter, welche die Labormodule im westlichen Teil der ISS verbinden.

CPU: Central Processing Unit: Abkürzung für den Hauptprozessor eines Computers. Ältere Rechner haben oft auch andere Prozessoren für andere Aufgaben an Bord wie die FPU (Floating Processing Unit) für schnelle Gleitpunktberechnungen.

CRV: Crew Return Vehicle: Geplantes „Rettungsboot" für die ISS. Das CRV wäre ein aerodynamischer Gleitkörper für Kurzzeitmissionen und wäre im Falle der Evakuierung der ISS zum Einsatz gekommen. Gestartet wäre er mit einem Space Shuttle worden.

CSA: Canadian Space Agency: Die kanadische Weltraumagentur. Sie stellt für die ISS den Canadarm2 zur Verfügung, mit dem Ausrüstung an der Stationsaußenseite bewegt oder das HTV eingefangen werden kann.

DMS-R: Data Management System für das Russische Segment: Der Steuerungsrechner für Sarja und Swesda und Verbindung zu dem Computernetz auf dem US-Teil. Er wurde als Kompensation für die Lieferung von zwei russischen Kopplungsadaptern für die beiden ersten ATV von der ESA entwickelt und geliefert.

DRTS: Data Relay Test Satellite. Ein am 10.9.2002 gestarteter japanischer Satellit für Kommunikationsverbindungen zwischen niedrig fliegenden Satelliten und dem Tanegashima Space Center. Er überträgt die Daten des japanischen Forschungslabors Kibō.

EF: Exposed Facility. Bezeichnung für den Teil von Kibō, der Experimente und ORU's aufnimmt, die dem freien Weltraum ausgesetzt sind.

ELC: Express Logistic Carrier. Paletten die an der Außenseite der ISS angebracht und mit dem Bordstrom- und Datennetz verbunden werden. Sie nehmen sowohl Experimente wie auch Ersatzteile (in Form von ORU's) auf.

ELM-ES: Experiment Logistics Module-Exposed Section Eine Sektion am Exposed Facility von Kibō zur Aufnahme von größeren Experimenten auf einer Palette.

ELM-PS: Experiment Logistics Module – Pressurized Section: Bezeichnung für das Frachtmodul von Kibō, das an dieses angebracht wird.

ERA: European Robotic Arm: Europäischer Manipulatorarm für das russische Stationssegment, das vom SSRMS aus nicht zugänglich ist. Er wird an Nauka befestigt werden.

ESA: European Space Agency: Die europäische Raumfahrtagentur. Die ESA hat das ATV entwickelt und startet es mit der von der ESA entwickelten Ariane 5.

ESP: External Stowage Platforms: An der ITS angebrachte Paletten ohne Datenleitung und Stromversorgung für Ersatzteile (Batterien, Antennen, Gyros etc.).

FFL: Free Flying Laboratory (FFL) ein frei fliegendes Labor, das als Ergänzung zu Columbus 1985 geplant wurde. Es sollte autonom arbeiten und von Astronauten mit dem Raumgleiter Hermes besucht werden, um es zu warten.

FGB: Funktsionalno-gruzovoy blok: Russische Bezeichnung für den Antriebsblock der russischen Raumstationen. FGB-1 wurde als Sarja gestartet, FGB-2 als Nauka.

HTV: H-II Transfer Vehicle: Das japanische Gegenstück zum ATV. Der HTV wiegt leer 10.5 t und kann bis zu 6 t Fracht zur ISS transportieren.

ICC: Integrated Cargo Carrier: Palettensystem der Firma Spacehab, das im Shuttle Programm zum Einsatz kam und mit dem auch Ausrüstung zur ISS gebracht wurde.

ISS: International Space Station: Die Internationale Raumstation wird im Endausbau über 420 t schwer sein, Arbeits- und Wohnplätze für sechs Astronauten bieten und ist nach dem Apollo Programm das teuerste Unternehmen in der bemannten Raumfahrt.

ITS: Integrated Truss Structure. Der Mast, an dem die nicht unter Druck stehenden Teile der ISS befestigt sind. Die ITS ist 108 m lang und mit dem zentralen Z1 Segment mit den Druckmodulen verbunden.

JAM: Joint Airlock Module: Das als „Quest" bezeichnete Modul enthält die Luftschleuse für Ausstiege mit den US-Raumanzügen.

JAXA: Japan Aerospace Exploration Agency: Die japanische Raumfahrtagentur. Die JAXA ist mit dem Kibō Labor zu 12.2% an der ISS beteiligt und steuert das HTV zur Versorgung bei.

JEM: Japan Experiment Module: Projektbezeichnung für das japanische Kibō Labor.

JEMRMS: Japanese Experiment Module Remote Manipulator System: Der japanische Manipulatorarm im Exposed Facility des Kibō Labors.

MLI: Multi Layer Isolation: Die Isolation vieler Module besteht aus vielen Lagen Mylar und Aluminiumfolie.

MLM: **M**ultipurpose **La**boratory **M**odule: Bezeichnung Russlands für das Nauka Modul.

MMH: Monomethylhydrazin: Ein sehr oft verwendeter Raketentreibstoff. Er wird oft mit Stickstofftetroxid oder Salpetersäure als Treibstoffmischung verwendet. MMH ist zwischen -52 und +87°C flüssig und hat eine Dichte von 0,88 g/cm³. Von praktischem Vorteil gegenüber anderen Hydrazin-Verbindungen (Hydrazin und UDMH) ist, dass bei dem Mischungsverhältnis von 1,64 zu 1 beide Flüssigkeiten gleiches Volumen benötigen – das lässt die Verwendung identischer Tanks zu.

MPLM: Multi Purpose Logistics Module: Ein Druckmodul, dass zum Transport von Fracht mit dem Space Shuttle dient. Jedes MPLM kann über 9 t Fracht zur ISS transportieren.

MRM: Mini Research Module. Russlands Bezeichnung für das Rasswet (MRM-1) und Poisk Modul (MRM-1)

NASA: National Aeronautics and Space Agency: Die Raumfahrtbehörde der USA.

NTO: amerikanische Abkürzung für Stickstofftetroxid: NTO ist ein lagerfähiger Oxidator, der zusammen mit Hydrazinen selbst entzündliche Gemische bildet. Beide Eigenschaften sind ideal für Antriebssysteme, die über Monate und Jahre hinweg betrieben werden müssen. NTO hat eine Dichte von 1,45 g/cm³ und ist zwischen -11 und 21 °C flüssig.

OBC: OnBoard Computer: Die Abkürzung für den Rechner der Ariane 5.

PDA: Passive Docking Assembly. Die konusförmigen „weiblichen" Docking-Adapter. An Bord der ISS haben Sarja, Swesda und Pirs Adapter vom Typ PDA.

Perigäum: Erdnächster Punkt einer Umlaufbahn.

PLC: Proximity Link Carrier: Der S-Band-Kanal zwischen den unbemannten Transportern und der ISS, über den die GPS-Daten ausgetauscht werden.

PM: Pressurized Module: Das eigentliche Labormodul von Kibō.

PMA: Pressurized Mating Adapter: Verbindungselemente zum Andocken der Space Shuttles (PMA-2 und 3) oder zum Verbinden von Sarja mit Unity

PMM: Permanent Multi-Purpose Module: Bezeichnung der NASA für das mit einem zusätzlichen Schutzschild versehene, ausgeweidete Leonardo MPLM, das als Frachtcontainer an der ISS verbleiben soll.

RCC: Reinforced Carbon-Carbon: Ein hochtemperaturfestes Material, welches beim Space Shuttle an den Punkten der Nasenspitze und Flügelvorderkanten angebracht wird, bei denen die höchsten Temperaturen auftreten. RCC Paneele sind belastbar bis zu einer Temperatur von 1700°C, haben einen geringen Wärmeausdehnungskoeffizienten, sind aber auch sehr spröde. Ein von einem Schaumstück in das RCC-Panel Nr.9 geschlagene Loch führte zum Verglühen der Raumfähre Columbia beim Wiedereintritt.

RDS: Russian Docking System: Der Progress Docking Adapter, der auch für das ATV verwendet wird. Er beinhaltet bei den ersten beiden Exemplaren auch das Kurs Annäherungssystem.

RFS: ReFuelling System: Bezeichnung für das Versorgungssystem, mit dem die Treibstoffe des ATV und der Progress in das Swesda Modul umgepumpt werden.

RECS: Russian Equipment Control System: System zur Kontrolle der Systeme des Dockingadapters inklusive der Steuerung der Betankung der ISS mit dem Treibstoff.

Spezifischer Impuls: ein Maß für den nutzbaren Energiegehalt eines Treibstoffs und die Effizienz eines Antriebs. Im SI-System wird dazu die Ausströmungsgeschwindigkeit der Gase genommen, wenn sie die Düse verlassen. In den USA wird der Wert durch die Erdbeschleunigung geteilt und man erhält eine Zeit als Dimension.

SSRMS: Space Station Remote Manipulator System: Der Arm der Nation. Er ist auf einem Schlitten entlang der ITS bewegbar. Der populäre Name "Canadarm2" wird allerdings viel häufiger verwendet.

TDRS(S): Tracking and Data Relay Satellite (System): Ein System aus geostationären Satelliten, welches sowohl die Daten der ISS zu den Kontrollzentren übermittelt sowie Kommandos an die ISS weiterleitet.

Links

Progress Cargo Ship
http://www.russianspaceweb.com/progress.html

JAXA plans recoverable HTV
http://www.flightglobal.com/articles/2006/11/14/210586/jaxa-plans-recoverable-htv.html

HTV Overview
http://ISS.jaxa.jp/en/htv/overview/

HTV Website
http://www.jaxa.jp/projects/rockets/htv/index_e.html

Orbital Cygnus Seiten:
http://www.orbital.com/CargoResupplyServices/index.shtml

SpaceX Dragon Website
http://www.spacex.com/dragon.php

ESA ATV Seiten
http://www.esa.int/esaMI/ATV/index.html

DLR ATV Seiten
http://www.dlr.de/iss/de/desktopdefault.aspx/tabid-4609/7588_read-11385/

DLR ISS Seiten
http://www.dlr.de/iss/de/desktopdefault.aspx/tabid-1409/2069_read-3534/

Astrium: Fault Tolerant Computer
http://cs.astrium.eads.net/ftc/overview.html

International Space Station
http://www.nasa.gov/mission_pages/station/main/index.html

ISS Assembly Schedule 2001
http://www.spaceref.com/ISS/schedules/10.30.00.as.html

Together in Orbit: The Origins of International Cooperation in the Space Station
http://history.nasa.gov/monograph11.pdf

J. Feustel-Büchl: The International Space Station is real!
ESA Bulletin 107 S. 10-20
http://www.esa.int/esapub/bulletin/bullet107/bul107_1.pdf

Crew Return Vehicle
http://www.esa.int/esaHS/ESARZS0VMOC_iss_0.html

EADS Space Transportation, David Iranzo-Greus:
Ariane 5 – A European Launcher for Space Exploration
http://www.astron.nl/p/news/LO/Iranzo_Ariane5_LOFARworkshop.ppt

NASA History Division
http://history.nasa.gov/series95.html

Eckhard D.Graf „The Crew Return Vehicle" On Station 5
http://www.esa.int/esapub/onstation/os5.pdf

Partners Discuss Flying Space Station Through 2028
http://www.spacenews.com/civil/100311-iss-partners-looking-out-2028.html

ESA Bulletin (Verschiedene Ausgaben)
http://www.esa.int/esaMI/ESA_Publications/index.html

NASA: Extending the Operational Life of the International Space Station Until 2024
https://oig.nasa.gov/audits/reports/FY14/IG-14-031.pdf

Literatur zur ISS und ihrer Vorgeschichte

Flug Revue.
„Superlative der Luft und Raumfahrt IV – die Internationale Raumstation ISS"
Vereinigte Motorverlage, 2002

Stratis Karamanolis:
Die Internationale Raumstation: Zwischenstation einer neuen Raumfahrtepoche
Eureca 1999

Jesco von Puttkamer:
„Der zweite Tag der neuen Welt" Umschau 1985
„Rückkehr zur Zukunft", Umschau 1989
„Der Mensch im Weltraum, eine Notwendigkeit", Umschau 1991
„Von Apollo zur ISS: Eine Geschichte der Raumfahrt", Herbig 2001

Matthias Gründer
„SOS im All", Schwarzkopf & Schwarzkopf 2001
„Lexikon der bemannten Raumfahrt", Schwarzkopf & Schwarzkopf 2002

Bernd Leitenberger
„Skylab", Book on Demand, 2011
„Das ATV und die Versorgung der ISS - Die Versorgungssysteme der Raumstation"
Books on Demand 2014

T.A.Heppenheimer:
The Space Shuttle Decision: NASA's Search for a Reusable Space Vehicle (The NASA History Series), NASA 2013
History of the Space Shuttle, Volume Two: Development of the Space Shuttle, 1972-1981, Smithsonian Books 2010

Ulf Merbold
Flug ins All. Von Spacelab zur D1-Mission. Der persönliche Bericht des ersten Astronauten der BRD
Bastei-Lübbe 1986

www.ingramcontent.com/pod-product-compliance
Lightning Source LLC
Chambersburg PA
CBHW081117240526
45470CB00019B/2389